21世纪全国高校应用人才培养规划教材

大学生心理健康辅导

主　编　李锦云
副主编　樊励方　刘淑玲

北京大学出版社
PEKING UNIVERSITY PRESS

内容简介

《大学生心理健康辅导》以大学生健康人格培养、心理素质提升和心理潜能开发为目标，以学生心理问题辅导为线索，通过生动、富有时代色彩的语言，丰富多彩的心理活动，幽默风趣的插画等形式，将与大学生密切相关的心理学理论介绍给当代大学生。语言通俗易懂、形式生动活泼、可操作性强。本书可用于大专院校的心理健康教材，心理健康相关工作者及对心理健康有兴趣的读者。

图书在版编目（CIP）数据

大学生心理健康辅导/李锦云主编. —北京：北京大学出版社，2010.10
（21世纪全国高校应用人才培养规划教材）
ISBN 978-7-301-17280-3

Ⅰ.①大… Ⅱ.①李… Ⅲ.①大学生—心理卫生—健康教育—高等学校—教材
Ⅳ.①B844·2

中国版本图书馆CIP数据核字（2010）第101580号

书　　名：大学生心理健康辅导
著作责任者：李锦云　主编
丛书主持：栾　鸥
责任编辑：卢英华
插　　图：李　辰
标准书号：ISBN 978-7-301-17280-3/G·2866
出版发行：北京大学出版社（北京市海淀区成府路205号　100871）
网　　址：http://www.pup.cn
电子信箱：zyjy@pup.cn
电　　话：邮购部62752015　发行部62750672　编辑部62756923　出版部62754962
印　刷　者：三河市北燕印装有限公司
经　销　者：新华书店
787毫米×1092毫米　16开本　17.75印张　432千字
2010年10月第1版　2020年1月第15次印刷
定　　价：36.00元

编写说明

教学是高等学校的中心任务，教材是完成中心任务的重要资源。因此，高等学校必须高度重视教材建设，既要科学使用全国统编教材和其他高校出版的优质教材，又要根据本校实际，编写体现学校特点的教材。

河北传媒学院是一所以传媒与艺术为主要特色，文、工、管兼容的全日制普通本科高等院校，多年来学院十分重视教材建设。2010 年，学院在迎来建院十周年之际，专门设立了学术著作和教材建设出版基金，用以资助教师编著出版有一定学术价值的学术著作和适合传媒艺术专业教学需要的教材。

河北传媒学院第一批教材出版基金资助项目的申报、评审工作始于 2009 年，最终从各院系申报的六十项选题中评选出了十项，作为河北传媒学院第一批教材建设出版基金的资助项目和学院建院十周年的献礼工程。这十部教材包括《中国古代建筑及历史演变》、《全媒体新闻采写教程》、《营养保健学教程》、《影视非线性编辑》、《电视制作技术》、《影视剧作法》、《表演心理教程》、《经典电影作品赏析读解教程》、《管理学理论与方法》、《大学生心理健康辅导》。

自 2009 年 5 月至 2010 年 4 月，各编写组在繁重的教学工作之余分工协作、艰苦劳作，最终得以使这套教材与读者见面。这套教材既渗透着作者的心血与汗水，又凝聚着他们的经验与智慧，更彰显着河北传媒学院的师资水平。她既是精英教育集团领导、河北传媒学院领导与作者智慧的结晶，也是河北传媒学院与北京大学出版社合作的成果。她既可用作普通高校相关专业学生的教材，又可用作传媒与艺术工作者进修提高的学习资料和有关专家学者开展学术研究的参考书。我们相信，这套教材必定能够给广大学生和专家学者带来有益的启示和思考。

河北传媒学院教材建设出版基金项目的设立与第一批教材建设基金资助项目教材的出版，得到了精英教育传媒集团总裁和董事长翟志海先生、首席执行官张旭明先生、总督学邬德华教授等的大力支持，在此表示衷心感谢。

由于时间仓促，难免有疏漏乃至错误之处，期望各位读者、专家、学者提出批评指正。

河北传媒学院教材编审委员会

2010 年 5 月

目 录

前 言

世界卫生组织早就把心理健康作为一个人是否健康的基本内容之一，只有各个方面得到全面的发展才是一个完整的人。而随着社会变革的浪潮一浪更比一浪高，随着社会竞争的一步步加剧，随着海量信息的快速涌现，随着以人为本的思潮下社会对人的主体意识的重视和加强，心理健康问题像春天突然冒出来的竹笋一般，跃然成为大众关注的热点。

大学生正处于身心全面发展的关键时期，又处于从学校到社会的过渡时期，自我意识的加强使他们开始比以往更多地关注内心的感受。第一，他们本身是容易产生较多心理冲突的群体；第二，对自我的较高关注使他们对于心理健康有着更高的需求和渴望。当发生心理冲突时，一些大学生又不能科学对待，且心理冲突调适能力较差，甚至出现心理障碍。近年来，大学生因心理疾病、精神障碍等原因不惜伤害自己和他人的案例时有发生，且有上升的趋势。大学生自杀或致伤、致死他人，给家庭带来极大的心灵伤害，在社会上也产生了很大的影响，引起社会的广泛关注和深刻反思。

教育部在2008年印发了关于加强普通高等学校大学生心理健康教育工作的意见，要求各地教育部门和高校要充分认识加强高校大学生心理健康教育的重要性。《意见》明确了当前高校大学生心理健康教育工作的主要任务：依据大学生的心理特点，有针对性地讲授心理健康知识，帮助大学生树立心理健康意识，优化心理素质，增强心理调适能力和社会生活的适应能力，预防和缓解心理问题。这有利于全面推进素质教育，培养有竞争力的高素质人才。

为了进一步推进大学生的心理健康教育，加强高校心理健康教材的建设，我们组织编写了这本《大学生心理健康辅导》教材。本教材以大学生健康人格培养、心理素质提升和心理潜能开发为目标，以学生心理问题辅导为线索，通过生动的、富有时代色彩的语言，丰富多彩的心理训练活动，幽默风趣的插画等形式将与大学生密切相关的心理学核心理论介绍给当代大学生。它具有如下特色：(1) 理论联系实际、系统性强。不仅注重相关的心理学核心理论知识的介绍，而且提供一些相关的案例，将理论与案例有机结合起来，形成一个浑然的整体。(2) 针对性强。探讨大学阶段可能出现的心理及人格培养问题，有针对性地介绍一些与这些问题密切相关的心理学理论，提供的案例典型、有针对性。(3) 时效性强，有时代感。一方面将与大学生心理健康密切相关的最新研究成果介绍出来；另一方面，所提供案例、素材包括语言的表述切合当代大学生的实际，充满时代气息。(4) 可操作性强。在每一章节都提供一些帮助教师组织教学及学生自我评估、自我探索的素材，切实指导学生在大学阶段可能遇到的各种心理问题。(5) 语言通俗易懂、形式生动活泼。我们力求用比较通俗的语言将严肃的心理学知识介绍给学生，对于专业术语尽量做到深入浅出地阐述清楚。除此之外，本教材中还设计了一些插图，试图以活泼的形式来阐述一些思想和理念。

本教材各章编写分工如下：王威贤（第九、十一章）、石凡（第五、八章）、刘淑玲（第一、二、六、九章）、张丽存（第四、七章）、樊励方（第三、十、十二章）（排名不分前后，以姓氏笔画为序）。另外，教材的发起人徐国龙处长对书稿的顺利完成付出了极大的热情，学院的各位领导也对本教材寄予厚望，并给予了大力的支持，在此对他们表示深深的感谢！我们在编写过程中参考了大量同行的研究成果，在此向他们一并表示感谢！

由于水平有限，本教材或有错误及不尽如人意之处，请各位专家、同行、读者不吝赐教。邮件请发至：heavenwindow@sohu. com。

编者

2010 年 5 月

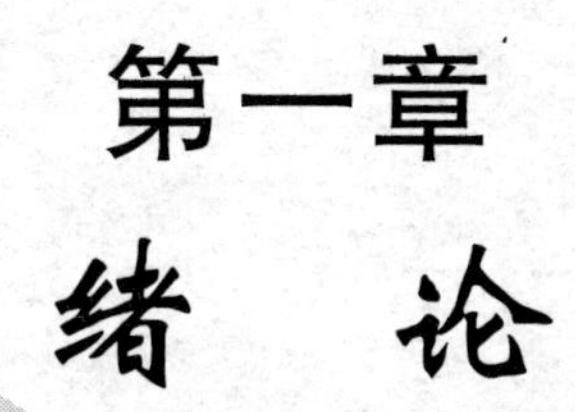

第一章 绪　论

青春的岁月，我们身不由己，只因为胸中燃烧着梦想；青春的岁月，放浪的生涯，就任这时光奔腾如流水。体会这狂野，体会孤独，体会这快乐，爱恨离别——这就是我的完美生活，这就是你的完美生活。

——许巍《完美生活》

第一章

导 言

当金色九月再次把绿叶染成一片金黄的时候，你步入了大学的殿堂。

那么，刚入学的同学们，你可曾想过，未来的大学生活展现给你的将是怎样的一幅图画呢？未来的大学生活将带给你怎样的人生体验呢？它又将使你的人生轨迹发生怎样的转折呢？这些问题，都需要我们每一位大学新生认真思考，它关系到你将怎样度过宝贵的大学时光，它关系到你将为你的人生奠定怎样的基石。

在本章中，我们将和同学们共同探讨怎样认识大学阶段、心理健康和大学生活的关系、如何学习和使用《大学生心理健康辅导》等问题。

第一节 认识大学时代

有人说，大学是梦开始的地方，大学时代的梦想能够给予你一生的激情和力量，成就你最为热爱的事业；有人说，大学是充满机会的地方，大学可以为你提供展示个性和创造力的平台，成就你生命中化茧成蝶般最美丽的蜕变；还有人说，大学是深厚的沃土、精神的家园，从中汲取的营养可以成为一生前行的原动力。

当然，谁不向往美好的大学生活呢？但是不是每个人的大学时光都会留下美好的记忆呢？事实证明，并非每一位大学生都能够很好地把握这段人生中弥足珍贵的时光，让它为自己梦想的实现插上腾飞的翅膀。

那么，同学们怎样才能让自己的大学生活过得充实、富有意义呢？其中有两个很重要的方面，一是要对大学阶段有一个全面、清晰的认识，二是要注重人格的自我完善和心理健康的维护。

一、大学阶段的变化与可能遇到的问题

相比于中学阶段，进入大学阶段后，无论从学习生活环境、心理需求、社会角色要求等各方面都会发生根本性的变化。在这个阶段，大学生仍然是以学习为首要任务，同时随着大学生生理和心理的发育，他们开始参与更多的社会活动，承担更多的社会角色，产生更多的心理需求，这些因素交织在一起，难免会给大学生带来各种各样的心理冲突，让他们在美好的大学时代体会挫折和痛苦。具体来讲，大学生可能遇到的困难来自于以下方面。

首先，大学里宽松的学习环境容易使缺乏自我管理能力的大学生丧失前进的目标和动力。从学习环境来讲，由于大学的人才培养目标是面向社会需求的，为社会培养专业人才，而中学则更侧重于奠定扎实的文化知识基础，为接受高等教育做准备，因此，大学的学习环境相比于中学更加宽松，更加着重于个性化的培养。在这种环境下，有些刚刚进入大学的同学们往往会有“失重”的感觉，误以为到了大学，学习不再重要了，于是一下子失去前进的方向和动力，陷入一种空虚无聊的状态中，整日以网络游戏为伴，或者是以交友、打扑克打发时间，让大好的青春时光从身边溜走。但到临近毕业时受挫，才会后悔没

有利用好大学的学习机会。

图 1-1　进了大学的门槛，怎么忽然有种“失重”的感觉呢？

其次，在全新的大学环境中大学生很容易出现环境的适应障碍。从大学生的心理需求来讲，随着自我意识的觉醒，大学生更加期待着被肯定、被信任，期待着更多自我展现的机会。同时大学生还会更加期待群体中的归属感、寻求异性间的情感体验。与此同时，大学生所承担的社会角色也更加复杂，期望自己是父母未来的寄托、老师认可的好学生、受同学拥戴的领袖、女孩眼中的王子。可以说大学生都是满怀着对大学时光的憧憬走进大学校门的，但是从“两耳不闻窗外事，一心只读圣贤书”的高中时代，一朝迈进这个多元文化价值观磨砺碰撞的大学校园，面对新的集体、新的生活方式、新的学习特点，一切都得靠自己面对处理时，一些大学生内心深处便产生了恐慌和对新环境的不接受。加之自理能力的不足、理想和现实的反差以及在人际交往、现实认可、生活适应乃至学习中遇到一点挫折或不快都可能使他们感到茫然无措，并由此产生失意、自卑、孤独、焦虑等心理问题。

第三，来自于家庭的经济压力和未来的就业压力使大学生陷入盲目的焦虑中。家庭经济环境对大学生心理的影响也不容忽视。经济上的窘迫往往使生活在贫困中的大学生极度敏感、自卑、脆弱。他们中的一部分人脱离群体，很少与其他同学交流，尤其是对家境富裕、花钱大手大脚、过于张扬的同学怀有妒忌、鄙视和排斥心理。他们往往迫切希望充实和改善自己，但有时又要求过高、急于求成。在不能如愿时，有的人便会产生失望、消沉等悲观情绪，加重了心理负担。调查显示，56%的贫困大学生认为精神压力大，选择很大的有 11%，而认为没有压力的只有 18%。

目前严峻的就业形势也加重了学生的就业压力。面临就业，他们既向往又担忧，既对自己有很高的期盼，又怕自己失败受挫。一方面他们渴望竞争，希望通过自己的努力寻找到理想的职业以证明自身的价值，另一方面竞争的激烈又不免使他们犹豫担心，害怕竞争中的失败，担心选择带来的风险，畏惧探索中的困难，自卑恐惧、焦虑急躁的心态不时出现，不少毕业生为之忧心忡忡。调查显示，“就业压力”在大学生心理压力中居第一位，占压力总值的72.8%。

总的来说，进入青年初期的大学生，由于经历相对简单、生活阅历相对较少，纵然怀抱无限梦想，但学习和生活环境陡然变得缤纷交错，往往使大学生难以从容应对，难免出现各种心理冲突，在失败和挫折中体验失落、品尝孤寂、体会烦恼，甚至丧失信心。归纳起来，大学生在大学阶段遇到的主要问题有：自我认识问题、学习困难问题、人际交往问题、恋爱情感问题、就业问题等。那么如何应对这些可能出现的问题呢？这就需要大学生树立心理健康意识，学会维护心理健康的有效方法，以促进自身的全面协调发展。

二、维护心理健康、培育健全人格对于大学生的意义

首先，从大学阶段的任务看，学会维护心理健康、努力实现自身人格的完善是大学生的一项重要任务。如前所述，大学阶段是青年大学生走向社会的预备期，是人格逐渐走向成熟和完善的时期。同时，这个时期又是一个选择人生方向的时期，是一个积累的时期，更是一个充满变化的时期。因此，在这个时期大学生能否在心理上得到充分、健康地发展，顺利完成由一名学生向一个独立的社会人的转变，将在很大程度上影响着他的学习、交友、就业，甚至是他的自信心和价值观。所以，从大学阶段的任务看，除了学习专业知识和技能，在大学学习生活实践中学会维护心理健康、努力实现自身人格的完善，是大学生的又一项重要的任务。

其次，从现代社会对心理健康水平的要求看，维护心理健康、培育健全人格是社会对现代人的要求，是获得幸福人生的前提和基础。一方面现代社会的发展对心理健康产生着巨大的影响，使人们日益关注心理健康问题。随着信息时代的到来，科技发展、信息传递、观念更新、关系变动的速度快得令人应接不暇，飞速变化的客观世界给人们造成了巨大的心理压力和适应困难；日益加剧的社会竞争（如资源竞争、技术竞争、升学竞争、就业竞争，等等）使人们更加频繁地遭受着心理挫折。可以说，现代社会中心理健康问题日益普遍了。换一个角度讲，现代社会的发展对人类心理健康水平的要求日益提高了。另一方面，在现代社会中，心理健康日益成为获取人生的成功和幸福的前提和基础。现代社会中，人们越来越清楚地意识到，仅凭知识技能生存发展是远远不够的，还需要智慧、创新品质、乐观态度、坚强毅力、团队精神等重要的心理素质。美国教育家戴尔·卡耐基调查了社会各界许多名人之后认为，一个人事业上的成功，只有15%的因素是由于他们的学识和专业技术，而85%的因素是靠他们良好的心理素质和善于处理人际关系。1976年奥运会十项全能金牌获得者詹纳说：“奥林匹克水平的比赛，对运动员来说，20%是身体方面的技能，80%是心理上的挑战。”

综上所述，作为当代青年大学生应该充分认识到心理健康的重要性，只有注重心理健康维护、注重人格的不断完善，才能够很好地把握这段弥足珍贵的大学时光，才能够让自己的理想乘风起航，才能够赢得幸福的人生，才能够担当父母的重托、社会的责任。

【心理探索】

1. 用以下三个标准来判断这些描述与你的实际情况相符的程度：
3＝这个描述非常符合我；2＝这个描述有点符合我；1＝这个描述完全不符合我
* 上大学是我自己选择的学校和专业。
* 对于即将开始的大学生活，我充满期待。
* 我很清楚上大学对我意味着什么。
* 上了大学，感觉每天不知道该做点什么来打发日子。
* 我希望从上大学开始，自己的事情由自己决定和处理。
* 对于大学中可能出现或正在面临的困难我不知所措。
* 我已经打算好了在大学阶段要做的事情。
* 不需要自己考虑很多，一切都会有人给我安排。

2. 请阅读《青春的日子》，谈谈你的感想，谈谈你对大学生活的渴望和期待。

青春的日子

所有的日子，所有的日子都来吧，
让我编织你们，用青春的金线，
和幸福的璎珞，编织你们。
有那小船上的歌笑，月下校园的欢舞，
细雨蒙蒙里踏青，初雪的早晨行军，
还有热烈的争论，跃动的、温暖的心……
是转眼过去了的日子，也是充满遐想的日子，
纷纷的心愿迷离，像春天的雨，
我们有时间，有力量，有燃烧的信念，
我们渴望生活，渴望在天上飞。
是单纯的日子，也是多变的日子。
浩大的世界，样样叫我们好惊奇，
从来都兴高采烈，从来不淡漠，
眼泪，欢笑，深思，全是第一次。
所有的日子都去吧，都去吧，
在生活中我快乐地向前，
多沉重的担子我不会发软，
多严峻的战斗我不会丢脸；
有一天，擦完了枪，擦完了机器，擦完了汗，
我想念你们，招呼你们，
并且怀着骄傲，注视你们。

——摘自王蒙小说《青春万岁》

3. 下面是一段关于“大学”的描述，谈谈你的理解和认识。

"它是人生最好的时期，也是最坏的时期；

它是智慧的时期，也是愚蠢的时期；

它是信仰的时期，也是怀疑的时期；

它是光明的时期，也是黑暗的时期；

它是充满希望的春天，也是令人失望的冬天；

我们的前途有着一切，我们的前途什么也没有；

我们正在直升天堂，我们也正在直堕地狱。"

4. 团体活动：人生五步曲。

活动程序：分别用鸡蛋—小鸡—母鸡—鸟—凤凰代表五个逐级上升的阶段。所有成员的初始状态为鸡蛋，两两通过"锤子、剪子、布"决出胜负，胜者升一级，败者降一级。然后分别找同级别的成员再次通过"锤子、剪子、布"决出胜负，如此往复。当成员自己升为最高级凤凰，即可退出游戏。观看其他成员继续进行。当每个级别的成员仅剩一人时，主持人宣告游戏结束。

游戏结束后，小组成员共同分享感受。

5. 案例分析：李洪绸和他的《大学生同居那点事儿》，阅读完该案例，请你谈一谈自己的体会，李洪绸的大学经历让你得到哪些启发？

案例呈现：

李洪绸是河北某传媒学院编导专业的一名大学三年级学生。自上高中起，李洪绸便开始了网络小说的写作生涯，他的网络小说不仅得到了网友的广泛关注和喜爱，同时被出版社公开出版。他选择学习编导专业，便是源于他对网络小说的热爱，他希望把他的构思和想象通过动态画面充分展现出来。

怀揣着这样的梦想，李洪绸进入了大学，选择了编导专业。在大学里，他不仅认真学习专业知识，还积极投身到DV作品的创作中去，把所学的专业知识和自己的创作实践紧密地结合起来。他和同学合伙购买设备，自己编写剧本、自己导演、自己表演，创作了《大学生同居那点事儿》、《完美劫持》，以及一些广告作品，等等。他们的作品因为在网上的超高点击率，而被重庆电视台所关注，并购买了他们的作品。

第二节 如何学习和使用《大学生心理健康辅导》

一、《大学生心理健康辅导》的主要内容

（一）介绍心理科学和心理健康的基本知识

《大学生心理健康辅导》这本教材的编写目的就在于指导大学生正确面对大学生活中的环境适应、人际关系、恋爱问题、情绪情感的调节、学习成长与潜能发挥、人格发展等方面的问题，以提高大学生的心理素质，促进大学生的心理健康发展与人格的健全。因此，以心理学理论为基础，有针对性地介绍心理科学与心理健康的基本知识和维护心理健康的基本技能和技巧是本教材首要内容。

（二）剖析大学生的心理特点和常见心理问题

《大学生心理健康辅导》主要是供大学生进行心理自我调适所用，因此剖析大学生的心理特点和常见心理问题成为本教材的又一重要内容。教材将从心理现象的不同侧面对大学生的心理特点进行深入剖析。一方面分析大学生心理特点形成的生理条件和社会条件；另一方面，从大学生的心理发展规律分析大学生进入大学后心理状态的变化，包括个性、自我意识、情绪情感、思维方式的变化，从而使大学生正确对待在学习、交往、择业等方面出现的心理问题，客观评价自己、审视自己，有的放矢地调适自己的心理，提高心理素质。

（三）提供大学生心理调适的有效方法和途径

《大学生心理健康辅导》将为大学生提供心理自我调适的方法和心理辅导的途径。自我调适的方法主要用以帮助大学生通过自我感受、自我体验、自我评价来自行解决一般性的心理问题，特别是成长过程中出现的发展性问题，从而维护心理健康。心理辅导的途径是当大学生一时难以通过自身努力走出心理困境时求助于心理辅导中心的方法。本教材对心理辅导的方法也给予了一定说明。

《大学生心理健康辅导》还为大学生提供开发心理潜能，提高心理素质的方法，由于自我认知的局限性，每个人都会有相当一部分潜能没有被挖掘出来。通过学习《大学生心理健康辅导》，大学生可以通过科学的方法充分发现、充分发挥自身潜在的优势和能力，同时也可以通过心理训练的方法来使自身的弱势或不足得以弥补和提高，进而使综合心理素质得到全面提升。

二、如何学习《大学生心理健康辅导》

（一）认真学习基本理论知识

心理学理论是开展心理健康教育的理论基础，只有基于对各种心理现象和心理问题开展科学研究，才能够建立完善的科学体系，才能够有效地指导实践，解决实际问题。因此，同学们在学习《大学生心理健康辅导》时，一定要注重相关心理学理论的掌握，搞清心理现象或心理问题的本质、机制、内在规律，这样才能够对心理现象和问题有一个充分、清晰的认识，才能够科学地维护心理健康。

（二）在各项课堂活动中积极参与、充分体验、深入思考

《大学生心理健康辅导》是心理学理论在心理健康维护中的应用，其重点在于使学习者掌握维护心理健康的基本技能和技巧，所以本课程首先是一门体验性的课程，在教学过程中，将通过各种形式的课堂活动，让学习者产生充分的情感体验、充分认识自己的心理状况。因此同学们只有积极参与各项课堂活动，充分体验心理感受，并加以思考和总结，才能收到良好的学习效果，实现自我提升。

（三）掌握并运用各种心理调适方法解决实际问题

《大学生心理健康辅导》还是一门实践性很强的课程。既然学习这门课程的目的就是为了维护自身的心理健康，那么在学习时不仅要注重掌握心理调适的方法技巧，更要把它应用到自己的学习和生活中去，指导自己的行为。

总之，同学们应该认识到本课程与其他所学课程最大的区别在于，它的研究和应用对象是人的主观世界而不是客观世界，它所追求的目标是人的自我完善和提升，其最终目的

是幸福人生的获取。因此，同学们在学习本课程时需要把握三个重点，一是立足完善、悦纳自己；二是全心投入、认真体验；三是反思、总结、实践、提升，循环往复、渐进提高，如此方可收到理想的学习效果。

【心理探索】

1. 请认真思考自己在大学里需要克服的任何困难，以及希望得到的帮助，可以把它写下来给老师或者你最亲密的朋友。

2. 通过学习本节内容，你对《大学生心理健康辅导》这门课程中的哪些内容比较感兴趣？你还希望本课程提供哪些帮助？

【思考时间】

1. 请收集大学生成长的案例，正面案例和负面案例各一个，并进行简要评价。

2. 都说“机会总是留给有准备的人”，为了让美好的大学生活更有意义，你认为自己需要做什么准备呢？

第二章

心理健康基础知识

人类的幸福只有在身体健康和精神安宁的基础上，才能建立起来。

——［英］欧文

导 言

在本书当中，有两个主线贯穿始终，一个是“心理”，一个是“健康”。在大学时代，同学们如果希望为一生的发展奠定良好的基础，希望今后能有所成就，希望找到属于自己的健康、幸福和快乐，那学习和了解一些相关的心理基础知识就是非常必要的。特别是本章的内容，是对心理学理论的一个总括，它将为你更好地学习后续内容提供一个知识体系上的支撑，也将使你更深刻地理解心理健康的真正含义以及生命价值的所在。

在本章中，我们将和同学们共同探讨以下几个问题：什么是健康、什么是心理、什么是心理健康；大学生的生理和心理特点；大学生心理健康的评价标准。

第一节 什么是健康

提到健康，很多人会联想到那句经典的牙膏广告语“身体倍儿棒，吃嘛儿嘛香”以及那对敦敦实实、圆头圆脑的父子。从一定程度讲，这则广告代表了人们对于健康的理解。不过，“身体棒、吃得香”就可以概括健康的全部内涵吗？随着科学的发展。人们对于健康的认识不断发展和深入。

一、对健康认识的发展

几个世纪以前，当死亡率比现在高得多的时候，当大多数死亡是传染性疾病和战争受伤的结果时，人们最关心的是不死亡。因此，在当时只要活着便被视为健康。

20世纪以来，随着科技进步和医疗水平的提高，传染性疾病和营养性疾病引起的死亡大大下降、平均寿命明显提高，这时人们日益关注疾病及功能丧失问题给人类健康带来的侵袭。人们对健康的认识发展为“无病即健康”。

近半个世纪以来，特别是最近的二三十年，人们对健康的认识又有了新的发展。人们发现，信息时代的到来使整个世界正在发生着迅猛的变化，知识爆炸、观念更新、工作生活节奏日益加快，社会竞争日趋激烈等社会因素，以及由这些社会因素给人们带来的心理问题，都在不同程度地侵袭着人们的健康。

1989年世界卫生组织召开了第二次代表大会，把健康定义为：“躯体健康、心理健康、社会适应良好和道德健康。”这一定义使健康观念得到了进一步深化和拓展，健康的内容涉及生理、心理、伦理和社会等各方面。

二、现代社会对健康的定义

健康是指身体、心理和对社会方面的积极状态。它包括四个维度：生理健康、心理健康、社会健康及对健康的总知觉。

生理健康指的是一个人的生理功能状态，即个体在正常情况下进行各种活动的能力。个体从事的活动可以分为六类：①自我护理活动；②运动；③体力劳动；④角色活动；⑤家务劳动；⑥休闲活动。

心理健康指的是人们的心理、心理与生活环境之间的平衡协调状态。衡量心理健康时可以看个体的幸福感、自我控制感、良好的情绪、思想、感情等。

社会健康是指人与人之间的交往和活动，如与朋友的交往、参加集体活动以及以此自我评价，如是否与他人合得来。①

对健康的总知觉是指个体如何看待自己的健康。包括自己对过去、现在、将来的健康的看法，对自己抗病能力的看法，以及健康在自己生活中占多大的比重。

可以说，现代社会对健康的理解是全方位、多维度的。各维度之间相对独立，生理健康的人不一定心理也是健康的，相反心理健康的人不一定不存在生理上的功能障碍。但是各维度之间又紧密联系、相互影响。当人的生理产生疾病时，其心理也必然受到影响，会产生情绪低落、烦躁不安、容易发怒，从而导致心理不适；同样，长期的心情抑郁、精神负担重、焦虑的人也易产生身体不适。

此外，从健康和疾病的关系上理解健康，应该说健康和疾病不是完全对立的两个概念，健康和疾病之间并没有一条截然的分界线，而是程度上的不同。我们可以把它们看作是一个连续体，在连续体健康的一端是身体、心理和社会方面的积极状态，健康处于主导地位；在连续体的另一端是疾病，它包括由破坏过程引起的典型迹象、症状或功能丧失。

因此，我们说健康本身会有不同的水平。举例说，一个人八小时工作后感到疲劳，这当然不能算病，但显然不如工作八小时后依然精力充沛的人健康水平高。人的心理状态也和身体一样，很难说任何时候任何一点毛病没有，所谓“月有阴晴圆缺、人有悲欢离合”，健康是我们不懈追求的理想状态。

【心理探索】

1. 用以下三个标准来判断这些描述与你的实际情况相符的程度：3＝这个描述非常符合我；2＝这个描述有点符合我；1＝这个描述完全不符合我。

* 从来不曾考虑过自己的健康问题。
* 很早我就意识到了健康的重要性。
* 我还年轻，身体也很好，健康状况不会有问题的。
* 曾经对别人忍受病痛折磨的情景留下了很深的印象。
* 没有感觉到心情不好与健康有什么关系。
* 在我的家人或亲戚朋友中，有人曾因病离开了我。

2. 团体活动：留下最爱。

活动程序：每个人把自己认为最重要的5个身体器官写下来，然后做小组交流；再请每个人想一想，如果从中划去一样，你先划去哪一样？理由是什么？就这样一次划去，直到剩下最后一样，谈谈在这个过程中的感受。

3. 自我观察：当自己的心情不好时，身体通常会发生哪些变化？

---

① 石林．健康心理学［M］．北京：北京师范大学出版社，2008：71－72.

第二节　什么是心理健康

一、什么是心理

众所周知，人的心理现象是多种多样的，也是非常复杂的。那么，人的心理究竟是一种什么样的现象？这些现象又包括哪些方面呢？这些问题是大学生需要了解的关于心理健康的基本知识。也就是说，在学习心理健康知识之前，我们有必要首先对心理和心理现象有一个概括的、框架性的了解。下面，我们将从心理的本质和现象两个方面进行学习。

（一）心理的本质

1. 脑是心理的器官，心理是脑的机能

列宁指出，人的心理、意识是人脑这块"按特殊方式组成的物质的高级产物"，同时这一论断也得到了大量科学事实的证明。例如，完全切除狗的大脑皮质，狗就不能独自摄食、不能躲避有害刺激、不能对主人的呼唤产生反应。对猴的实验结果表明，如果切除大脑皮质的枕叶，其对光的反应就失调，如果切除大脑皮质的颞叶，其对声音的反应就失调。此外，脑电图的研究发现，在不同的心理状态下，脑电波的节律变化往往不同。分子生物学的研究表明，动物在学习记忆的时候，神经细胞就会发生电的、化学的变化。因此，脑是心理活动的物质基础，大脑是人进行心理活动的器官。

那么，如果我们进一步思考一下，可能会问：大脑是以怎样的方式进行心理活动的呢？换言之，人的思想是怎样产生的？会不会就像肝脏分泌胆汁、膀胱贮存尿液一样？显然，大脑的工作机制和肝脏、膀胱的工作机制是不同的，现代科学的研究表明，人的一切心理活动就其产生方式来说，都是脑的反射活动。反射是有机体借助于神经系统对刺激做出规律性的反应。

脑的反射活动可以划分为三个阶段：第一个阶段是信息输入阶段，即外界刺激和它在感觉器官中引起的神经过程，经传入神经向脑中枢输入信息；第二阶段为信息加工阶段，即脑中枢将感觉信息进行加工、存储的神经过程，表现为主观上的心理现象；第三阶段为信息输出阶段，即经过中枢沿传出神经将信息传递至效应器，引起效应器官的活动，如动作、言语。在一般情况下，反应活动本身又会成为新的刺激，引起新的神经过程，新信息又返回传入中枢，这一过程称为反馈。反馈使人的心理活动成为完整的、连续的过程。由此可见，脑产生心理现象的活动，是不能脱离人的整个身体而发生的，心理现象在反射的中间环节发生，为外界刺激所引起，同时反映外界事物，并对反应活动起调节作用。

2. 客观现实是心理的源泉，心理是对客观现实的主观反映

心理现象就其产生方式来讲，是客观事物作用于器官，引起脑的反射活动。脑是心理的器官，没有脑就没有心理。但有了大脑，如果没有客观事物的刺激，仍然不能产生心理现象。各种客观事物以各种不同的形式作用于人的不同感官，引起神经系统的活动，从而产生感觉、知觉、表象、记忆、思维、情绪、意志等心理活动。如果把人的大脑比作"加工厂"，那么客观现实就是"原材料"，没有原材料，工厂无法加工生产产品。因此，客观

现实是心理的源泉和内容，人的一切心理现象都是对客观现实的反映。

那么，我们如何来理解心理是对客观现实的反映呢？

首先，人脑对客观现实的反映，只是客观现实在人脑中形成的映象，映象同它所反映的事物本身从内容上来讲是相像的，是对客观事物的复写、摹写和镜像，但不等同于客观现实本身。如同我们在镜子中看到的自己的形象不是我们自身一样，客观事物是实在的东西，而心理是事物的映象，是观念性的东西。

其次，人脑对客观现实的反映具有主观性。由于对客观现实的反映总是在特定的人、特定的条件下发生，而每个人不仅在生理遗传上、发展成熟上、需求动机和个性特征上都存在着差异，甚至在同一个人不同的时期或不同的条件下，由于其内部特点的不同，对同一事物的反映都有可能不同，例如，看同一部电影，青年人和老年人对电影的感受会有所不同，同一个学生在放松状态和紧张状态，对同一套试题的理解和反应也会不同。这就说明，心理反应的产生是在客观现实的作用下，透过主体的内部特点折射出来的。由于主体内部条件的不同，同样的外部影响可以引起不同的心理反应，这就是心理反应的主观性。

第三，人脑对客观现实的反映并不是像镜子反映物体一样的消极、被动，而是在实践活动中对客观现实积极的、能动的反映。人的心理活动在实践活动中发生发展起来，并表现在实践活动当中。同时，实践活动又受到心理的调节支配，在人的需要、动机和价值观的推动下，通过对客观现实的改造，来满足人自身的需要、实现人的自身价值。因此，人对客观现实的反映不是直接地、机械地作用于人的心理，而是通过人和周围环境的相互作用，在人有目的地改造世界的过程中实现的。

随着实践活动的深化，人对客观现实的认识也在不断地深化和丰富，越来越趋近于事物的本质。同时通过实践活动，人也在不断地检验对客观现实反映的正确性，实践活动的结果则是检验认识正确性的判定标准。由此可见，人是在与环境的相互作用中探索客观世界的，并通过作用的结果来验证和调整自己对客观现实的认识，使之不断深化，并在自身认识的指导下，通过实践活动有目的地改造客观现实。因此，人脑对客观现实的反映是积极的、能动的。

综上所述，辩证唯物主义将心理的本质概括为心理是脑的机能，是对客观现实的主观反映。

（二）个体心理现象

心理是一个复杂的系统，从不同的维度可以将心理现象进行不同的区分：从人的心理的动态——稳态这个角度，可以将心理现象区分为：心理过程、心理状态和心理特征；从人的心理的整体性、稳定性和差异性这个角度看，可以将心理现象区分为个性心理特征、个性心理倾向性和自我；从人的心理能够被觉知的角度看，可以将心理现象区分为意识和无意识。以上三个维度大体将复杂的心理系统进行了区分，这样当我们需要去把握心理状况时，就可以从以上三个方面入手。① 下面，让我们就这三方面的问题进行讨论。

1. 心理过程、心理状态和心理特征

心理过程泛指心理操作的加工过程，通常把认识（认知）活动，情绪活动、意志活动统称为心理过程。

---

① 黄希庭．心理学导论［M］．北京：人民教育出版社，2002：1—9.

认识（认知）活动是指人们获取知识和运用知识的过程。它包括感觉、知觉、记忆、思维、想象、言语等。人们对世界的认识始于感觉和知觉。人们通过自身的感觉系统（眼、耳、鼻、舌、皮肤等）获取对外部世界的个别属性的信息，如颜色、强弱、明暗、气味等。知觉是对感觉信息的解释过程，它反映事物的整体及其联系和关系，如一所房子、一辆汽车、一张桌子等。感觉和知觉往往是同时发生的，因而被合称为感知。感知后获得的经验能够贮存在大脑中，必要时还可以提取出来，我们称之为记忆。此外，人们除了可以通过感知系统获取直接经验来认识外部世界，还可以通过对已有的知识经验的学习加工来认识事物的本质，这就是思维。思维就是人脑对客观现实间接的、概括的反映。此外，人脑还能够通过言语描述等现实的刺激作用，通过对旧有的形象加工改造形成新的形象，这就是想象。如人们可以根据现实中的动物形象想象设计出很多的可爱的动画形象。总之，感觉、知觉、记忆、思维、想象等都是人们获得对客观世界的认知的过程，心理学中统称为认知过程。

在人们认识客观世界的时候，还会伴随着喜欢、高兴、厌倦、哀伤、恐惧等内心的体验或态度，我们把这些心理现象称之为情感或情绪。情绪总是和一定的行为表现相联系，如高兴时手舞足蹈，悲伤时泪如雨下，愤怒时青筋暴露，总之情绪过程就是人们对待他所认识的事物、所做的事情、他人和自己的态度体验。

人对客观事物不仅要感受它、认识它，同时还要将自身的主观愿望附加其上，通过行为使之发生改变，以满足自身的需要，这就是人改造客观世界的过程。在这个过程中，人们要制定目标、计划、选择完成计划的方式方法，并要克服各种困难，通过不懈努力以达成预期目标。这种为达成预期目标而与克服困难相联系的心理活动，叫做意志。

认知、情绪、意志统称为心理过程，在现实生活中，人的认知、情感、意志活动不是彼此孤立进行，而是密切联系、相互作用的，个体的心理活动就是在三者的共同作用下进行的。

通常，人的心理活动在一定时间内会呈现相对稳定的持续状态，我们将这种心理现象称之为心理状态，如认知过程中的聚精会神和精神涣散状态，情绪过程中的激情状态和心境状态，意志过程中的信心状态和犹豫状态。一般来讲，心理状态是个体在一定时间内心理活动的综合的相对稳定的表现，它持续的时间可以是几小时、几天或几周，它既不像心理过程那样动态、变化，也不像心理特征那样持久、稳定。

心理特征是指个体在心理过程中经常表现出来的稳定特点。如有的人观察事物细致认真，有些人观察事物马虎潦草；有些人记忆牢固、迅速，有些人记得慢、忘得快；有些人思维灵活、有些人思维迟钝；有些情绪稳定、有些人情绪易波动；有些人做事果断、有些人犹豫不决。在一个人在认知、情绪、意志过程中表现出来的稳定特点即为这个人的心理特征。

从心理现象的动态——稳态角度看，心理过程、心理状态、心理特征既相区别又相互联系。首先，心理状态和心理特征是在心理过程中表现出来的；其次，心理过程受心理状态和心理特征的制约和影响。第三，心理状态和心理特征之间也是紧密联系的，心理特征会影响心理状态的性质，而一种经常、反复出现的心理状态也会转化为心理特征。

2. 个性心理特征、个性心理倾向性和自我

个性是指一个人总的精神面貌，它是在个人漫长的生活道路中逐步形成的，反映了一个人区别于他人的、独特的、稳定的心理特征。个性心理结构是比较复杂的，可以分为三

个部分：个性心理特征、个性心理倾向性和自我。

个性心理特征是个体多种心理特征的独特组合，它集中反映了一个人在能力、气质、性格方面的类型差异。能力标志着个体在完成某项活动的潜在可能性方面的特征。如，有人聪明、有人愚笨；有人擅长计算，有人擅长绘画。气质标志着个体心理活动的稳定的动力特征。如有的人反应敏捷、活泼好动，有的人反应迟缓、安静稳重；有的人直率热情，情绪易冲动，有的人敏感、情感体验深刻等。性格标志着个体对现实的稳定的态度和行为方式上的特征。能力、气质、性格被统称为个性心理特征。

个性倾向性是推动人进行活动的动力系统，是个性结构中最活跃的因素。它决定着人对周围世界认识和态度的选择和趋向，决定着个体追求什么，什么对他来说是最有价值的。个性倾向性主要包括需要、动机和价值观。

自我即自我意识，是个体对自我的觉知。它包括个体对自身认知方面的内容，如自我观察、自我概念、自我评价等，我们称之为自我认识。自我认识主要设计的是“我是一个什么样的人?”的问题。自我还包括个体对自身的情绪情感方面的内容，如自尊、自爱、自卑感、优越感、责任感等，我们称之为自我体验。自我体验主要涉及“我是否对自己满意？是否悦纳自己?”的问题。自我还包括个体对自身意志方面的内容，如自立、自主、自信、自律。可以称之为自我控制。自我控制主要涉及“如何改变自己成为理想中的人?”的问题。自我意识的这三种表现形式综合为一个整体，便成为个性的基础——自我。在自我的协调和控制下，个性结构中的诸成分（个性心理特征、个性倾向性）成为一个统一的、有组织的、相对稳定的整体。

3. 意识和无意识

对于复杂的心理现象，如果从能否被个体所觉知的角度划分，又可以分为意识现象和无意识现象。那么什么是意识呢？一般认为意识是对外部刺激和内部心理事件的觉知。当一个人对客观事物的反映以言语的形式巩固下来，并以言语的形式表达出来的时候，他就把自己从周围的事物中区分出来，周围的事物便成为他的言语觉知的客体。这样，人对客观事物的反映便成为有意识的、自觉的反映。当我们的心理活动在言语水平上被加工时，这种心理活动就成为意识活动。

除了意识活动，人还有无意识活动。无意识活动在人的心理生活中是非常普遍的。例如做梦，梦的内容可能能被意识到，但梦的进程我们是意识不到的，也是不能自觉控制和调节的。再如自动化了的肢体动作、无法理解的情绪等等都属于无意识活动。总之，无意识也是人们反映客观世界的一种特殊的形式，人借助无意识来回应各种信号，而未能意识到这种反应的整个过程或个别阶段。

以上是对“什么是心理?”这个问题的一个框架型的概述，通过概述，我们不仅明确了心理的本质，同时也对复杂的心理现象有了一个大致的区分。这样将不仅有利于后续心理健康知识的学习，更重要的是同学们在对心理现象进行分析时，可以以此为线索，对把握和调节心理状态，积极主动地维护心理健康提供帮助。

二、什么是心理健康

（一）心理健康的内涵

一般意义而言，心理健康标志着人的心理调适能力和发展水平，但究竟什么是心理健康，却至今尚未有定论。《简明不列颠百科全书》将心理健康解释为："心理健康是指个体心理在本身及环境条件许可范围内所能达到的最佳功能状态，但不是十全十美的绝对状态。"心理学家 H. B. English（1958 年）的定义为，心理健康是指一种持续的心理状态，当事者在那种情况下能作良好适应，具有生命的活力，而且能充分发展其身心的潜能，这乃是一种积极的、丰富的情况，不仅是免于心理疾病而已。社会学家 W. W. Boehm 认为，心理健康就是合乎某一水准的社会行为。一方面能为社会所接受，另一方面能为本身带来快乐。国内有学者认为，心理健康是个体内部协调与外部适应相统一的良好状态。也有学者认为，心理健康乃是指个体在各种环境中能保持一种良好的心理效能状态，并在与不断变化的外界环境的相互作用中，能不断调整自己的内部心理结构，达到与环境的平稳与协调，并在其中渐次提高心理发展水平，完善人格特质①。

综合国内外学者的论述，我们认为心理健康是指个体内外协调、积极向上的良好心理状态。个体能够与社会环境保持良好的协调与适应，其生命充满活力，能充分发挥其身心潜能，实现生理、心理和社会三方面良性互动。

但是当我们在对心理健康进行理解时，还应注意到心理健康概念上的相对性和心理发展水平上的层次性。首先，心理健康是相对于不同的社会文化背景、民族特点、意识形态、价值观以及个体的年龄特征而言的，人们对心理健康内涵的理解也是不同的，在某一社会环境下、某一年龄段被认为是正常的行为，在另一个社会环境或年龄段就会被认为是不正常的。其次，对心理健康的界定存在发展水平上的差异的，总的来讲心理健康是指一种高效而满意的、持续的心理状态，但在健康与不健康之间并没有一个截然的分界线，有学者认为心理健康水平大致分为严重病态、轻度失调、常态和很健康四个等级。在这里，从常态到很健康是一种趋向，即正常心态的人如何从"正常"的心理向更为"健康"的心理转化，如何从一般健康的心理水平向更高健康的心理水平转化。

（二）心理健康的评价标准

所谓心理健康的评价标准，是衡量心理健康状况的尺度。没有这样一把尺子，就难以判断一个人的心理状况处于怎样的水平上。虽然近年关于心理健康的评价标准的研究和论述中，中外学者都提出过许多见解，但至今未形成统一的标准。

第三届国际心理卫生大会（1946 年）所明确的心理健康标准是：身体、智力、情绪十分调和；适应环境，在人际关系中彼此谦让；有幸福感；在工作和职业中能充分发挥自己的能力，过有效率的生活。

马斯洛提出的 10 条标准是：具有适度的安全感；具有适度的自我评价；具有适度的自发性与感应性；与现实环境保持良好的接触；能保持人格的完整与和谐；善于从经验中学习；在团体中能保持良好的人际关系；有切合实际的生活目标；适度的接受个人的需要；在不违背团体的原则下能保持自己的个性。

台湾学者黄坚厚认为心理健康有 4 条标准：乐于工作；能与他人建立和谐的关系；对自身具有适度的了解；和现实环境有良好的接触。

北京大学王登峰教授提出有关心理健康的 8 条标准：了解自我，悦纳自我；接受他人，善与人处；正视现实，接受现实；热爱生活，乐于工作；能协调与控制情绪，心境良

① 林伟文．心理健康结构维度的研究概述及结论．http://www.jmyz.com/yjxxx/2005.

好；人格完整和谐；智力正常；心理行为符合年龄特征。

通过对心理健康标准的描述，我们认为心理健康标准只是一种相对的衡量尺度，而且，很多学者对心理健康标准提出了自己的认识。清华大学樊富珉教授认为："心理健康的标准是一种理想尺度，它不仅为我们提供了衡量是否健康的标准，而且为我们指明了提高心理健康水平的努力方向。每一个人在自己现有的基础上作不同程度的努力，都可以追求心理发展的更高层次，不断发挥自身的潜能"。

归纳中外学者对心理健康标准的研究成果，我们认为健康的心理应包括以下几个维度的基本特征，即自我接纳、与他人的积极关系、环境控制、自主性、生活目标、个体成长。

自我接纳感即人对自我和对过去生活的认可和接纳。对自己持积极的态度是积极的心理健康机能的主要特征，它通常被认为是心理健康最常见的标准，心理健康的人最重要的特征就是自我认可，自我接纳。

与他人建立积极关系，即具有爱他人与被他人爱的能力。自我实现者被描述成具有很强的同情心和对人类、对自然的爱心，并能热爱他人、承认他人，与他人能保持良好关系是成熟的标志。

自主性即具有独立性和自我约束性，自主性机能发展充分的人不以别人的喜好来看问题，而是根据自己的标准做出评价。

环境控制即一个人超前于环境，并通过身体或精神活动创造性地改变环境的能力。个体有能力选择和创设适合自身发展的环境，这被定义为心理健康的特征之一。人生的成功在于最大限度地获取环境中的各种机会。

生活目标即一个积极生活的人会在不同的发展阶段创设不同的发展目标，他会让生活有目的、有方向感，所有这一切使人感到生活有意义。

个体成长即个体要不断成长，不断充实和自我实现。人在不同时期面临不同的挑战和任务，发挥自身潜能实现不断成长是人生发展的最高层次。

【心理探索】

1. 团体活动：你说我画。

活动程序：两人一组，在10分钟时间内，一人说出对人的描写的词语，另一人将该词语的含义用简笔画的形式表达出来。然后将词语按照心理过程的不同内容归类。

2. 测测你自己：SCL—90测评问卷。

3. 小组讨论：谈谈自己对"心理健康是一个连续的状态"这句话的理解，再举例说明你对心理健康是如何理解的？

第三节　大学生的生理和心理特点

大学阶段是人生生理和心理发展的重要转折阶段，在这个阶段，大学生不仅生理上将会发生很大的变化，而且在心理上也正面临着一个逐步向成年人过渡的发展过程。本节，我们将就大学生的生理和心理特点和同学们进行探讨。

一、大学生的生理特点

大学阶段正处于青年中期（18～23岁左右），从生理学的角度讲，这个时期人体各系统的生长发育渐趋缓慢，亦渐趋成熟。大学生阶段，身体的外形基本定型，但也没有完全定型，如果注意增加营养和体育锻炼，身高仍会有一定的增长。伴随身高增长的是体重的增加，体重的增加主要与内脏、肌肉、脂肪和骨骼的发育有关。一般情况下，男生的肌肉比女生更为发达，女生的脂肪在体重中所占比例更大。身体形态上看，男生肌肉结实，强壮有力；女生脂肪厚实，皮肤细腻光泽、体态丰盈。男生肩胸宽阔、上臂粗壮、下肢和骨盆较窄细，躯干较短、四肢较长；女生肩胸较窄、上肢较细、骨盆较宽、躯干相对较长、四肢相对较短。

在生殖系统方面，男女大学生的性机能发育已基本成熟。

大学生在其他生理机能方面，如循环系统、呼吸系统、能力代谢等均处于最终完善状态，生命处于青春的旺盛时期。此外，大学生的大脑和神经系统的发育也基本成熟，脑重量达到1500g左右，大脑皮质的沟回组织已完善和分明，脑皮质神经纤维髓鞘化，增长和分支接近完成。脑细胞处于建立联系的上升期，皮层细胞活动增加，兴奋和抑制过程有较好的平衡，联络神经纤维活跃，大脑皮层的发育迅速，为思维的发展创造了良好的物质基础。

二、大学生的心理特点

身体的生长发育是心理发展的物质基础，伴随着生理发育的成熟和社会活动的展开，大学生的心理发展在这两个因素的共同作用下，呈现出这一时期的特点。

（一）思维的逻辑性、独立性和批判性明显增强

一方面神经系统的成熟，使大学生智能的发展处于顶峰时期，另一方面大学期间知识量和专业训练的增加，以及广泛的社会实践活动，都为大学生的思维发展奠定了良好的基础。大学生的思维发展首先表现为抽象逻辑思维的发展，同学们逐步善于进行系统的论证性的思维活动，在思考问题或与人讨论问题时，不满足于现象的罗列和已有的结论，而是要求有理论深度，并试图探求事物的本质和规律。与此同时，大学生思维的独立性和批判性也在逐步增强，同学们试图独立思考问题，通过自己的思维来认识和加工信息，对周围事物的认识会持有批判的态度，勇于发表自己独特新颖的观点、提出自己的质疑，尝试用新的方法解决问题，思维有一定的创造性。但是，我们也必须看到，大学期间同学们对问题的认识非常容易受到情绪的影响，过分掺杂情感色彩，加之阅历不深、经验不足，因而认识问题难免有偏激、冲动、主观、固执的倾向。

（二）自我意识不断增强

生理机能的成熟以及身体发育达到高峰后逐步定型，对于心理的特殊影响就是促进自我意识的发展，包含两个方面，一是对自己体型、仪表、体力方面的综合看法；二是对智力、情操以及人格等方面的看法。这两个方面是相互联系、相互统一的。因此，处于青年期的大学生又进入了“第二个镜像阶段”，我们会发现，无论是出于自我欣赏还是自我反感，很多同学都会在镜子前耗去大量时间，希望从镜子里发现自己身体的变化，同时内心

交织着自我评价的情绪体验。这种现象说明，大学生开始把目光投向认识自我、要求深入了解和关注自己的发展，对自己的容貌、内心活动、个人品质都表现出强烈的兴趣和高度的关注，总想了解“我长得好看吗?”、“我是一个怎样的人?”，并在这种不断的自我感觉、自我观察的基础上进行自我评价，同时也极为关注别人对自己言行的评价。大学生的自我体验也更加细腻，自我控制的能力也在不断加强。

随着大学生社会活动的增加、自我意识的增强，越发认识到自我价值，希望承担更多的社会角色，进而表现为自尊心、自信心、好胜心和独立感的增强。同时，在大学生自我意识发展的过程中，还存在不稳定的情况，在自我评价方面容易产生过高和过低两种倾向；在自我体验方面，容易出现自尊和自卑并存的现象。此外，大学生思考问题时也往往容易过分关注自我，从自己的角度出发，出现自我中心的现象。

（三）情感丰富、强烈，但具有不稳定性；情感表现富有特色

大学生生理机能的发展正处于人生的巅峰状态，无论精力和体力都非常充沛，洋溢着生命的青春活力。伴随着校园生活的展开、自我意识的增强以及社会性需求的增加，其情感也日益丰富和强烈，其中对自我认识的态度体验和爱情的情感体验成为重要成分。就情感的体验而言，大学生对情感的体验更加丰富而深刻，同学们对友情、爱情、亲情、自尊感、自卑感、成就感、失败感、满足感、失落感、崇高感、卑劣感……的体验更加深入；就情感的表现形式而言，由于对情绪控制能力的增强，内隐性的情绪、情感表达逐渐成为主流，同学们逐渐学会“喜怒不形于色”，而是通过写日记、向朋友倾诉等形式体现出来。但从总体情况看，大学生情绪的稳定性相对较弱，容易受到环境变化的影响，情绪起起落落、变化无常。

（四）大学生的个性基本形成，但有很大的可塑性

如前所述，个性是指一个人总的精神面貌，它是在个人漫长的生活道路中逐步形成的，反映了一个人区别于他人的独特的、稳定的心理特征。到大学阶段，一个人的个性已基本形成，他的气质、能力、性格以及价值观和自我意识已经具备了区别于他人的独立特征，并以自己独特的行为方式存在。每一位同学都是一个不同于他人的独特的“我”，但这个“我”还不是一个相对稳定的“我”，而是一个变化性相对活跃的“我”。因此，在大学阶段学习心理健康知识，对于大学生的自我完善、自我发展有着极其重要的意义。此外，关于对个性的理解和认识的详细阐述，可以参见本书的后续相关章节。

三、大学生的心理健康评价标准

综合本章的全部内容，结合心理健康的内涵以及大学生心理发展的年龄特点，我们认为可以从以下几方面来把握大学生的心理健康状况。

（一）能否有效地学习、工作和生活

如果一位同学乐于学习、工作和生活，能够将自己的智慧和能力有效地运用其中，取得一定的成绩，并因此收获喜悦和满足，转而进一步增进学习、工作和生活的兴趣，那我们可以说他是心理健康状况良好的。如果有的同学对什么事情也不感兴趣、干什么都心烦意乱，或者感到效率低、运气不好、苦闷失望，甚至取得了成绩都不能感到快乐，那就说明有存在心理健康问题的可能。因此，我们可以把能否有效地学习、工作和生活作为判断大学生心理健康的一个最为简单、直接的指标。

（二）能否建立客观的自我认识，进而与环境保持协调一致

一般来讲，心理健康状况良好的大学生能够体验到自己的价值，了解自己、悦纳自己，并能做出客观的自我评价，既不会因为自己的优势和长处感到沾沾自喜，也不会因为自己的不足而自卑、自怨、自责，而是能够确立合乎实际的理想和目标，保持积极的生活态度，不断努力发展自己潜能。同时，他们还能以客观的态度对待周围的人和事，能和社会保持良好的接触，能够不断根据环境的变化，调整自己的思想、目标和行动，以保持和环境的协调一致。

（三）能否建立和谐的人际关系

人生活在世界上，总是会和各种各样的人发生关系。通常情况下，人都是喜欢过群体的生活，而不愿孤独。心理健康的大学生有自己的朋友，乐于与人交往。在与他人相处时，其肯定的态度（尊重、信任、友爱）往往多于否定的态度（憎恨、怀疑、妒忌），总是关心他所在的集体，并会尽力作出自己的贡献。如果一个人不能以宽厚、诚恳、谦虚、友爱的态度与他人相处，而代之以敌视和仇恨，只关心自己、不关心别人和集体，那么就应该考虑他的心理健康状况。

（四）是否具备完整的人格

健康人的人格特征是有机统一的、稳定的，即他的所思、所想、所说、所为都是以他的稳定的人生观和信念为中心统一起来的，并能够把自己的愿望、需求、动机、目标、行动完整、和谐地表现出来。换言之，如果知道一个人的人格特征，就可以预见他在某些情况下的行为。相反，如果一个人的行为表现不是一贯的、统一的，那么就有可能是心理健康的问题。

最后，仍然需要特别强调的一点是，心理健康是一个连续体，健康与不健康之间没有一个分界线，不存在一个绝对健康和不健康的标准。也就是说，一个心理健康状况良好的人，并不是绝对不存在不健康的心理状态，一个有心理疾病的人，他的心理过程也并非都是不正常的。这里给出的几条简单的心理健康标准，一方面是为了便于同学们进行简明的心理健康自我评估，另一方面，也为同学们增进自身的心理健康提供一些目标。从发展的角度讲，人的一生都处于成长过程中，而大学时期更是成长的黄金时期，遇到这样那样的心理困惑是不可避免的，重要的是寻找解决问题的途径，努力实现自我完善和提高。

【思考时间】

1. 通过学习本节内容，说一说你对心理健康是怎么理解的？对心理问题是怎么理解的？你受到了哪些启发？

2. 观察并记录一周内你身边发生的事情，并用所学的心理学知识来说明，它们都是些怎样的心理现象。

第三章

我是谁？——大学生的自我意识

一个不懂得自己的人是不可能懂得别人的。在我们每一个人身上都有另一个我们不认识的“他”——他在梦中向我们说话，他告诉我们，他看我们的方式是怎样迥然不同于我们看自己的方式，当我们处于无法解决的困境中时，他有时就能闪现出光亮，而这光亮将极大地改变我们的态度——那使我们走出困境的态度。

——荣格（瑞士心理学家）

3－1

我是谁？

成龙在电影《我是谁》中塑造的杰克，因为受伤失去了记忆，不知道自己是谁，来自哪里，应该站在什么立场，不知道自己该相信谁，也不知道自己应该做些什么，时时处于茫然中。他苦苦地找寻着自己……

导　言

早在几千年前，古希腊人就在德尔斐的阿波罗神庙上刻下这样的话："认识你自己"，它警示人类去探求自我的世界。无独有偶，中国的老子也提出"知人者智，自知者明"，俗语"人贵有自知之明"也早已成为智者的箴言。西班牙也有一句谚语："自知之明是最难得的知识。"可见，人类对认识自我的重要性有着殊途同归的智慧洞见。

当代大学生，对"自我"有着更为迫切的兴趣和需求，对"自我"的关注更是空前高涨起来。"我是谁？我从哪里来？我将往何处去？"这是每一位青年人常常思考的问题。在自己的心里、别人的眼中，我是一个怎样的人？我有哪些优势？又有哪些难以突破的劣势？还有哪些"潜在的我"是我不知道的？我现在能做什么？不能做什么？将来要做什么？我何以立身？要交什么样的朋友？过怎样的生活？所有这些，无不涉及到"自我意识"。

不仅仅是青年人，许多人到中年的"成功人士"也在纷纷思考着这样的问题："为什么我获得了成功，却没有找到幸福？""我并不是一个很笨的人，为什么生活却是一团糟？"现代印度哲学家克里希那穆提也提出："为什么人类具有如此巨大的智慧，缔造惊人的文明奇迹和上天入地的科技，却一直无法解决内心的空虚和矛盾？"他认为：自知之明是智慧的开端、爱的起点、恐惧的终点、创造的源泉，在其中含藏着整个宇宙，也包含了人性所有的挣扎。

心理学的研究发现，"我是谁？我从哪里来？我将往何处去？"是人们无数次地思考的问题，人的一生也就是探索自我的过程。一个不能清楚地知道"我是谁"的人，很难找到自己真正想要的生活，找到自己人生的意义、幸福以及价值感。

只有正确认识自己，才能了解自己的兴趣与优势，找到适合自己的事业、家庭、爱情及其他关系，从而体验到幸福并给更多的人带来幸福。这不是我们人生的终极目标吗？

本章主要探讨以下问题：什么是自我意识？如何全面、客观认识自我？如何接纳自我？如何完善自我？

自我评估　我是谁？

请写出20个描写你自己的句子。如：

1. 我是________________________________。

2. 我是________________________________。

……

第一节　什么是自我意识

早在几千年前，古希腊人就在德尔斐的阿波罗神庙上刻下这样的话："认识你自己"，它警示人类去探求自我的世界。无独有偶，中国的老子说："知人者智，自知者明"。中国的一句俗语"人贵有自知之明"也早已成为智者的箴言。西班牙也有一句谚语："自知之明是最难得的知识。"可见，人类对认识自我的重要性有着殊途同归的智慧洞见。

尤其是当代大学生，对"自我"有着更为迫切的兴趣和需求，对"自我"的关注空前高涨起来。"我是谁？我从哪里来？我将往何处去？"这是每一位青年人常常思考的问题。在自己的心里、别人的眼中，我是一个怎样的人？我有哪些优势？又有哪些难以突破的劣势？还有哪些"潜在的我"是我不知道的？我现在能做什么？不能做什么？将来要做什么？我何以立身？要交什么样的朋友？过怎样的生活？所有这些，无不涉及到"自我意识"。

一、自我意识的概念

谈到认识自我，就涉及自我意识。那么，什么是自我意识呢？自我意识是人类特有的反映形式，是意识发展的最高阶段。它是指个体对自己的各种身心状态的认知、体验和愿望，以及对自己与周围环境之间关系的认知、体验和愿望。

二、自我意识的结构

（一）自我认识

自我认识也称自我认知，是主体"我"对客体"我"的认知和评价，包括自我感觉、自我观察、自我分析、自我概念和自我评价等内容。我们通常思考的"我是什么样的人"，"我的优点有……"，"我的缺点是……"，"与一年前相比，我在……方面变了"，"我为什么是这样的人"等这些问题就是对自己的认识。其中，自我概念是其中最主要的方面。

（二）自我体验

自我体验是主体我对客体我的情绪体验，是自我意识的情感成分，反映主体我对客体我的态度。它包括自尊、自爱、自信、自卑、自怜、责任感、义务感、自豪感、成就感和自我效能感等。其中，自尊、自信是自我体验中最主要的方面。

（三）自我调控

自我调控是个体对自己的身心活动及与外界环境的调节和控制，它建立在自我评价的基础上，受自我体验的影响。自我监督、自我命令、自我激励、自我调节和自我教育等都属于自我调控。其中，自我调节和自我教育是自我调控中最主要的方面。

三、自我意识的基本内容

（一）主体我与客体我

美国心理学家米德（Mead）将自我划分为主体我（I）与客体我（me）。主体我是指对自己活动的观察者，而客体我则是这个观察过程中被观察的对象。人们对自己的认知过程实际上就是主体我对客体我的反映过程。你描述中的“我认为”就是主体我，而“我是”，“我喜欢”，“我不喜欢”，“我将要”……这些“我”都是客体我。

（二）生理自我、社会自我、心理自我

这是由美国心理学家詹姆斯（James）提出的，他认为自我的发展经历了这三个过程。生理自我是指个体对自己身体的意识，也可称为躯体自我，包括占有感、支配感和爱护感。我们对自己身材、容貌和性别等的认知，以及生理病痛、温饱饥饿等的感受都属于生理自我，这些感觉大概在人 3 岁左右就开始形成。社会自我是个体对自己在社会关系、人际关系中角色的认识，包括与父母、同伴和老师的关系以及自己在这些圈子里的地位，社会自我主要受他人看法的影响，生命中的重要人物，如父母、老师和好友对待我们的态度都会极大地影响社会自我的形成。心理自我是指个体对自己心理特征的意识，也可称为精神自我，例如对性格、气质、情绪、智力、态度和行为特点的认识，这些对自己心理的认知是在形成社会自我的基础上，随着生活阅历的增加逐渐形成的。生理自我、社会自我、心理自我是相互影响、紧密联系的。

（三）现实自我、投射自我与理想自我、可能自我

现实自我是个体依据自己的标准，对身心状况及自己与周围关系的看法。投射自我由美国心理学家库利（Cooley）提出，指的是在个体看来，其他人对其的评价和看法。而理想自我由美国人本主义心理学家罗杰斯（Rogers）提出，指的是个体希望达到的完善形象，我的生活目标，对未来的憧憬、期待和抱负，以及我希望能成为什么样的人。可能自我由马卡斯提出，指人们认为他们将来可能成为什么，愿意成为什么或害怕成为什么。比如，“我是一名广告学专业的大学生，我的美术功底不错，但我不知道怎么才能拉近彼此之间的距离，我的人际关系不好。”这是你的现实自我。“我认为很多人都不喜欢我。”这是你的投射自我。“我希望能成为优秀的广告创意人，拥有良好的人际关系。”这是你的理想自我。“我将来可能能够成为一名优秀的广告创意人，但我的人际关系可能还是一般，不会太好。”这是你的可能自我。现实自我、投射自我、理想自我、可能自我的和谐一致是心理健康的基本保证，这三者存在矛盾冲突就会引起自我意识的矛盾和偏差。

四、自我意识的发展

（一）自我意识的发展阶段

一直以来，心理学家对自我意识的发展倾注了大量的心血，许多心理学家对此有精辟的见解。我们在这里介绍一下在此领域影响深远的一位心理学家的理论——埃里克森的自我发展阶段理论。

埃里克森（Erikson）是美国著名精神病医师，新精神分析派的代表人物。他认为，人的自我意识发展持续一生，他把自我意识的形成和发展过程划分为八个阶段，这八个阶段的顺序是由遗传决定的，但是每一阶段能否顺利度过却是由环境决定的。

埃里克森认为，这八个阶段中，每一个阶段都由一种对立的冲突组成，并形成相应的危机，因此，每一阶段都有相对应的发展任务。如果危机或发展任务得到积极的解决，就会增强自我的力量，使人的心理得到健康发展，更好地适应社会。如果危机或发展任务没有得到积极的解决，就会削弱自我的力量，人的心理健康就会出现问题，不能很好地适应

社会。

这八个阶段如下：

（1）口腔—感觉阶段（0～1岁）

本阶段危机：基本信任对不信任。

基本发展任务：获得对周围的人和周围的环境的基本信任感。

（2）肌肉——肛门阶段（1～3岁）

本阶段危机：自主对羞怯和疑虑。

基本发展任务：获得自我控制感和意志力。

（3）运动——性器阶段（3～6岁）

本阶段危机：主动性对内疚感。

基本发展任务：形成自主性，形成“一种正视和追求有价值目标的勇气，这种勇气不为幼儿想象的失利、罪疚感和惩罚的恐惧所限制。”

（4）潜伏阶段（6～12岁）

本阶段危机：勤奋对自卑。

基本发展任务：体验从稳定的注意和孜孜不倦的勤奋来完成工作的乐趣，获得能力。

（5）青春期（12～18岁）

本阶段危机：自我同一性对角色混乱。

基本发展任务：获得自我同一性，进而形成“忠诚”的品质。

（6）成人早期（18～25岁）

本阶段危机：亲密对孤独。

基本发展任务：获得与朋友、配偶建立亲密关系的能力，形成“爱”的积极品质。

（7）成人中期（25～65岁）

本阶段危机：繁殖对停滞。

基本发展任务：生育和指导下一代，完成文学艺术、思想观念和物质产品的创造，形成积极品质“关怀”。

（8）成人后期（65岁以后）

本阶段危机：自我整合对绝望。

基本发展任务：对过去的人生能够整合，能安然地面对过去的胜利与失望，形成“智慧”的积极品质。

（二）自我同一性

由上述埃里克森的自我发展阶段，我们可以看出，其中第5和第6个阶段是大学生所处的阶段，这两个阶段的危机和发展任务是大学生特别值得关注的，尤其是第5阶段同一性危机。虽然按照埃里克森的划分，这一阶段在12～18岁，但埃里克森当时所处的年代，许多青年人没有机会上大学，在18岁之后多数走入工作岗位。而今天，大多数青年人在中学毕业后能有机会到大学继续学习，这就为青年人提供了一个合法的暂时可以延缓自己承担社会责任的机会，也给他们提供了一个深入了解自己、探索自我、发展自我的机会。因此，同一性危机在大学阶段还是相当突出的。

处于第5个阶段的青少年必须思考他掌握的所有信息，包括自己和社会的信息，为自己确定生活的策略。如果在这一阶段能做到这一点，青少年就获得了自我同一性。自我同一性对发展大学生健康的人格是十分重要的，同一性的形成标志着儿童期的结束和成年期的开始。如果在这个阶段青年人不能获得同一性，就会产生角色混乱和消极同一性。

在埃里克森看来，同一性是指：（1）对个人未来的方向和个人独特性的意识；（2）对个人以往各种身份，各种自我形象的综合感；（3）一种对异性伴侣和爱的对象能做出明智选择的意识；（4）一种对未来理想职业的向往和作为社会负责任成员的意识。也就是说，“我已经是谁”、“我想成为谁”和“我应该成为谁”，这几个问题应该是连贯的、统一的。

我是个什么样的人？
别人眼中的我是什么样的？
真实的我是什么样的？
理想的我又是什么样的？

图 3-1　一个迷茫的大学生

如果青年人不能形成自我同一性，则会产生角色混乱或同一性危机。这样的青年人不能正确地选择生活的角色，或在选择生活的角色上缺乏一致性和连贯性，对未来没有正确的信念。这样的青年人不能明确地意识到自己是谁，有哪些区别于他人的特点，属于哪个阶层、哪个群体，过去怎样、今后向哪个方向发展。为此，他们体验到比以往更多的痛苦、焦虑、空虚和孤独。在这样的混沌状态下，他们感觉自己要对自己的未来做出明确选择，但他们不能，然而又觉得父母和社会逼迫他做出选择，于是他们反抗，以保护自尊心不受伤害。因此，这样的青年人容易形成过强的逆反心理，产生偏激的思想和行为方式，或者是迷茫、郁闷的心态。

艾里克森总结了同一性危机的几个症状：（1）回避选择、麻木不仁；（2）对人距离失调，不能建立良好的人际关系；（3）空虚、孤独，迫切感、充实的时间意识消失；（4）勤勉性的扩散，不能专注于工作或学习；（5）对他人的评价特别敏感，以病态的防御抵抗他人的批评；（6）自我否定的同一性选择，破坏、攻击或自毁、自灭。

【自我探索】

1. 我是谁？

请分析一下，我们前面所做的自我评估“我是谁”，你所写的对于自己的描述的句子中，有哪些属于自我认识？哪些属于自我体验？哪些属于自我调控？哪些属于生理自我？哪些属于社会自我？哪些属于心理自我？

2. “我”的多面镜

(1) 准备四张白纸。请在第一张纸上写下你的现实自我是什么样子，第二张纸上写下理想中的你是什么样的，第三张纸上写下你认为你可能成为什么样的人，第四张纸上写下你认为别人眼中的你是什么样子。

(2) 对比一下你的现实自我与理想自我之间有没有差距？如果有，差距大不大？你的理想自我在现实条件下可能达成的几率有多大？

(3) 比较你的理想自我与可能自我之间有没有差距？如果有，差距大不大？

(4) 比较一下你的现实自我与投射自我之间有没有差距？询问一下你的同学、亲人、朋友、老师的意见，看看你的投射自我与他们对你的看法或评价是否一致？如果不一致，差距有多大？

3. “同一性”与你

小组讨论，“自我同一性”理论对你有什么启发？你正面临同一性危机吗？你认为如何积极解决自我同一性危机？如何完成大学阶段的心理发展任务？

第二节　认识自我——发现你的秘密

自我认识在自我意识的结构中起着奠基作用，只有深入认识自己，才能更好地管理自我、完善自我，“觉察是改变的开始”。只有客观认识自己，才能了解自己的兴趣与优势，找到适合自己的事业、家庭、爱情及其他关系，从而体验到幸福并给更多的人带来幸福。这不是我们人生的终极目标吗？

对于认识自我，要明确三个方面：一，人要有自知之明；二，每个人身上都藏着世界的秘密，因此，都可以通过认识自己来认识世界；三，每个人都是一个独一无二的个体，都应该认识自己独特的禀赋和价值，从而实现自我，真正成为自己。

但是，真正认识自己又是谈何容易！这也是自古至今萦绕人类心中挥之不去的难题。原因是：一，“自我”是那么地丰富——世界有多么绚丽多彩，“自我”就有多么灿烂多姿；二，“不识庐山真面目，只缘身在此山中”，因为我们身处其中，要以自我本身去了解全面的“自我”，往往会陷入盲人摸象的片面境地；三，在社会规范及社会习俗的影响下，“自我”有一部分被压抑至内心深处，成为潜意识或无意识，“我”居明处，“它”在暗处，又怎易去洞察；四，“吾生也有涯，而知也无涯”，生命如此短暂，以有限的生命去认识无限丰富的“自我”，是我们穷尽一生都要去面对的课题。

认识自我这么不容易，是不是人就无法认识自我了呢？心理学的研究告诉我们，认识自我不但是可能的，也是有方法的。只要我们给自己觉察自我的机会，静下心来去探访自己的内心，我们就会渐渐地走入自我认识的佳境。也许在有限的生命中，我们并不能完全做到认识自我，但是，就像对真理的追求一样，我们可能永远无法获得真理，但我们可以无限接近真理。只要我们去努力，只要我们永不停息地走向隐藏在身体和心理之中的那个“我”，我们就是在接近“认识你自己”的真谛，接近一种完满的人生状态。所以，为了采撷生命中的橄榄枝，让我们来认识自我吧。

一、自我认识的最重要成分——自我概念

（一）什么是自我概念

自我概念指的是一个人对他自己特点、能力等的观念和看法，是在个体成长过程中逐渐形成的对自我的觉知。

积极的自我概念对学生的心理健康、学业成就的提高、意志力的形成、学习方法的选择以及择业都是大有裨益的。高自我概念的学生比低自我概念的学生更愿意积极参加课堂讨论、更自信、更受同伴的欢迎、意志力更坚强、更不害怕被拒绝、更主动、少焦虑以及与父母关系更好等。

（二）自我概念的结构

在自我概念结构研究领域，夏维尔森（Shavelson）影响广泛。他认为，自我概念是通过经验和对经验的理解而形成的自我知觉，这种觉察源于对人际互动、自我属性和社会环境的经验体验，是多维度的。他提出了自我概念多维度层次理论模型[①]（如图 3-2 所示）。

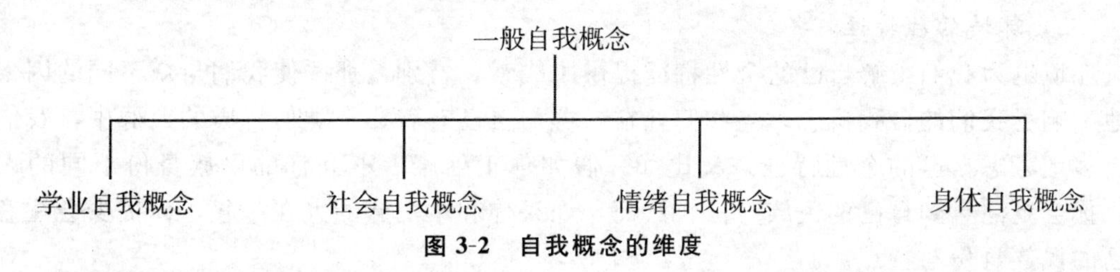

图 3-2 自我概念的维度

在此模型中，一般自我概念位于最顶层，包括学业自我概念和非学业自我概念。学业自我概念又分为具体学科的自我概念，如英语自我概念、语文自我概念等，非学业自我概念又可分为社会的、情绪的、身体的自我概念。

二、自我知识从何而来

我们关于自我的知识来源于很多方面。主要来源于各种各样的经验和自我知觉、自我分析。

（一）经验

经验尤其是成功或失败的经验对我们的自我概念形成和发展有着重要影响。比如，如果你曾经成功地做过一次公开发言，你会感到自己的口才并不是那么差，你不再对自己拙

① 孙灯勇，郭永玉．自我概念研究综述［J］．赣南师范学院学报，2003，2：38.

于言而焦虑，并且更可能感觉事情在自己的掌控之中。学业上成功的学生会对自己的学术能力做出更高的评价，从而激励其更加努力地学习以取得更高的成绩。

（二）他人的反馈和评价

我们可以通过别人对我们所做出的反应或反馈来认识自己。心理学家库利（C. Cooley）曾提出一个概念——镜像自我，指的是别人就像是我们的一面镜子，通过他人对我们的反应就可以知道我们是什么样的。尤其是“重要他人”对我们的自我概念的影响更为深远。比如，如果在民主选举中我们得票比较低，我们据此可以推论我们不太受欢迎。但是，如果我们身边的重要他人如亲人、老师、亲密朋友对我们的态度是忽略或不支持，这会加深我们的焦虑，更可能使我们对自己产生怀疑。除此之外，我们还可以通过别人对我们的评价来了解自己的特征。

（三）和他人的比较

有时候，我们会通过和他人的比较来确定自己的长处、优势和缺点、劣势等。比如，你不知道你自己对某个技能的学习速度快还是慢，好还是不好，你经常会通过观察同班同学（或你喜欢或仰慕的人）是不是比你学得更快、更好，依此来判断自己的学习处于什么阶段。

（四）自我知觉、自省

我们可以通过感知、观察自己的行为和心理活动来了解自我。比如，你注意到你经常在周末去图书馆，并沉浸其中，你会知道你是一个爱读书的人。又比如，有一天你突然注意到你不由自主地喜欢跟某一位同学更多地接触，你会思索为什么你会喜欢和这位同学多接触，原因是那位同学很善解人意，你据此总结出原来你是一个特别需要被人理解的人。

（五）环境的独特性

环境也为我们了解自己的个性特征提供了线索，特别是那些使我们与众不同的因素极大地影响了我们的自我概念。当我们处在一群与自己有着非常类似特质的人群中，我们就会更多地考虑自己的个性特征。又比如，假如你正处于一群和你的民族身份不同的人群中，你会更注意到自己的民族身份。然而，如果你和本民族的人在一起，你很少会注意到自己的民族身份与特点。

三、如何客观认识自我

（一）自我分析或自省

孔子曰“吾日三省吾身”，美国哈佛大学的加德纳教授提出了多元智能理论，在该理论中，他认为自省是一种非常重要的智能（详见第四章相关内容）。通过经常的自我分析，我们可以了解自己的生理自我、社会自我、心理自我，如我们的身体特点（如相貌、体能等）、学业、智能、情绪特点、个性特点、社会角色、社会地位等。也可以了解我们的现实自我和理想自我、可能自我。在自我分析时要注意当时自己的心理状态，要在自己相对比较平静的时候进行，尽最大努力做到客观、全面，避免“见树不见林”。

值得一提的是，在自我分析或自省进入到较深的层面时，有的人可能会对进一步的分析产生阻抗。原因是，自我分析不可避免地既可能发现自己优势的、美的一面，也可能发现自己弱势的、丑的一面，这让有些人会感到心里不舒服或恐惧。因此很多人会终止自我分析，不敢再进一步。遇到这种情况，首先要建设性地处理好自己的负面情绪，在没有做好接受自己的一切之前，不要贸然深入。在处理好自己的情绪后，你可以自己再深入分析，也可以寻求专业人士的帮助，在专业人士的陪伴下深入自我。

（二）通过他人的反馈和评价

仅仅通过自省来认识自我是远远不够的，“当局者迷，旁观者清”，我们对自我的认识和评价是以“我”为中心的，带有很多主观色彩，因此对自我的认识和评价往往是不客观的。我们还可以通过他人对我们的反馈和评价来认识自我。但这里需要注意的是，在接收他人的反馈和评价信息时要注意这个“他人”尤其是你的“重要他人”对你的反馈是否理智，对你的评价是否客观。

除此之外，也可以借助一定的工具来了解自我。如心理测评工具、自我探索问卷或活动等。如本节后面的心理探索活动，就是在帮助你了解自我。

（三）通过和他人的比较

不管我们是不是有意的，我们经常会拿自己和某个群体中的他人（可能是某个人，也可能是某个群体）进行比较来了解自我。这是一种迅速判断自己的有效方式。问题是，如果这种比较不全面、不恰当，也容易让我们对自我的认识进入盲目乐观或盲目悲观的境地。在这种方法中，比较对象的选择特别关键。比如，两位同学都拿到学校二等奖学金，其中一位同学对这个结果很满意，觉得全班拿奖学金的学生毕竟是少数，因此对自我的评价比较积极。而另一位同学与拿一等奖学金的同学进行比较之后，对自己的表现不是很满意。由此可以看出，同样才能与成就的人对自我的评价及认识可能不同。所以，在和他人进行比较时，要客观、全面，这样才能既可以发现自己的长处，也可以发现自己的劣势。

（四）在实践中探索自我

最客观的自我认识是在实践中探索自我。“实践是检验真理的唯一标准”，“纸上得来终觉浅，绝知此事要躬行。”我们可以通过参与各种各样的社会活动来了解自我的现状以及发展和潜在可能。比如，自己在哪些方面可以做到得心应手，在哪些方面需要付出加倍的努力才能做好，而在哪些方面即使使出了浑身解数却仍难以企及别人轻轻松松就可以做到的高度，在哪些方面虽然现在做得不好或做不到，但有潜能可以挖掘。其中，尤其是重大的成功和失败的经历对自我认识有着深刻的影响。一般情况下，成功的经历会提升自我评价，失败的经历会降低自我评价。

补充阅读3—1

败笔？妙笔？

一个画家画了一幅颇为得意的画后，拿到画廊里展出，在旁边放了一支笔并附上他的要求：每一位观赏者如果认为这画有欠佳之处，均请在画上作记号。晚上，画家取回了这幅画，发现整个画面都被涂满了记号，几乎没有一处不被指责。画家决定换一个方式试试看。他摹了一张同样的画拿到画廊上展出，不过这次要求与上次不同，他请每位观赏者将他们最为欣赏的妙笔都标上记号。当他再取回画时，看到画面又被涂满了记号，原先被指责的地方，却都换上了赞美的标记。

【自我探索】

1. 假如……

请完成下面的句子：

(1) 假如我是一种动物，我希望是……，因为……

(2) 假如我是一种昆虫，我希望是……，因为……

(3) 假如我是一种鸟，我希望是……，因为……

(4) 假如我是一朵花，我希望是……，因为……

(5) 假如我是一棵树，我希望是……，因为……

(6) 假如我是一种颜色，我希望是……，因为……

(7) 假如我是一种食物，我希望是……，因为……

(8) 假如我是一种家具，我希望是……，因为……

(9) 假如我是一种乐器，我希望是……，因为……

(10) 假如我是一种交通工具，我希望是……，因为……

(11) 假如我是一个电视节目，我希望是……，因为……

(12) 假如我是一部电影，我希望是……，因为……

可将上述你的回答与同学或朋友、亲人讨论。

2. 请认真填写下面的问题：

你最欣赏自己的2～3项

(1) 你生命中最重要的人物2～3人

(2) 你记得童年最开心的一件事

(3) 在你学习或工作中最有满足感的一件事

(4) 如果危机降临在你身上，你生命将尽，只剩最后十个小时，你最想做什么

(5) 假如现在是50年后，你从空中眺望此处，你的感受是……最想对谁说……

(6) 200年后，你希望别人怎样评价你，记得你？

(7) 如果现在是一个礼物，你最想送给自己的一句话是什么？

3. 重要他人

请回忆一下，在你成长的过程中，谁对你的影响最大？请在一张纸上写下他（她）的名字。思考并写下：他（她）对你有什么影响？你怎么看待他（她）对你的影响？

第三节　接纳自我——你不知道你有多美丽

你对自己满意吗？你喜欢自己还是讨厌自己？我们对自我的体验在很大程度上源于是否能接纳自我。一个不能接纳自我的人会很自卑，会讨厌自己，会将大量的时间与精力用来掩饰自己的短处，不相信自己有能力去做自己想做的事，会让机会在自己面前擦肩而过……

一、自我体验的重要成分

（一）自尊

1. 什么是自尊

自尊是个人对自己的一种态度，它是自我意识中的核心要素，也是人格系统中的重要组成部分。林崇德认为自尊是自我意识中的具有评价意义的成分，是与自尊需要相联系的对自我的态度体验；自尊在自我认知的基础上产生，有情绪成分，涵盖自我体验；自尊既有自我评价成分也有自我接纳成分，自我评价来源于自我认知，自我接纳是情绪体验后的反映，自我评价是自我接纳的前提，自我接纳是自我评价的结果，但又对其有反作用，自我接纳影响自我评价的积极性；二者不同步但又是密切联系、难以割舍的有机体，自尊感强表示肯定自己、信任自己、看重自己，自尊感弱表示否定自己、轻视自己。

2. 高自尊者的特点

一般的说，自尊感强的人具有下列特点：生活适应能力强、具有积极的情感、自主性强、富有独立性、具有双性化人格特点、自我知觉强、恰当的目标、责任感强、能成功应对批评或消极反馈、能有效处理应激、很少进行批评和自我批评。而低自尊者的特点是：心理适应能力差、心理健康水平低（包括压抑、焦虑等）、饮食不协调、很难建立和维持稳定的人际关系、处理应激的能力差。高自尊者主要关注可以提升自我的信息，寻找各种机会来提升自我、展示自我。而低自尊者则倾向于自我保护和避免失败、羞辱或拒绝。

心理学家认为，如果一个人没有健康的自尊感就不可能实现自己的潜能；如果一个社会成员不尊重自己，那么这个社会就不可能健康成长。

3. 防御性自尊与真正的自尊

高自尊者一般有助于个体的心理发展和社会适应，但这种自尊应该是真诚的、稳定的、内外一致的。

有些人希望自己被他人接受，不愿承认自己拥有消极的自我感受，这种隐藏的消极自我感受和公开表现出的积极自我感受的结合就是防御性高自尊。这样的人虽然具有很高的自尊心，但当其受到挑战时，会表现出与高自尊行为特征不一致的行为方式。比如极易受到伤害、对批评过分敏感，当他们感到他们的能力受到置疑时，为了防御由能力不足引起的焦虑，就会自吹自擂，运用过度补偿这种方式来进行防御；或者会批评和埋怨其他人，把对自己的批评转向别人；或者是在工作中过分投入，希望创造出一系列不平凡的成就；或者是用威胁或不恰当的反抗行为来应对他人对自身价值的批评和威胁。这种自尊被称为“防御性自尊”。

而具有真诚的高自尊者其自我价值感和自我接纳是自然而然的，不必夸张或不断寻求能证实其积极自我观的反馈。稳定的高自尊者具有积极的、架构良好的自我价值感，很少受具体的评价性事件的影响，对威胁性信息较少防御性和极坏的反应。真正的高自尊是一种架构良好的、安全的自我价值感，它不依赖于具体结果的获得，不依赖于其成就和他人评价，也不需要持续的验证。只有当一个人的行为是自我决定的，并且与自己内心的、核心的自我相符的时候，才能发展起真正的高自尊。总之，真正的高自尊者悦纳并看重自己，对别人没有优越感，不需要通过胜过别人或其他的条件来衡量自己的价值。不会轻易受到挑战，很少使用策略去抬高其价值感，因而会不防御地加工信息。对失败虽然也会感到失望，但不会破坏其整体的价值感和自我接纳。

(二) 自我效能感与自信

自尊与对自我价值和自我效能的总体评价有关。美国斯坦福大学的心理学教授班杜拉(Bandura)提出了自我效能感的概念。

图 3-3 罗曼·罗兰、年轻人

1. 什么是自我效能感

自我效能感是指我们对自己有效地组织和完成某一项特殊任务的主观评价，主要基于对自己能力的判断。这类似于我们平时所说的自信（在本书中，不把自我效能感和自信做过多的区分）。自我效能感指导我们生活中的很多事情，因为一般我们会在相信能取得期待成果时采取行动,而不会在我们认为会导致失败的方面采取太多的行动。个体的自我效能感之间有着很大的差异,比如,有的人在学习方面有较好的自我效能感,而在人际交往方面自我效能感较差;有的人在技能如舞蹈方面有较好的自我效能感,但在文化课学习中自我效能感较差。

2. 自我效能感与你

根据班杜拉的理论，如果我们预期将会有成功的结果时，那么这种效能感将成为一种执行任务的动力；如果我们预期不会取得成功，那么这种效能感将成为一种阻碍因素。这些效能感和预期将会决定我们在行动上的表现，进而导致产生一定的结果。比如，你想参与学生会干部的竞选，如果你预期自己竞选成功的可能性很大，你就会在竞选前做许多准备，在竞选时由于预期产生的兴奋使你发挥正常，从而赢得了竞选。

自我效能感通过选择、认知、动机、情绪和来调节运作。

自我效能的强弱会影响我们选择什么样的事情去做。如果我们有较强的自我效能感，我们会去做很多种尝试。我们还会更多地选择与我们的能力或我们试图要培养的能力（因为我们相信我们在这方面有潜能，可以通过努力来培养）有关的事情。

在认知方面，高自我效能感个体在处理情境挑战时表现出拥有更多的认知资源，更富策略上的灵活性和有效性，运用长远眼光来组织他们的生活，倾向于选择对自己有利的机会而不是选择麻烦，设想成功的结果并以此来指导自己解决问题。

在动机方面，高自我效能感个体会设立具有挑战性的目标；预期自己的努力会带来好的结果；把失败归结为可控制的因素（如不够努力、策略不合适或环境不利），而不会把失败归结为不可控制的因素（如能力不足）；把阻碍因素看成是可克服的。因此他们会在从事某项活动时付出更高的精力，坚持到底，努力达到目标。

自我效能感让人们把潜在的威胁看成一种可控制的挑战，以减少对潜在威胁的焦虑和消极情绪，从而调节个体的情绪体验。自我效能感也可以通过以下策略来调节个体的情绪体验：采取以问题为中心的应对策略来改变潜在的威胁情境；通过寻求社会支持来缓冲应激所带来的影响；运用自我安抚的方法（如幽默、放松和运动）来减轻由潜在威胁情境引起的情绪唤醒。

自我效能感可以促进免疫系统的正常运作，可以使身体更健康；可以使个体面对应激的适应力更强；可以使个体的心理和社会适应能力更强。

二、接纳独特的你——自我接纳一小步，迈向自信一大步

（一）人为什么要接纳自我

一个人之所以自卑，主要缘于不能接纳自我，对自己的缺点、弱势、错误耿耿于怀。其实，每个人都是不完美的、有缺陷的。每个人都会犯错误，有时会伤害我们最亲近的人，有时会做出很糟糕的事。然而，很多人很难接受这个简单的事实。当我们发现自己的缺陷时，我们无视自己的优点；当我们发现自己的美丽时，又会忘记自己的痛苦和脆弱。由于不敢面对自己的缺陷，我们拒不承认真实的、不完美的自我。相反，我们为自己设计了一个面具自我。无论实际上我们多么需要别人安慰、多么伤心，我们都迫切地向自己和他人保证“我很棒，我很能干，我能胜任。”我们为自己设计的面具自我可以表现为听话的孩子、勤奋自信的学生、乐观开朗的朋友等。无论这副面具表现为什么形式，其目的是遮盖我们的缺点与脆弱、痛苦，否认我们的平凡与渺小。但是，逃避现实只会耗费我们大量的精力。只要我们勇敢地面对真实的自我就可以避免这种浪费。

奥格·曼迪诺说：“每个人都是自然界最伟大的奇迹。自从上帝创造了天地万物以来，没有一个人和你一样，你是独一无二的造化。”诚然，有时候我们需要通过和他人的比较来对自己有一个定位，但这种比较是为了找到自己区别于他人的地方，找到自己的优势。而不是跟别人一较长短，总是拿别人的长处跟自己的短处比，或者总拿自己的长处跟别人的短处比。我们每个人都具有自己的独特性，因此，不要总拿自己的劣势和别人的优势比，因为你和别人不同！

3—2

气球能不能升起来，不是因为颜色

美国著名心理学家基恩，小时候亲历过一件让他终生难忘的事，正是这件事

使得基恩从自卑走向了自信，也正是这种自信，使他一步步走向成功。

有一次，他躲在公园的角落里偷偷看到几个白人小孩在快乐地玩耍，他羡慕他们，也很想与他们一道玩游戏，但他不敢，因为自己是一个黑人小孩，心里很自卑。

这时，一位卖气球的老人举着一大把气球进了公园，白人孩子一窝蜂地跑了过去，每人买了一个，高高兴兴地把气球放飞到空中去。

白人小孩走了以后，他才胆怯地走到老人面前，低声请求："你可以卖一个气球给我吗?"老人慈祥地说："当然。你要一个什么颜色的?"他鼓起勇气说："我要一个黑色的。"老人给了他一个黑色的气球。他接过气球，小手一松，黑气球慢慢地升上了天空……老人一边眯着眼睛看着气球上升，一边用轻轻拍着他的后脑勺，说："记住，气球能不能升起来，不是因为颜色，形状，而是气球内充满了氢气。一个人的成败不是因为种族和出身，关键是你内心有没有自信。"

图 3-4　香蕉和苹果

一旦我们下决心时刻诚实地面对自己和他人，我们就为自尊建立了更牢固的基础。我们不会仅仅因为一次的失败而否认自己，也不会仅仅因为某个方面的出众而沾沾自喜，不会因为别人的一次否认而轻视自己，也不会时刻提防着别人在某方面比自己出色，不会时刻想着如何去证明自己比别人更优秀。因为，我就是我。

所以，一个心理健康的人、一个自信的人首先需要自我接纳。自我接纳指的是一个人对自身以及自身所具有特征所持的一种积极的态度，即能欣然接受自己现实中的状况，不因自身优点而骄傲，也不因自己的缺点而自卑。当我们学会善待各个层次的、多个方面的内在自我，不再自我否定，那么我们就会敞开心扉，接纳他人和自然，我们的生活也会变得更加和谐幸福。

（二）有效接纳自我的方法

1. 停止与自己的对立

停止与自己的对立也就是停止自我批评，停止对自己的不满和批判，停止对自己的挑剔和指责，不论自己的表现有多么糟糕，不论自己有多少不足，从现在开始，停止与自己的对立，停止做自己的敌人，要学习站在自己这一边，站在自己人性的尊严这一边，学习维护自己的尊严。告诉自己“不论我的现状如何，我选择尊重自己的生命和独特性”。

2. 停止苛求自己

要允许自己犯错，也要允许自己失败。不要因一次的错误或失败而不停地责备自己。而是要从错误以及失败中汲取教训，寻找错误和失败的原因，尽力使自己在将来不再犯第二次错，不在同样的地方跌倒两次，把错误和失败当作学习的机会。要告诉自己“不论我做错了什么，我选择从中吸取教训，不再犯同样的错”、“失败不等于不能成功，只是还没有找到成功的方法，我选择从失败中站起来，去寻找另外的方法”。

3. 停止否认或逃避自己的负性情绪

要允许自己有负性情绪，允许自己难过、伤心、焦虑，要学会与自己的负性情绪相伴，在此基础上去寻找产生负性情绪的原因是什么，如何解决。要告诉自己“不论我产生什么样的负性情绪，我选择积极地正视、关注和体验它”、“不论我产生什么样的负性情绪，我选择给予它建设性的解决”。

4. 学习无条件地接纳自己

学习做自己的朋友，不论自己是不是漂亮帅气，是不是才华横溢，是不是魅力四射，是不是自信洒脱。要告诉自己“不论我有什么优点和缺点，我选择无条件地接纳自己”。

总之，首先我们要接纳自我，然后才会有真正的自尊与自信。

【自我探索】

1. 我的自尊。

下面的项目与你的情况是否相符？

（1）我觉得我有很多好的品质。

（2）我觉得我没什么值得骄傲的地方。

（3）有时我觉得我一点都不好。

（4）我觉得我是一个有价值的人，至少与其他人相同。

（5）总的来说我觉得我是一个失败者。

（6）总体来看，我对自己很满意。

（注：如果你对项目1、4、6回答是“符合”，那么你是一个高自尊的人，如果你对项目2、3、5的回答是“符合”，那么你是一个低自尊的人。）

2. 请分析一下你的自尊属于哪种类型？你的防御性自尊是不是过强？

3. 我的自我效能感。

请回答下列问题，完成后对你的自我效能感进行评估与分析。

（1）如果我尽力去做的话，我总是能够解决问题的。

(2) 即使别人反对我，我仍有办法取得我所要的。

(3) 对我来说，坚持理想和达成目标是轻而易举的。

(4) 我自信能有效地应付任何突如其来的事情。

(5) 以我的才智，我定能应付意料之外的情况。

(6) 如果我付出必要的努力，我一定能解决大多数的难题。

(7) 我能冷静地面对困难，因为我可信赖自己处理问题的能力。

(8) 面对一个难题时，我通常能找到几个解决方法。

(9) 有麻烦的时候，我通常能想到一些应付的方法。

(10) 无论什么事在我身上发生，我都能够应付自如。

记分方法：完全不正确 1；尚算正确 2；多数正确 3；完全正确 4。

说明：分数越高说明自信心越高。

1～10 你的自信心很低，甚至有点自卑，建议经常鼓励自己，相信自己是行的，正确地对待自己的优点和缺点，学会欣赏自己。

10～20 你的自信心偏低，有时候会感到信心不足，找出自己的优点，承认它们，欣赏自己。

20～30 你的自信心较高。

30～40 你的自信心非常高，但要注意正确看待自己的缺点。

第四节　完善自我——开发自我的潜能

一、完善自我

(一) 为什么要完善自我

大学校园中，许多大学生花费很多时间、金钱、心思使自己感觉或看起来更完善、更完美。比如，有些人会花很多钱去做一个漂亮的发型，有些人会购买昂贵的化妆品、服装，有些人会做整形美容等等。有些人会学习舞蹈、音乐等来完善自己。

上一节我们学会了自我接纳，但是，自我接纳不等于不去改正错误、不等于不去克服缺点，不等于故步自封，不等于不思进取，不等于不需要自我完善。

追求自我的完善是人类的一种普遍精神需求。正是因为人类对完善自我的追求，才有了每一个人毕生的自我成长，也才有了人类社会的进步。自我的完善需要终生的努力，每一天，我们都在自我完善的路上前进。

(二) 构建你的自我效能

自信是自我完善的加速器，它可以给自我完善更大的助推力。那么，如何构建你的自我效能，使你获得自信呢?

1. 确立参照对象

我们的自我效能感在一定程度上受到他人的影响。看到那些与我们在某些方面相似或是与自己同处于某一群体的人成功地完成某件事，有助于提升我们在这些领域的自我效能感。我们会受到暗示：别人能做到的事，我们也能做到。但是，如果我们看到与自己相似的人在某件事上失败了，这可能会降低我们对自己能力的判断，即降低我们的自我效能感。因此，如果你想提高自我效能感，寻找并确立成功的参照对象非常关键。下面是给你的一些建议：

（1）寻找身边的成功人士。多注意观察身边在某方面成功的人是如何做的，向他们请教，向他们学习成功做事的态度、方法和技巧。想一想，自己有哪些方面和这个人相似？自己可不可以像他们一样成功地完成某件事？尤其是你所熟悉的人的成功或者在某方面和你有共同点的人的成功往往更能激发你的自我效能感的复活，对你有很好的激励作用。

（2）寻找自己的楷模。多了解成功人士的事迹，读一读名人传记，想一想他们为什么会成功？把他（她）作为自己的榜样，将他（她）的形象印刻在自己的脑中。当你面对一件困难的、棘手的、具有挑战性的事时，想一想，如果你的榜样遇到这件事，他（她）会怎么做？你所面对的困难比他（她）当时所面临的更多吗？

2. 说服与暗示

说服、暗示自己能成功地完成这件事。当面临困难的任务时，被说服的人比那些自我怀疑以及固着于自己缺点的人更可能付出更多的持久的努力。因此，经常暗示自己“我能做好这件事”、“我能行”、“别人能做到的事我也能做到”会对你产生巨大的影响，久而久之会使你相信自己的能力，提升你的自我效能。

3—3

白纸上的自信

有一位女歌手，第一次登台演出，内心十分紧张。想到自己马上就要上场，面对上千名观众，她的手心都在冒汗：“要是在舞台上一紧张，忘了歌词怎么办？”越想，她心跳得越快，甚至产生了打退堂鼓的念头。

就在这时，一位前辈笑着走过来，随手将一个纸卷塞到她的手里，轻声说道：“这里面写着你要唱的歌词，如果你在台上忘了词，就打开来看。”她握着这张纸条，像握着一根救命的稻草，匆匆上了台。也许有那个纸卷握在手心，她的心里踏实了许多。她在台上发挥得相当好，完全没有失常。

她高兴地走下舞台，向那位前辈致谢。前辈却笑着说：“是你自己战胜了自己，找回了自信。其实，我给你的，是一张白纸，上面根本没有写什么歌词！”她展开手心里的纸卷，果然上面什么也没写。她感到惊讶，自己凭着握住一张白纸，竟顺利地渡过了难关，获得了演出的成功。

“你握住的这张白纸，并不是一张白纸，而是你的自信啊！”前辈说。

歌手拜谢了前辈。在以后的人生路上，她就是凭着握住自信，战胜了一个又一个困难，取得了一次又一次成功。

3. 发现自己的优势

要善于发现自己的优势，花一个小时好好找一找自己有什么优点和优势。想一想自己在哪方面可以做得得心应手？或者你可以通过心理测评来了解自己的优势，也可以找家人、同学、朋友，问一问在他们眼里你有什么优点和长处。

4. 发展自己的技巧，做好充分的准备

如果你想在某件事上成功，你还要掌握管理自己的技巧及做好这件事所需要的技巧，以使你具备完成这件事的能力。自我接纳加上能力，这是构成自信的两大基石。除此之外，在事前你要做好充分的准备，之后心理会有底气，成功的几率就大。

5. 肯定自己的能力，体验成功的快乐

想一想你曾经做了什么事情还算成功，对自己这方面的能力给予肯定。告诉自己“在这方面我还不错”，回忆一下当时成功的感觉。每一次当你做了一件较为成功的事时，要用心体会成功的快乐。

6. 总结自己的收获

每天临睡前思考一下：“今天，我有什么收获？”这种收获可以是一种回报，可以是一种感悟，可以是一种成长，可以是一种进步，可以是一种成就，可以是一种突破……比如，今天你因为一位同学所说的话突然对人生的价值有一种深刻的思考；或者你鼓起了勇气走上了讲台去当众讲话，而这样的事你以前想都不敢想；或者因为你帮助了别人而得到了别人的感谢……要养成跟自己比的习惯，经常思考：“和以前相比，我有进步吗？”

图 3-5　大学生

7. 树立自信的外部形象

自信也表现在一个人的精神面貌上。所以，花一点时间把自己打扮得利落一些、精神一些，仪表简单、大方，行为得体，举止自信，让自己感觉自己精神抖擞。如不管坐、立、走都保持一个昂首挺胸的姿势，行路目视前方，跟人接触时保持微笑、交谈时看着对方的眼睛，告诉别人你有多欣赏他们，上课或聚会时坐在教室或会场的前排、不坐在角落里，在欢乐的场合大声欢笑等，刚开始可能不习惯，但过一段时间后就会有发自内心的自信。另外，注意锻炼、保持健美的体形、保证充足的睡眠对增强自信也很有帮助。

8. 直面胆怯，勇于尝试

身处一个陌生的场所，面对陌生的人，遇到自己没做过的事，或自己不太确定的事，能否做好的事，这时候胆怯是难以避免的。承认这一点，并直面胆怯，比竭力去逃避它、掩藏它会让你更踏实。当你真的敢直面它时，胆怯也就会失去它的威力。勇于去尝试一些让你胆怯的事情，如当众发言，成为别人注目的焦点，或者去尝试做一些自己以前没有做过的事情，对生活持一种开放的态度。你会发现，其实它们并没有那么可怕，或许，你还会发现自己能力的新领域。这时，自信也会不请自来。

9. 学会目标管理和时间管理

要努力学习如何管理自己的目标。把目标订得切合实际，而不要订得过高，目标要让自己跳一跳就能够得着，否则达不到目标就可能会怀疑自己的能力。对于大的目标，要把它进行分解，分解成一个个的小目标，这样每完成一个小目标就会有一种成就感，自信也就随之而来。时间管理的能力对于自信的培养也很重要。有时候不是你没有能力做好一件事，而是因为没有安排好时间，最后在非常紧迫的情况下匆忙完成，这时任务完成的质量可能就比较差，而这种不良的结果会大大地瓦解你的自信（详见第十一章相关内容）。

10. 做自己喜欢做的事情

对于自己喜欢做的事情，因为比较投入，我们往往会得心应手，容易取得成功，继而产生成就感，这非常有利于自信心的提高。

二、自我潜能的开发

（一）什么是潜能

1. 潜能是指一个人潜在的能力或能量，也就是说，一个人在某方面的潜能还没有显现出来，但是经过学习、经验积累是可能表现出来的。马斯洛指出，多数人，一定有可能比现实中的自己更伟大些，只是缺乏一种不懈努力的自信。

（二）你还有潜能吗

伟大的科学家爱因斯坦去世后将自己的大脑捐献给科学界进行研究，经过科学家研究发现，即便是爱因斯坦，也只是用了他所有潜能的30%。大多数科学家、政治家、艺术家等在世界上有重要成就的英雄人物，只用了10%左右的潜能。而一般人的潜能只有不到10%被开发。所以，大学生朋友，你身上还有许多的潜能依然被深埋于你的宝库里呢。

既然潜能是看不见摸不着的，一个人怎么知道自己到底还有哪些潜能呢？其实，可能在平时的生活中你遇到过自己潜能的显现，只是没有留意罢了。比如，你不相信自己能有勇气站在众多人面前讲话，但有一次在老师的鼓励与期待下，你居然做到了；你没想到自己能拍出那么好的DV作品，但它竟然获奖了；你没想到自己能承受如此大的压力，你觉得自己要崩溃了，但过后你发现你挺过来了……这些，都是你潜能的展现。现在，请仔细想想，你还有过哪些潜能显现的经历？

（三）如何开发自我潜能

潜能既然是潜在的，要让它产生作用，就要把它激发出来。那么，如何开发自己的潜能呢？

1. 澄清自己的价值观

要弄清楚自己的价值观，自己的人生目的是什么？生命的意义是什么？什么对你是最重要的？心理学的研究发现，一个价值观不清晰的人，就像一只飘浮在海上的小船，不知道哪里才是它的港湾，他的人生没有方向，行为混乱且动力不足。所以，澄清自己的价值观是开发潜能的第一步。

2. 深入认识自我

问自己五个问题：

（1）我是谁？

（2）我想成为什么样的人？

（3）我如何成为自己想要成为的人？

（4）我正在做哪些努力使我可以成为自己想要成为的人？

（5）我目前的哪些观念和行为又阻止了我成为自己想要成为的人？

3. 运用积极的自我意象

有人认为，20世纪最重要的心理学发现之一是“自我意象”。自我意象就是“我是什么样的人”这幅自我肖像，它建立在我们对自身的认知和评价的基础上。一旦某种与自身有关的思想或信念进入这幅“肖像”，它就会变成“真实的”。如果你的自我意象是个失败的人、倒霉的人，你就会不断地在自己内心的“荧幕”上看到一个垂头丧气的自我、难当大任的自我，你会感到沮丧、自卑、无奈——而在生活中你就真的会失败。相反的，如果你的自我意象是一个成功的人、自信的人，你就经常会在你内心的“荧幕”上看到一个踌躇满志的、快乐幸福的自我，你会感到喜悦、自尊与自信，——而在生活中你就真的会成功。

研究者还发现：一个人的自我意念是可以改变的，并且，改变一个人的自我意念可以引起相应的行为改变！

所以，把你内心的自我意象变得积极起来，让他（她）成为你想要成为的人，并秉持这样的信念：你一定会成为你想要成为的人。比如，如果你想要成为一位优秀的歌手，或者一位优秀的演员，或者一位优秀的主持人，那么，就把你的自我意象变为那样，在大脑中描绘一个生动的、逼真的图像。

4. 角色扮演

想象自己是一位优秀的歌手，或一位优秀的设计师，或者优秀的主持人，或者优秀的编剧，此时此地的他（她）应该怎么想？怎么做？一位优秀的歌手此时此地应该怎么做？一位优秀的设计师此时此地应该怎么做？一位优秀的主持人此时此地应该怎么做？……

然后，像一个真正的演员一样去排演那个优秀的他（她）！

5. 自我激励

经常激励自己：“我一定会成为理想中的我，我一定会成为我想要成为的人！”

6. 开放自我

许多时候，由于思想的封闭，我们不能对外界持一个开放的态度，在还没有尝试、没有体验之前就已经否定了它，这会使得我们与一些优秀的、先进的思想和理念擦肩而过。因此，尝试让自己变得开放一些，尝试让自己去做一些原来不喜欢做的、不敢做的事情，也许你会发现一片新的大陆。

【自我探索】

1. 请完成下面的问题，这些问题有助于你更好地了解自己，提升自信、激发潜能。

（1）如果说自己有值得自豪的东西的话，那就是：

（2）在他人看来我的优点可能是：

（3）最近连自己都感到做得比较得心应手的事情是：

（4）我正在竭尽全力做的事情是：

（5）对我来说最高兴的事情是：

（6）朋友称赞我的一件事情是：

（7）我自己实际做过的、感到好极了的一件大事是：

（8）我被他人所羡慕的事情是：

（9）我感到值得自己引以为荣的是：

(10) 与去年相比，今年感到自己有所进步的是：

(11) 至今为止，我克服过的困难之一是：

(12) 在现在的生活中，我的目标是：

(13) 至今为止，我想克服的困难之一是：

(14) 我感到自己对他人的作用表现在：

(15) 为了保持自己的感情平静而努力的事情是：

2. 发现新的潜能

(1) 在一张纸上列出一些平时你不喜欢的事情。

(2) 想一想：你为什么不喜欢它们？

(3) 想一想：因为不喜欢它们，给你带来了什么？是否限制了你的视野？是否影响了你的生活质量？是否影响了你更好地适应环境？

(4) 想一想：如果我喜欢它们，会怎么样？

(5) 想一想：我可不可以改变一下，去尝试喜欢一下它们？

(6) 一个月后，思考一下你的改变给你带来了什么？有没有因为这些改变而使你发现了新的潜能？——噢，原来在这方面我也可以做得不错！

【思考时间】

1. 通过本章的学习，你对自我的了解更深入了吗？
2. 你能接纳自我或悦纳自我吗？
3. 你的优势是什么？你的潜能是什么？
4. 你会不断地完善自己吗？你如何完善自己？
5. 将来你会怎么增强你的自我认知、自我管理？

第四章

学会求知

——大学生学习心理

古今之成大事业、大学问者，必经过三种之境界："昨夜西风凋碧树，独上高楼，望尽天涯路。"此第一境也。"衣带渐宽终不悔，为伊消得人憔悴。"此第二境也。"众里寻他千百度，蓦然回首，那人却在灯火阑珊处。"此第三境也。未有不越第一境第二境而能遽跻第三境者。

——王国维

导　言

作为人类社会永恒的主题，学习贯穿于每一个人的一生。无论是呀呀学语、蹒跚学步还是掌握各门学科知识、擅长一门技艺，人的每一个进步与成长都是学习的结晶。尤其在当今社会，要想使自己的人生过得有意义，最关键的解决之道就是学习。对于大学生而言，学习更是他们的第一要务，是大学生获得广博知识，提高自身素质的重要途径。在倡导学习型社会的今天，学习不仅仅是掌握知识，更要学习如何提高学习效率，所谓既要“学会”，也要“会学”。因此，当代的大学生，不仅仅是学习者，更要成为高效率的学习者。本章将就学习的一些基本问题进行论述，在此基础上探讨有效学习的途径。

第一节　学习心理概述

一、什么是学习

学习一词，我国古代文献早对其进行了各种各样的阐述。如子曰：“学而时习之，不亦说乎?”　陆游对学习的看法则是：纸上得来终觉浅，绝知此事要躬行。这些观点在一定程度上揭示了学习与情感、学习与实践的关系。

学习有广义与狭义之分。从广义上讲，学习是主体与环境相互作用所引起的能力或行为倾向的相对持久的变化，即主体以经验方式引起的对环境相对持久的适应性的心理变化。在这个定义中，必须注意到四个要点：一是学习是动物和人共有的心理现象，虽然人的学习是相当复杂的，与动物的学习有本质区别，但不能否认动物也是有学习的（如狮子滚绣球、小狗算数学题、熊猫走钢丝等）；二是学习不是本能活动，而是后天习得的（如鸭子会游泳、小鸡会啄米、婴儿会吮奶等都不属于学习）；三是任何水平的学习都将引起适应性的行为变化，不仅是外显行为的变化（有时并不显著），也有内隐行为或内部过程的变化，即个体内部经验的改组和重建，如人对语言的学习、知识技能的掌握、生活习惯的养成、价值观念的获得，甚至人的情感、态度的改变，无一不是后天学习的结果。四是学习带来的变化不是短暂的而是长久的，它区别于因疲劳、服药等引起的暂时性变化。

学生的学习是人类学习中的一种特殊形式，属于狭义的学习。学生的学习过程是在各类学校的特定环境中，按照教育目标的要求，在教师的指导下，有目的、有计划、有组织地进行的，是一种特殊的认识活动。其主要特点有：

计划性，学习必须根据教育培养目标的要求，在教师指导下，有目的、有计划、有组织地进行。

间接性，学习内容以系统知识为主，主要是学习和继承前人积累下来的间接经验。

高效性，学习过程是一个主动积极的过程，同时也是在教师指导下进行的学习，有利于学生在学习上少走弯路，从而在较短的时间内取得更有效的学习效果。

二、几种学习理论

（一）学习的行为主义观

按照行为主义的观点，学习是由经验引起的可观察行为的相对持久的变化，着重强调学习是一个建立某种刺激与反应之间联结的过程。根据这一定义，首先必须测量到学习者的行为发生变化，才能承认有学习出现；其次，行为的变化是由经验引起的，这里的经验指后天的实践或练习，那些由于生理成熟而引起的个体行为的变化不能被称作学习；第三，习得的行为变化的时间必须是相对持久的，如学会写字、学会骑自行车等操作。身体疲劳、创伤、药物等因素只会引起暂时的行为变化，所以也不能算作学习；最后，学习不仅仅限于知识的获得，而且包括所有改变的形式。一种形式是个体获取、增加、强化与发展等的改变，另一种形式则是减少、削弱、消失等。因此，学会汉字单词、计算等是学习，而改变不良行为和习惯，如说脏话、做事拖拉等也属于学习。

行为主义的学习观有助于确定什么样的变化属于学习，但是，它过分强调外部刺激，撇开人的意识作用使它无法回答学习的本质是什么。

（二）学习的认知观

认知心理学家更重视研究学习者处理外部环境刺激的内部过程与机制，强调学习即个体头脑内部认知结构的形成与改变过程。也就是说，学习是一个积极主动的心理过程，个体带着原有的经验，主动地寻找信息以解决问题，如有必要，可对原有的知识经验进行重组以便获得理解或顿悟。因此，学习是对所学知识的有效理解，绝不是被动地受环境事件的影响，而是积极主动地制订计划、集中注意力、抓住重点、建构知识的意义、监控自己的行为、不断练习等；所有这些认知活动都是为了达到既定的目标。学习者学到的是知识，其头脑中知识的变化导致其行为的变化。总之，认知心理学家们非常重视“学习如何学习”。

相对于行为主义的学习观而言，认知观高度重视学生的能动性，并且具有较强的操作性，突出了理论与实践的紧密结合，被心理学界认定为当代学习理论的主流。

（三）建构主义的学习观

与前两者相比，建构主义的学习观更加关注学习者如何以原有的经验、心理结构和信念为基础来构建自己独特的精神世界。它主张学习者先前的知识经验是至关重要的，知识是个体主动建构的，因此学习者必须主动地参与到整个学习过程中，根据自己先前的经验来建构新知识的意义。同时，由于知识是学习者个人经验的合理化，因而不应该以正确或错误来区分人们不同的知识概念，而是提倡个体与他人通过对话沟通的方式，在相互质疑辩证的过程中澄清疑虑，从而达到完成知识建构以形成科学的知识。

建构主义的学习观强调学习者主动地建构知识、强调学习过程应以学习者为中心、尊重个体差异、注重互动的学习方式等观点，本质上是要充分发挥学习者的主体性，使学习者在学习过程中自主、能动、富于创造性。

三、学习的基本规律

规律是事物内部固有的、本质的、必然的联系及其发展趋势。作为学习活动的基本规律，也就必然要反映学习活动诸要素与学习过程各阶段之间的本质联系及必然趋势。我们认为，学习的基本规律主要有如下一些：

（一）记忆遗忘规律

在我们的学习和生活中，记忆起着相当重要的作用。我们从事任何活动，无论是听讲座、写文章，还是打桥牌、下象棋，都离不开记忆。记忆是人脑对过去经验的保持和提取。对记忆的研究早在古希腊时期就已经开始，此后许多学者纷纷致力于探索记忆的奥秘。直到19世纪末，德国的H. 艾宾浩斯才真正开创了对记忆的实验研究，从中发现了保持和遗忘的一般规律。他认为，对知识的遗忘过程不是均衡的，在识记的最初时间遗忘很快，后来逐渐减慢，而一段时间过后，几乎不再遗忘了。即遗忘的发展是"先快后慢"。要想防止和减少遗忘，就必须尽早加以复习。同时，除受时间因素制约外，遗忘还受其他因素所制约。就识记材料的性质而言，熟练的动作、熟记过的形象材料、有意义的文字材料容易长久保持。如学会打球、图画、诗歌等一旦记住，就不容易被遗忘。就识记材料的数量而言，识记材料的数量越大，识记后遗忘得越多。就识记方式而言，多种记忆类型的协同记忆以及多种感官的协同识记，比单一类型或单一感官的识记效果好。此外，学习程度对遗忘也有较大的影响，学习程度越高，遗忘越少。学习的巩固程度超过刚能背诵的程度被称为过度学习，而过度学习达150%，保持效果最佳。如学习一个材料达到20遍后恰能一次正确无误地背诵，此时称这20遍的学习程度为100%，倘若再继续学10遍，就是过度学习了，其学习程度为150%。

（二）序进累积规律

序是任何知识结构都必须有的层次序列，它包括纵横两个方面。纵是指知识的积累和深化，横是指知识的触类旁通、相互渗透。同时，人类认识世界是从简单到复杂、从现象到本质逐步深化的渐进过程，相应的思维发展也是由形象思维到抽象思维、由低级到高级的发展过程，只有按照知识的逻辑系统有序地学习，才能符合学习的认识规律和思维发展规律。所有发明创造、科研成果都是学习主体知识经验积累到一定程度使其智力产生了由量变到质变（飞跃），跃进到一个新的层次，然后在新的层次上再积累并再发生新的质变的结果。

（三）学思结合规律

"学而不思则罔，思而不学则殆"，古圣先贤孔子早在2500多年前就论述了学与思之间的辩证关系，揭示了学思结合规律的内涵。学习新知识、新技能及社会行为规范，一定要经过内化理解、编码、贮存和加工，使获得的知识升华，以改善原有的智能结构或形成新的智能结构，也就是学思紧密结合才能达到有效的学习效果。爱因斯坦说："学习知识要善于思考、思考、再思考，我就是靠这个学习方法成为科学家的。"科学史上的无数巨人之所以比同时代的人站得高、看得远，就在于他们观察事物不是浅尝辄止，而是善于思索，力求由现象深入本质，捕捉事物的内在联系，从而有力地推动了科学事业的发展。

（四）知行统一规律

学习的本质是知行统一。古今思想家、教育家都很强调实践的意义。荀子是重行主义者，认为"行之，明也"。王夫之在谈学习的本质时说，只有在实践的基础上努力学习，才能逐步达到对事物的深刻认识；做学问的人，从来没有离开行去求知的。毛泽东同志衡量学习的标准是：对于马克思主义的理论，要能够精通并且加以应用，精通的目的在于应用。这也是从"知行统一"的观点出发看待学习本质的。

综上所述，人的学习既是学习生活，又是学习实践；既是为了知，更是为了行，为了落实到改造世界的实践上，从而达到知行统一，指导后来的再学习。

（五）环境制约规律

人作为学习的主体，同时也是社会与自然的统一体，是受环境制约的，其环境制约来自社会与自然两个方面。从社会环境方面来讲，社会生活安定，经济秩序稳定，都会满足学习主体心理上的安全需要和归属需要；社会为学习主体提供的学习条件，如校园环境、教学设施、教学质量等以及学习主体自身生活状况、人际关系的质量，也会影响学习的效果。另一方面作为自然的人，首先，必须学会适应环境、利用环境和改造环境，人在受环境制约的同时，还必须向环境学习；其次，人的学习还要受自然性规定的遗传生理因素的制约。遗传学研究表明，染色体异常病变患者同正常人之间的智力差距是十分明显的，学习的困难程度也显而易见。大脑受到损伤，更对学习主体有直接影响；第三，人自身的自然属性也会制约人的学习。如适当的睡眠、体育活动等是发展智力和体力的重要条件。

然而，环境对学习主体的制约也是相对的。由于人具有独特的能动性和创造性，人可以去争取和创建良好的学习环境。此外，好的学习环境有助于成才，但如果身处顺境不勤奋进取，也会碌碌无为。而身处逆境奋斗不息，终成大业伟才者也不胜枚举，哥白尼、贝多芬、马克思、司马迁……都是杰出范例[①]。

四、学习的分类

学习现象是十分复杂的，并且学习本身因涉及不同的学习对象、内容、形式、程度等而有不同类型的学习。对学习活动进行分类，有利于认识不同类型的学习特点及其特殊规律，以便于采取相应的措施来促进各种学习。下面简要列举学习者按照学习方式划分的学习分类。

接受学习：将他人的经验变成自己的经验，所学内容是以某种定论或确定的形式通过传授者传授的，无需自己去独立发现。学生则将传授者呈现的材料加以内化和组织。

发现学习：学生自己独立发现、创造经验的过程。

意义学习：学生利用原有的经验来进行新的学习、理解新的信息。

机械学习：在缺乏某种先前经验的情况下，靠死记硬背进行学习。

在上述分类中需加以明确的是：首先，接受学习不同于机械学习。接受学习既可以是机械的，也可以是有意义的。在理解的基础上的接受就是有意义的，反之是机械的。同样，发现学习也存在着意义与机械之分。动物通过盲目地尝试与错误获得某种经验，即属于机械的发现，而科学家的发明创造则是有意义的发现学习。其次，接受学习与发现学习并不截然对立，接受学习为高水平的发现与创造提供必备的知识和技能[②]。

---

① 王言根．学会学习——大学生学习引论［M］．北京：教育科学出版社，2003：7－12.

② 张厚粲．大学心理学［M］．北京：北京师范大学出版社，2001：137－138

第二节 大学生的认知、非智力因素与学习

在学习过程中，有两种心理因素在起作用，一是智力因素，包括注意力、观察力、记忆力、思维能力、创造力，以思维能力为核心，共同构成认知系统，它直接影响学习效果；二是非智力因素，包括兴趣、情感、意志、动机、性格、需要等，以学习动机为核心，共同构成动力系统，对学习起着维持、调节、强化的作用。

一、认知与学习

认知与学习的关系是学会学习的核心问题，了解学习者获得知识和解决问题的内部心理过程，有利于我们科学高效地学习。

（一）认知与你的知识结构

1.“认知”的含义

“认知”是近几十年来由心理学家提出的一个描述人的认识能力的新概念，它有广义和狭义之分，当从广义的角度使用“认知”这个概念时，是指人认识、理解事物和现象并运用知识、经验解决问题能力的总和，它包括所有的与认识活动有关的能力，其含义与“智力”的含义等同；当从狭义的角度使用“认知”这个概念时，是人运用表象和概念进行分析、判断、推理、综合等认识活动的过程，其含义与“思维”的含义等同。认知具体是指那些能使主体获得知识和解决问题的操作和能力，是个体内在心理活动的产物。认知不仅存在于我们意识水平之上的那些认识活动中，同时也寓于日常生活中某些非意识行为的过程中。例如，当我们在听音乐或看小说时，我们对每一个声音和字符的辨认似乎是在不知不觉中进行的，其实这些活动中包含着非常复杂的认知机制。

2. 认知：过程与结构

“认知”——认识和知识，既包含了一种动态性的加工过程（认识），也包含了一种动态性的内容结构（知识）。认知心理学家将人脑与计算机进行类比，用信息加工的观点来研究人的认识活动。人脑和计算机对信息加工的原理是相似的，都有信息输入和输出、储存和提取，都需要按照一定的程序对信息进行加工。

（1）认知过程。认知过程可以视为信息加工的过程，是指信息的输入、编码、储存、提取、输出的过程。认知过程可以分解为一系列阶段，每一阶段都是对信息的操作。虽然我们不能直接看到个体内在的认知过程，但可以通过其外在行为表现来加以分析和判断。

（2）认知结构。认知结构就是学习者头脑中的知识结构。认知是学习者以已有的知识结构（一个相互联系的知识网）来接纳新知识，新知识被相应的归类，使原有的知识结构得到改造和发展并形成新的知识结构。

认知心理学家布鲁纳认为，学习的实质是一个把同类事物联系起来，并把它们组织成赋予它们意义的结构。知识的学习就是在学习者头脑中形成知识结构。

（二）多元智能理论与你的学习潜力

揭示多种多样的人类智能及智能组合，然后对其进行相应的培养是至关重要的。不同的智能组合是人与人之间存在差异的主要根源。如果认识到这一点，我想我们至少将会更恰当地处理我们在当今世界所面临的诸多问题。

——**霍华德·加德纳**（1987）

是否有一些学生能够创造出精美的艺术作品？一些学生擅长唱歌或弹奏乐器？一些学生热爱写作，文笔自然而流畅？还有一些学生具有运动天赋能够轻松而准确地完成一些复杂的身体动作？……在以上所提到的学生中，谁最聪明，这个问题很难回答。人类的智力呈现着多姿多彩的表现，而且在人的一生中可能有巨大的发展。爱因斯坦在中学时代许多测验都没及格，但后来成为20世纪最伟大的科学家。2000年，阿尔·戈尔与乔治·布什竞选美国总统，两位总统候选人都在既往的政治生涯中获得了巨大的成功，然而上大学时，他们都是非常普通的学生。布什在耶鲁大学中从没有得过“A”；而戈尔在哈佛大学的学习成绩更差。同时他们的大学入学成绩也不突出。以上几个例子说明人的智力和才能是多方面的，了解人的多元智能现象，了解智力发展规律，对我们的学习有重大意义。

1. 智能光谱

哈佛大学的心理学家加德纳通过多年来对人类智力潜能的大量研究，认为人们表现才能的方式不止一种，每个正常人都拥有八种或九种智力，它们就像太阳照射在钻石上一样折射出多彩光谱。这就是在美国的教育界产生重大影响的“多元智能理论”。根据加德纳的观点，个人在有些智力上表现出高水平，而在有些智力上表现出低水平，这些智力相互独立，进而使个体表现出能力的差异。每个人都拥有的这八种智能是：

（1）言语—语言智能。主要是指听、说、读、写的能力，表现为个人能够顺利而高效地利用语言进行描述事件、表达思想的能力，包括用词语思维、用语言表达及洞察复杂内涵的能力。这种智能往往使人表现出这样的品质：有条理、有系统、有推理能力，喜欢听、读、写、文字游戏等。作家、诗人、记者、演讲家和政治领袖等都展现出高水平的言语智能。如丘吉尔、郭沫若等。

（2）逻辑—数理智能。主要是指运算和推理的能力，表现为对事物间的各种关系如类比、因果和逻辑等关系的敏感及通过数理运算、命题假设等进行思维的能力。具有这种智能的人往往表现出喜欢抽象思维、力求精确、喜欢解决问题、喜爱做与逻辑推理有关的实验和游戏等。科学家、工程师、律师、侦探等在这方面显示出比较突出的优势。如爱因斯坦、陈景润等。

（3）视觉—空间智能。主要是指感受、辨别、构架物体的空间关系并借此表达思想和感情的能力，表现为对线条、形状、结构、色彩和空间关系的敏感及通过平面和立体造型将它们表现出来的能力。这种智能在航海家、雕刻家、画家、建筑师的身上有较为突出的表现，他们喜欢用图像进行思维、喜欢艺术，能轻松地看地图、航海图等，对色彩有很好的感觉和把握，想象力比较丰富。

（4）身体—动觉智能。主要是指人们操作物体和精准调整自己身体动作、善于利用身体语言来表达自己思想和情感的能力。这种智能在运动员、舞蹈家、外科医生和手工艺者身上表现得比较明显，他们往往具有以下特点：喜欢动手和参与运动、擅长操作和表演、对于做过的事比对于说过和观察过的事物记得更牢等。如 NBA 巨星迈克尔·乔丹、舞蹈家杨丽萍等。

(5) 音乐—节奏智能。主要指感受、辨别、记忆和表达音乐的能力，表现为个人对音乐包括节奏、音调、音色和旋律的敏感及通过作曲、演奏和歌唱等表达音乐的能力。这种智能在音乐家及音乐工作者身上有比较突出的表现，它使人对音高、音色、节奏、曲调、音乐中的情绪力量都有敏锐的觉知。如音乐天才莫扎特。

(6) 人际智能。主要是指与人相处和交往的能力，表现为觉察、体验他人情绪、情感和意图并做出适宜反应的能力。这种智能在外交人员、社会工作者、成功的教师身上表现得非常明显，例如马丁·路德·金、周恩来等，他们喜欢群体活动，善于谈判、交流等一些社会活动。

(7) 内省智能。主要是指认识、洞察和反省自身的能力，表现为能够正确地意识和评价自身的情绪、动机、欲望、个性等，并在客观的自我意识和评价基础上形成自尊、自律和自制的能力。这种智能使人表现为能够正确认识自己、深刻地觉知自己的情感、对生命有深层次的体验和觉悟。哲学家、心理学家等在此方面表现比较突出。具有这种智能的代表人物为柏拉图、荣格等。

(8) 自然观察智能。主要指对自然界的植物、动物、矿物进行认知和分类的能力及对自然界的特征的敏感性。熟练的自然观察者包括植物学家、生态学家、园艺设计家、考古学家等。达尔文是这方面的代表人物[①]。

2. 多元智能理论的要点

(1) 每个人同时拥有这八种智能。根据加德纳的观点，多元智能理论并不是确定某人的智能符合哪一种智能类型，而是一个认知功能理论。每个人在八种智能方面都有潜质。当然，这八种智能以多种方式起作用，但对每个人而言，作用方式是独特的。一些人看起来在所有智能方面或大部分的智能方面处于极高水平，例如，德国诗人、政治家、科学家、自然观察家、哲学家歌德。另外一些人则除在某些智能方面有较高的发展外，基本不具备其他智能的特征。大多数人则只是介于这两个极端之间——在某些智能方面有适度发展，在另一些智能方面则未开发。并且，同样具有较高智能的人，可能是一名画家、可能是一名文学家、还可能是一名歌唱家……。

(2) 多数人是有可能将任何一种智能发展到令人满意的水平。加德纳认为，如果提供丰富的环境与指导并给予适当的鼓励，实际上每个人都有能力将所有八种智能发展到一个相当高的水平。以铃木艺术教育项目为例，该项目通过让家长在孩子处于婴儿期时就对其进行早期的古典音乐教育，再在孩子 3 岁左右对其进行小提琴或钢琴的系统训练，使那些具有中等音乐资质的个体在乐器演奏方面达到了很高的水平。这种教育模式在其他智能中也得到了验证。

(3) 每一种智能类别存在多种表现形式。同样具有较高言语—语言智能的人，其中一个可能是文学家，而另一个可能是文盲，但他有很好的口头表达能力；两个同样具有较高身体—动觉智能的人，其中一个可能在运动场上有出色的表现，而另一个可能因为动作不协调根本上不了运动场，却可以是一个出色的外科医生。

① 王言根．学会学习——大学生学习引论［M］．北京：教育科学出版社，2003：7—12.

3. 多元智能理论对大学生学习的启示

加德纳的多元智能理论告诉我们，每个人都是独一无二的，并且有着巨大的潜能，不存在谁更聪明的问题，只存在不同的个体各自在哪个方面更突出的问题，因此评价一个人是否聪明，不存在一个适用于任何人的、统一的评价标准，像丘吉尔、柏拉图、荣格、莫扎特这些世界名人很难做出绝对的谁更聪明的评价，只能说他们都是具有高度发达智能的人，他们在各自的不同智能方面、以不同的智能表现方式将自己的聪明才智发挥到了极致的地步。当我们树立了这样的观念，也就是说我们每个人都有不同的智力特点、不同的优势领域，呈现着明显的个性化特征，我们可以有意识地对自己加以客观而恰当的自我评估，采用多样化的学习方式，以充分发挥我们的智力潜能，使自己达到最佳的发展[①]。

表 4-1 智力类型及所喜爱的学习方式[②]

智力类型	善于	喜爱的学习方式
言语—语言智力	阅读、写作、讲故事	说、听、读、书面文字
逻辑—数理智力	逻辑思维、数学	分类、使用公式、演绎思维
视觉—空间智力	拼图游戏、看地图和图表、辨认形状、形象物	绘图、设计、利用形象来工作
音乐智力	唱歌、掌握节奏、发声	歌曲、韵律歌、其他常有节奏的东西
身体—动觉智力	体育活动	动手、演戏、模仿
人际智力	与他人一起工作、交朋友、帮助小组更好地工作	小组活动、访谈、辩论
内省智力	理解自己、监控自己的行为、追求自己的兴趣	须有个人责任感、反省能力的活动
自然观察智力	分辨环境中景物的异同及突变现象	运用自己独特的感官能力去外界环境，户外活动

在现实生活中，有的学生比较擅长记忆与背诵，在自由时间经常会选择阅读、写作或讨论等方式进行学习，也就是说他们习惯于运用听、说、读、写进行讨论、说明、解释知识等，这是适合他们的学习方式；逻辑—数理智能强势的人喜欢寻找事物的规律及逻辑关系，经常进行推理；视觉—空间智能强的人学习时则倾向于用图像、图表来思考，经常用视觉映象来辅助学习；音乐—节奏智能强的人则常常一边读书一边听或哼唱音乐，把音乐与学科的学习结合起来；人际智能强的人喜欢以合作的方式与别人一起学习，在团队中达到自己很好的学习效果；内省智能强的人喜欢独立学习，将自己的感悟、体验及思索记下来进行反思；自然观察智能强的人则善于运用自己独特的感官能力去注意自然景物并对其加以分类综合。总之，每一种智能强势的人都会有自己所习惯、喜欢的学习方式，学习可以有多样化的学习方式，如果能够发现自己的优势智力并通过适合自己的学习方式加以发展，我们就有可能在自己的强势领域中取得成功。

---

① Thomas Armstrong 著．课堂中的多元智能［M］．北京：中国轻工业出版社，2003：13.

② 王言根．学会学习——大学生学习引论［M］．北京：教育科学出版社，2003：53.

二、大学生非智力因素与学习

读书是至乐的事，杜威说，读书是一种探险，如探新大陆，如征新土壤；法郎士也已说过，读书是“灵魂的壮游”，随时可发现名山巨川、古迹名胜、深林幽谷、奇花异卉。

——林语堂

如果把智力比作一艘正在驶向目标的航船，非智力因素则好比生命之帆，当航船漂泊在学习的海洋中时，如果没有良好的非智力因素之帆，它就可能永远不能达到学业的彼岸。心理学研究表明：影响大学生学业成绩的主要因素是非智力因素。学习中的非智力因素主要是指兴趣、态度、意志、情感、性格等方面对学习的影响。

（一）兴趣与学习

兴趣是人的需要得到满足时在情绪上的表现。实际上也是一种情感，往往始于好奇心，然后进一步发展为爱好。我们一旦对学习活动产生了兴趣，就能提高学习活动的效率。钱钟书在清华大学读书期间，就立下了“横扫清华图书馆”的志向，他把所有的时间都用到了读书上。兴趣对人的知识的增长、智能的提高、情感的调动、品格的形成、潜能的发挥等都起着巨大的作用。

兴趣与努力是大学生成才的两个重要方面。兴趣与努力是相辅相成的，努力是通往成功的必经之路，而兴趣使这条路走得更顺利。兴趣可以通过后天的培养，大学生可能对自己所学的专业不感兴趣，经过刻苦学习，大学生在专业学习上取得了一定的成绩，也会激发学生的专业兴趣。大学生有学习兴趣后，可以促进他们刻苦钻研，向着更高目标迈进。因此，学生的学习活动既离不开学习兴趣，又离不开勤奋努力，兴趣与努力不断互相促进，才能获得预期的学业成就。

（二）情感与学习

在学习活动中，适当的激情、良好的心境、饱满的热情是学习的重要心理品质；而情感则是推动学习的强大动力，是一个人取得学业成就大小的先决条件。人是自己情感的主人，在学习过程中，学生既要通过学习活动形成和发展自己的情感，又要保持和激发积极的情绪状态，满腔热情地投入到学习中去。

一般的说，一个学生在学业上能取得较大的成就，是与他对学习活动的满腔热情分不开的。学生的学习热情是在学习过程中培养起来的，丰富的知识可以使之产生丰富的情感。我们要学会用理智支配情感，做情感的主人，以克服消极的情感，防止它们对学习活动产生阻抑作用。大学生必须明确学习目的，培养合理正当的需要，以利于形成自己的高尚情操；同时，又必须使自己的较为低级的情绪服从较为高级的情操，从而使自己的需要受到这种高尚情操的支配和调节。

（三）意志与学习

对于意志在学习中的作用，古今中外的学者都有深刻认识。荀子提出“骐骥一跃，不能十步；驽马十驾，功在不舍；锲而舍之，朽木不折，锲而不舍，金石可镂”；苏轼也说：“古之成大事者，不惟有超世之才，亦必有坚忍不拔之志”。陶行知先生将育才学校的创业宗旨总结为十句话：“一个大脑，二只壮手，三圈连环，四把钥匙，五路探讨，六组学习，七体创造，八位顾问，九九难关，十必克服。”有人对大学生的学习曾做了这样的描述，大学生差别最小的是智力，差别最大的是毅力，因此，意志在大学生的学习中起着重要作用。

人是自己意志的创造者，大学生应有意识地培养和锻炼自己的意志。当然，意志的培养不是一蹴而就的，我们必须从最简单的事情入手，逐步学会不怕劳苦、持之以恒、勇于攀登，才能成为一个意志坚强的人。

（四）性格与学习

陶行知先生认为良好的性格特征主要有以下四个方面：一是努力奋斗，“奋斗是成功之父”；二是实事求是，“知之为知之，不知为不知”；三是独立意识，“独立的意志，独立的思想，独立的生计与耐劳的筋骨”；四是创造精神。一个具有优良性格特征的学生，可以保证其具有正确的学习动力、稳定的学习情绪、持久的学习举动和顽强的学习意志，提高心智活动的水平，获得学业成功。

（五）态度与学习

学生的学习态度是指学生在学习情境中表现出来的比较稳定的心理倾向。大学生的学习态度直接影响其学习行为和学习成绩。

【自我探索】

1. 多元智能理论对你的学习有何启示？
2. 如何看待非智力因素对学习的作用？

第三节　大学生如何学习更有效

4—1

一位女大学生说自己很难适应大学的学习：和中学相比，大学里的上课时间分散，课余时间较多但自己又不知道该学些什么；上课时老师讲得有时听得云里雾里，但课下又不容易找到老师去请教问题，作业多是写论文或做设计，需要花很长时间收集资料，但有时候又不知道该如何着手。以前高中所采用的学习方法到了大学都不管用了。

这位大学生的情况在不少大学生的身上都出现过，只是程度不同而已。大学和中学的学习无论在内容、形式等方面都有显著不同，这也使得大学的学习方法和中学有明显的区别。因此，树立正确的学习观念，掌握正确的学习策略就非常重要。

一、作为大学生，为自己定位

大学生的首要任务就是学习。我国著名的心理学家、北京师范大学林崇德教授对于“学生”有自己独到的见解，他认为“学生”就是要“学生活的知识，学生存的技能，学生命的意义”。同时，中国科学院院士杨叔子先生认为，“学”就是通过读书、听讲、观摩、思考等，掌握已有的知识，“习”是“实践”。“学”和“习”相结合组成一个完整的学习过程。此外，还应包括“创新”，那就是进行创造性学习、培养创造能力。

大学生活，不同于高中生活，走进大学，意味着真正思想独立的开始。四年大学生活，正如小沈阳所说的那样，眼睛一睁、一闭——就过去了，看似漫长，实则短暂。因此，大学生除了努力学好自己的专业外，还应当对自己进行科学的人生规划，系统地、有计划地安排自己的生活。可以说，大学生的学习应是立体、全方位的、多角度的。既要学习书本的知识，更要学习大学生活这本无字之书。

二、树立科学的学习观

学习观就是人们对学习的看法，它直接涉及大学生在校期间乃至终身学什么和怎么学的问题。今天，大学生应该不断更新自己的学习观念，树立科学的学习观，以适应21世纪经济、社会、科技发展和人的个性发展对高级专门人才的要求。我们认为，大学生应该努力建立以下几个方面的学习观：

（一）全面学习观

全面学习的观念，包括四方面的内容：一是在学习的过程中，要正确处理好德与才的关系。宋代史学家司马光对德与才的关系做了精辟的阐述。他说：“才者，德之资也；德者，才之帅也。”大学生既要学会做事，更要学会做人。二是要正确处理好通与专的关系。正如掘井，如果井口太小，不可能挖出一口深井；如果井口太大，井口消耗过大，没有能力挖成一口深井。在学好自己的专业知识的同时，大学生应当加强基础性的语言、文化、历史、科学知识的拓展，从而使自己的心灵内涵得以丰富充实，在自己所受的专业教育中保持精神的自由。三是要正确处理好知识、能力与素质的关系。四是全面发展与个性发展的关系。一方面，个性发展是全面发展的条件。没有个性的健康发展就不可能有高层次的全面发展。另一方面，全面发展又是个性发展的基础，没有全面发展的基础，高层次的个性发展也无法实现。全面发展和个性发展统一于个体成长的全过程。

（二）自主学习观

在信息时代，每时每刻都在涌现出大量的信息，自觉主动地获取新信息是大学生成长和发展的基本条件。大学生在学业上已开始走向自主，教师在教学过程中的主导作用只起着指点性的“引导”，而非全面直接的知识教授，因此大学生一定要树立积极自主学习的信念。

（三）创新学习观

知识创新、意识创新、人才创新是创新体系的关键部分。大学生与国家创新体系紧密相关。国家社会要求大学生必须具有创新能力，同时大学生的自身条件和大学的教育条件奠定了创新学习的基础。因此，大学生的学习不仅要使自己掌握知识，更重要的是要使自己增长能力，包括思维能力、表达能力，尤其是创新能力。

（四）终身学习观

1994年11月，欧洲终身学习促进会在罗马召开了“首届全球终身学习大会”，指出：“终身学习是21世纪的生存概念。”21世纪是信息经济的时代，它要求积累、创新、分享知识，而学习正是获取与运用知识的基石。信息经济最强调的是速度，因此学校所给予的只是最基本知识，个人仍需要在学校外获取大量的新知识，才能应付知识社会的挑战。终身学习是当今大学生必须具有的观念。

三、学习策略

“工欲善其事，必先利其器”。对于大学生而言，无论学习哪种专业、哪门课程，掌握哪种知识、技能，拥有一套有效的学习策略和方法都是极为重要的。学生如果能够掌握必要的学习策略，可以少走弯路，减少盲目的尝试。尤其是在当今的信息时代，拥有学习策略就如同拥有一把开启知识大门的金钥匙。下面仅列举几种有效的学习策略。

（一）认知学习策略

认知策略可以理解为人的一种高级认知能力，调节着对信息加工的认知活动。合理的认知策略能够保证个体对学习内容的理解、记忆、保持和回忆。认知策略在学习策略中起着核心作用。在大学生的学习过程中，如果认知策略使用得当，就能够在很大程度上提高自己的学习效率。

根据作用于信息加工过程的不同阶段，理解和保持知识的认知策略主要包括复述策略、精细加工策略和组织策略。复述策略作用于认知过程的起始阶段，即“选择”、“获得”阶段；精细加工策略主要用于“选择”、“获得”与“综合”之间的过渡阶段；组织策略作用于认知过程的深加工阶段。

1. 复述策略

（1）加强有意识记忆，善用无意识记忆。凡是学习都应当有明确的学习目的和目标，因而有意识记忆是主要的。有意识记忆，首先要做到选择明确的记忆内容。老师在课堂上强调“必须记住”的概念、原理和重点内容，要充分理解、深入钻研、反复识记，达到有意识记忆。无意识记忆是在不知不觉中、无须经过努力的记忆。实际上，多数情况下，对人有重大影响、自己感兴趣或外界刺激强度比较大的内容都容易形成无意识记忆。如对某些广告内容、某些景观布局的记忆均属于无意识记忆。无意识记忆同样在学习中起着重要的作用。如数学家陈景润在中学时他的老师沈元有一次提到哥德巴赫猜想，这并不是中学生需要掌握的内容，但凭着对数学的强烈的兴趣，使他为这个“数学皇冠上的一颗明珠”奋斗了一生并取得举世瞩目的伟大成就。

（2）排除相互干扰。按照学习的心理规律，前后所接受的信息之间存在相互干扰的现象。先前所学的信息对后面所学信息的干扰叫做前摄抑制；后面所学信息对前面所学信息的干扰叫做倒摄抑制。最常见的例子是在小学生学习拼音字母和英文字母时发生二者识读时的相互干扰现象。因此在安排复习时，要尽量预防两种抑制的影响。如在学习开始时，复习重要内容，可以克服前摄抑制的影响；在学习结束前，复习重要内容，可以克服倒摄抑制的影响。另外，要尽量避免将两种容易混淆的内容放在一起学习。如刚学习语文接着学习英语，往往学习效率会打折扣，如果接着学习数学，相互干扰就会较小。另外，在学习新知识、接受新信息时，一定要调动自己的注意力，专注于所学内容之中，以免所接受的新信息受到无关信息的干扰，影响学习效果。

（3）运用多种感官协同记忆。心理学研究证明，人的学习83％通过视觉，11％通过听觉，3.5％通过嗅觉，1.5％通过触觉，1％通过味觉。而且，人一般可以记住自己阅读的10％，自己听到的20％，自己看到的30％，自己看到和听到的50％，交谈时自己所说的70％。这一研究结果充分说明多种感官的参与能有效地增强记忆。所以学习时做到眼到、口到、手到、心到，利用多种感官刺激大脑，能够更多地在大脑中留下回忆线索，从而增强记忆。

（4）运用多种复述记忆方法。过度学习法：记忆某些项目，如果我们刚刚能背诵就停止学习，记忆效果一般不会太好，而适当重复已记忆的内容，则有利于保持。

分散记忆法：根据脑认知的生理规律，某一部位兴奋的时间过长，就会产生疲劳，自动出现保护性抑制，必须适当变换兴奋中心，才能保持学习效率。例如长时间阅读某一本较难理解的书或背外语单词，会产生记忆疲劳，可以把它分成几次来学以保持学习效果。至于分散到什么程度，要根据不同的学习内容和个人情况而定。

复述记忆的方法很多，这里就不一一列举。

2. 精细加工策略

精细加工策略是一种对信息的深层次加工策略，它是寻求在识记的基础上，将新知识与头脑中已有的知识联系起来，以增加对新知识的理解，并且因为与已有知识的结合，使新知识得以牢固的保持，不致遗忘。其核心就是寻求新旧知识的联系，就是对新知识的理解的策略。精细加工策略通过为知识的建构提供更多的信息、为知识的提取提供更多的途径来增强人们的学习和记忆效果。一般说来，关于某一事物的信息越多，我们越容易记住这一事物。例如，初步接触“考拉”一词，由于它是两个汉字组成的无意义词汇，只能采用机械的方式进行记忆。如果知道这是澳大利亚特有的一种动物的名称，记住它的可能性就更大一些。如果能看到关于考拉的体型特征、生活习性、生存环境的录像，则有可能深深地记住考拉是什么。

对简单的陈述性知识的学习来说，精加工策略是非常有效的。例如，当我们学习正数、零、负数时，把正数与有钱、零与无钱、负数与欠钱相类比，就可以加深对三类数的意义的理解和记忆。再如，图片上有草地、风筝、蝴蝶、愉快几个词，就可以通过自由联想的方式把这几个词一起记下来。

3. 组织策略

仅仅学习新知识是不够的，还需要整合所学新知识之间、新旧知识之间的内在联系，形成新的知识结构，这就是学习中常用的组织策略。运用组织策略可以将分散、孤立的知识集合成一个整体，好比一座图书馆，如果所有书籍混乱地堆放在一起，将很难找到我们所需要的书籍，如果分类存取，则可以很快地找到我们所需。下面是这种策略的一些具体方法：

（1）聚类组织策略。也叫归纳法，即个体可以按照学习材料的特征或类别将它们进行整理、归类。这种方法有利于大学生将新知识相互联系，构成一个整体，形成一种结构。例如，像“一个中心两个基本点”、“五个一工程”，或有的英语词汇中将单词归类，如分为学习、生活、社交、娱乐等就借用了聚类组织策略。可以说，此策略的特点在于它更重视知识之间的相互关系。

（2）概括组织法。是指以摒弃枝节、提取要义、抓住主线、明确关系的一种组织方法。概括组织策略常用的有框图法和模式图法等方法。①框图法：框图法首先要摒弃枝节、提取要义，用方框把关键词标出；其次是用箭头或连线，辅以关键词把相互之间的联系、变化联结；最后组成一幅关系清晰、主线明确的框图。加涅的信息加工理论的学习模式图，就是把这种理论用框图简要地表示出来。②模式法：模式法就是利用图解的方式说明某个过程或某个原理各要素之间是如何相互联系的。教科书和科技著作中，大量的示意图、简图等就是利用模式法来组织知识的，它们略去了许多具体的枝节内容，抓住本质，以最简要的图形表达出来，使人形成非常清晰的形象。

补充阅读 4—1

知识网

认知心理学研究表明，知识在人脑中是以网络的形式储存的。编织一个良好的知识网络不仅可以促进知识的长期保持，同时也有助于知识的迅速提取和灵活运用。

就像渔网一样，我们头脑中知识的网络也是由一些基本的“结点”和“连线”组成的，因此，要编织一个良好的知识网络首先要对新知识进行“精加工”——从大量的知识中提取出重要的信息作为“结点”，然后努力寻找这些知识点之间以及新旧知识点之间的逻辑联系，也就是建立它们之间的“连线”，用这些“连线”把零碎的知识串联起来，这样你的知识网络就基本完工了。当然，由于你总是在不断地学习新知识，因此这个知识网络也总是处于不断地补充、完善，甚至重新建构的过程中。

（二）元认知学习策略

有一部分同学即使从小学一直上到大学，对学习的本质也没有真正了解，对自己学习的特点、优势与弱势也并不清楚。自己学习成功的经验和问题有哪些、对于不同学科应当采取哪些学习策略等问题也不太明白，而诸如此类的问题就是元认知策略所涉及的，它对掌握学习的主动性、提高自觉性和发挥主体性有重要意义。

1. 元认知策略的概述

美国心理学家弗拉维尔首先提出“元认知”概念，他认为元认知“通常被广泛地定义为任何以认知过程与结果为对象的知识，或是任何调节认知过程的知识活动，它之所以被称之为元认知，是因为其核心意义是对认知的认知”。元认知通常对学习者个体而言，包括三部分：①个体有关元认知的知识，回答“认知是怎么回事?”；②个体的元认知体验，回答“我是怎样认知的?”；③个体元认知监控，回答“我的认知活动怎样?”、“如何更好地认知?[①]”因此，实际上元认知策略就是对元认知知识的学习，对个人认知活动的自我了解、评测和调控。如果说认知策略是对认知外部信息的监控，那么元认知则是对主观认知活动的监控。学生在学习之初及学习过程中激活和维持注意与情绪状态、提出问题和制订学习计划、监控学习过程、维持或修正学习行为、评价学习结果等，都是元认知作用的表现。

2. 元认知策略的成分

（1）计划策略。即面对学习任务和目的，应该采取何种认知策略和方法的选择，应该如何确定认知活动过程的安排。这就需要运用自己的元认知知识和体验，也就是自己对学习的了解和以往经验来正确计划自己的学习。

---

① Flavell, J. H. Metacognition and cognitive monitoring: A new area of cognitivedevelopmental inquiry. A merican Psychologist, 1979, 34: 906—911.

（2）监控策略。即在认知过程中，即时反思和评价认知活动状况，做到有自知之明，结合学习的实际效果，总结成绩、找出问题原因所在，调整心态。

（3）调节策略。在认知活动中，根据自我监控的评价与总结，有针对性地进行认知和情感调控。也就是运用认知策略，对学习方法、操作过程、心理状态等进行及时有效的调控。

如果一个人对自己的学习过程和结果没有调控能力，那么他的学习只能是盲目和低效的。所以有意识地对自己的学习过程和结果进行调节和监控，会提高学习质量。

你可以针对自己的学习目标和计划，确定一个自我调控表（见下表 4-2），每天晚上临睡前，按照表中的项目进行自我反思。

表 4-2　自我调控表

阶段	自我调控问题
过程	1. 我用在学习方面的时间有多长？是否完成了我的学习任务 2. 采用什么学习策略或方法完成的？还有其他方法可以尝试吗 3. 学到了什么？学习中是否遇到困难？如果有，打算怎样去克服 4. 确定的学习目标是否符合自己的客观实际呢？是否需要进行调整？该如何调整 5. 学习遇到干扰因素了吗？是否克服？如何克服呢 6. 遇到心情不好时，自己的学习还能继续吗？如果不能，采取什么措施，才能保证每天的学习计划继续下去
结果	1. 确定学习目标时，是否对自己的实际能力做出了客观准确的估计？下次该如何确定学习目标呢 2. 学习目标是否实现？对这次学习，满意程度如何 3. 学习之后，发现哪些知识需要加强呢？打算通过什么方法加强学习呢 4. 是否尝试了多种学习策略，感觉哪种比较适合自己呢
反思	经验总结与教训： 以后怎么做

3. 元认知策略的训练加强

（1）对元认知知识的学习。学习本身有着客观的规律性，学习只有遵循学习的规律、发挥主观能动性才能收到好的效果。如果对学习是怎么回事都不了解，认知的知识贫乏，学会学习只能是纸上谈兵。

（2）提高元认知学习的认识。即提高学习的自我意识，包括了解学习任务性质、特点、目标的意识，掌握学习对象特点的意识，使用学习认知策略的意识等。没有这些意识，也就不会有相应的行动。

（3）丰富元认知体验。学习在一定程度上是一种技巧、习惯和情感，要掌握学习的熟练技巧、形成习惯、培养情感，必须有丰富的自我体验，把元认知知识内化为自己的意识和认识，成为自觉的行为习惯，达到自动化的程度。

（4）养成学习素质。有了元认知的知识、意识、体验，最后将形成既符合学习规律。又具有个人特点的学习模式、学习策略体系，养成良好的学习素质。

四、发展自学能力

诚然，大学生是以老师讲授为主，但是这并不意味着可以忽视对大学生自学的要求，因此，发展自学能力是大学生学习策略的重要方面。培养自学能力的途径和方法主要有：

（一）正确选择学习目标，有效落实学习计划

选择学习目标要以自己的需要和发展为基础。一个人的时间和精力毕竟有限，不可能面面俱到。因此学习期间，可以把弥补某个薄弱环节作为一定时期的主攻目标。在明确目标的基础上，还要为自己制定一个切实可行的计划。比如可以首先统计非学习的活动所占用的时间总量；其次计算还有多少时间可用于学习；最后绘制一份每周活动图表，把学习时间列在显著位置。通过有效地利用时间，提高自学的效率和质量。

（二）充分利用可用资源

大学生必须充分利用高校的图书馆、校园网、教师、同学等校内外资源。学会使用工具书、教科书，充分地利用图书馆、资料室、计算机网络，独立地查阅文献资料，收集各种必要的知识信息，是搞好自学的重要手段。其次，经常与同学、朋友交流学习心得，讨论学术问题，能互相启发，互相促进，活跃思想，提高自学效果。正如《学记》所言：“独学而无友，则孤陋而寡闻。”

【自我探索】

1. 你的学习是自觉的吗？
2. 学习前你有详细的计划吗？
3. 你一般安排在什么时间自学？其余时间分配得合理吗？

第四节　大学生创造力的发展与创造性学习

这是一个狂飙突进的时代，这是一个需要巨人而且肯定会产生巨人的时代，这是一个欢欣鼓舞与捶胸顿足、生存与死亡、天堂与地狱同时并存的时代，岩浆正在聚集，新的造山运动正在开始。这个时代最重要的关键词也许只有两个字——创新。

——王健

人类在发展，社会在进步，科学技术日新月异，新的事物如雨后春笋。不论将来我们从事什么职业，创造能力都至关重要。稿科学技术如果没有新的发现和发明、从事文学影视艺术如果离开了对文学形象的创造，那么它们就会失去了生命力。在商业管理领域中，创新更为重要。管理学大师德鲁克曾这样讲过，一个企业最主要的就是要做好两件事，一个是营销，另一个就是创新。比尔·盖茨成为世界首富，完全是由于他的大脑中产生了一个大胆而天才的想法并把它付诸于实践，即要把计算机放到世界上的每张办公桌上以及每个家庭中去。爱迪生一生拥有 1093 项发明专利，他的成功就在于他的无穷无尽的发明创造。

中国人口众多，资源有限，未来的社会，竞争会更激烈，创造能力自然就成为一个人生存的本能。21世纪的竞争是人才的竞争，而衡量人才的一个很重要的标准就是是否具有创造能力。作为一个新时代的大学生，要想立足于未来社会并在职场中脱颖而出，培养自己的创造力更是当务之急。

一、创造力的内涵

依据《韦氏大词典》的解释，“创造”一词有“赋予存在”的意思，具有“无中生有”或“首创”的性质。创造力则是一种创造的能力。陈龙安综合归纳各家有关创造力的意义，认为创造力是指个体在支持的环境下结合敏锐、流畅、变通、独创、精进的特性，通过思维的过程，对于事物产生分歧的观点，赋予事物独特新颖的意义，其结果不但使自己也使别人获得满足[①]。可见，创造力可以理解为根据一定目的，运用已知信息，产生出新颖、独特、有社会或个人价值产品的能力。

二、创造力的两个主要成分：想象与思维

想象与思维，是人们创造活动的两大认识支柱。这里的想象主要指创造性想象，这里的思维主要指创造性思维。

（一）创造性想象

作为想象的一种，创造性想象是指根据一定的目的和任务在头脑中独立地创造出新形象的心理过程。新颖性、独立性、创造性是其本质特征。能够结合以往的经验，在想象中形成新的设想，提出新的假设，是创造性活动顺利开展的关键。科研发现和创见、生产技术和产品的改进发明、文学艺术的构思塑造，甚至儿童的画画和游戏，都离不开创造性想象。比如，将词语“苹果”和“月亮”发生联系，就是借助于创造想象。

（二）创造性思维

创造性思维，是相对于以固定、惰性的思路为特征的习惯性思维而提出的，是一种高度灵活、新颖独特的思维方式。它常常在强烈的创造动机和外在启示的激发下，借助于各种具体的思维方式（包括直觉和灵感），以渐进性或突发性的形式，对已有的知识经验进行不同方向、不同程度的再组合、再创造，从而获得新颖、独特、有价值的新观念、新知识、新产品等创造性成果。创造性思维是发散性思维和聚合性思维相结合的产物。创造性思维活动的完整过程，是从发散思维到聚合思维，再从聚合思维到发散思维的多次循环和不断深化。因此，创造性思维能突破常规和传统，不拘于既有的结论，以新颖、独特的方式解决新的问题，它是整个创造活动的实质和核心。

三、创造力的相关因素

（一）智力和创造力

一些研究表明，智能特征和创造才能之间显示了一种低水平的相关或完全不相关。也就是说，聪明的个体不一定就具有创造力，但这并不表示创造不依靠智力。加德纳曾对弗洛伊德（S. Freud）进行了分析研究，得到的结论是弗洛伊德是极其聪明的。加

---

① 陈龙安．创造性思维与教学［M］．北京：中国轻工业出版社，1999：34.

德纳认为，弗洛伊德是言语智力的天才，这让他很容易学习外语并进行广泛阅读，而且他在科学方面也极有天赋，这些为他成为精神分析的开山鼻祖打下了坚实的基础。智力与创造力的关系类似于汽车和驾驶员之间的关系。驾驶员的技术会影响汽车的驾驶方式，同样，一个人的创造力可以决定他如何发挥他的智力。可以说，创造力是智力活动的最高表现。

（二）创造力与人格

人格因素与创造力之间的关系极为密切。心理学家吉尔福特认为，具有创造性的个体有以下特征：①高度的自觉性和独立性；②旺盛的求知欲；③强烈的好奇心；④知识面广、善于观察；⑤工作讲究条理、准确性和严格性；⑥有丰富的想象力、敏锐的直觉、喜好抽象思维，对智力活动有广泛兴趣；⑦幽默感；⑧意志品质出众、能排除外界干扰长时间地关注某个兴趣中的问题。而不利于创造性的人格特质则表现为：缺乏观察力、求知欲，看问题角度单一，想象力贫乏，害怕失败、保守固执、缺乏自信、依赖权威等。

根据国内外研究，创造性学生具有兴趣广泛、专心致志、有强烈的好奇心、自信独立、勇敢、富有幽默感、甘愿冒险等特点。其中强烈的好奇心、自信独立和专心致志这三个特质是最基本也是最重要的。

1. 强烈的好奇心

好奇心意味着对新异事物的敏感、对未知事物强烈的探索欲望和对真知的执著追求。巴甫洛夫对狗看见食物就流口水的好奇心，促使他创立了高级神经活动生理学；伽利略对教室吊灯摆动的好奇心，驱使他发现了摆的等时性原理，使科学计时成为可能……。法国作家法朗士说：好奇心造就科学家和诗人。它是创造的出发点、动机和推动力。其次，好奇心意味着不满足于问题只有一个答案，他会尽力寻找多个答案，在多个答案中做出最优的选择。好奇心还意味着一种开放的姿态，不受任何先入为主的束缚，不迷信于任何定律和权威。俄国罗巴切夫斯基正是否定了连小学生都已熟知的“三角形的内角之和等于180度”的几何定律，才建立起完全不同于欧氏几何学的非欧几何学，从而对现代物理学、天文学及人类的时空观念的变革产生深远的影响。

2. 自信独立

高度的独立性，尤其是独立思考的能力，是创新者必备的素质。爱因斯坦说：“不下决心培养独立思考习惯的人，便失去了生活中最大的乐趣——创造。”独立性使人不盲从、不轻附众议；善于独立思考的人常对事物有敏锐的洞察力，从而达到独出心裁、别具创新的境界。然而独立性却需要有充分的自信心作为支撑。因为我们每个人都曾或多或少地感受到社会以及群体的力量，一旦你特立独行，往往会面临或被排斥、被嘲讽或接受再教育的境地。因此，培养自己的自信心和冒险精神，鼓励每一个创造性想法，对培养创造能力有极大的作用。

3. 专心致志

“知止而后能定，定而后能静，静而后能安，安而后能虑，虑而后能得……”只有定下心来，将自己的意念集中于你所做的事情，才能给创造性的想法提供得以诞生的空间。

补充阅读 4－2

激发创造性思维的 25 项原则[①]

(1) 对问题本身要怀疑
(2) 怀疑理所当然的事物
(3) 当方法行不通时，将目的彻底加以思考分析
(4) 要考虑本身的机能可否转变
(5) 把量的问题转变为质的问题
(6) 扩大问题的时、空因素
(7) 怀疑价值的系列
(8) 活用自己的缺点
(9) 将具体问题抽象化
(10) 综合两种对立的问题
(11) 舍弃专门知识
(12) 站在相反的立场思考
(13) 返回出发点重新思考
(14) 把背景部分和图形部分互相转换
(15) 列举与主题相关的各种联想
(16) 将几个问题归纳成一个问题处理
(17) 把问题划分至最小部分来研判
(18) 等待灵感不如搜集资料加以分析
(19) 从现场的状况来考虑问题
(20) 试转移成其他问题
(21) 强制使毫不相关的事物相互关联
(22) 应用性质完全不同的要素
(23) 打破固定的思维方式
(24) 活用既存的价值观念
(25) 勿囿于“思想转变”的必然性

四、大学生如何培养创造力

我国著名教育家陶行知先生说过：“处处皆创造之地，天天是创造之时，人人是创造之人。”大学生是具有较高智力水平的人群，更具有发挥创造力的潜在优势，况且他们正处于思想最活跃的时期，对各种事物充满好奇心和探索欲，其专业学习也是一种思维的系统训练，加上拥有较多向专家学者学习与交流的机会，这些都为他们创造力的发挥提供了得天独厚的优势。日本学者把青年期结束之前的创造性思维的开发分为 3 个时期：启蒙期（3～9 岁）；培养期（9～22 岁）；这一时期是开发创造性思维的关键期，必须注意强化脑

① 陈龙安．创造性思维与教学［M］．北京：中国轻工业出版社，1999：44.

的机能，着重打下科学创造的基础，为过渡到有社会价值的发明创造奠定基础；结实期（22～28岁）[①]。可见，大学阶段是创造力培养的关键期，充分利用好创造力培养的关键期，有意识地提升自己的创造力素质，是大学生提升自己综合素质的核心任务。那么，大学生应当如何培养创造力呢？

（一）丰富知识与经验

创造力不是空中楼阁，它依赖于坚实的知识基础和精湛的专门技能。个体只有精通于自己所学专业领域的知识，并努力开发创造所必需的技能和洞察力，他才有可能表现出不同于其他个体的创造力。一些心理学研究表明，创造力与个体知识结构之间存在十分密切的关系。合理的知识结构（即由一定的基础理论知识、较深厚的专业知识、广泛的邻近学科知识及有关的学科发展前沿知识组成的网状知识结构）有利于同化原有的知识或概念，形成新的观点和概念。同时，在合理的知识结构中，知识越丰富，产生新设想、新观念的可能性越大。可以说，丰富的知识和经验是提高创造力的前提。然而，另一方面，如果不恰当地运用自己丰富的知识经验，也会成为个体发挥创造力的羁绊。因此大学生在不断扩充自己的知识结构、丰富自己的知识经验的同时，还要在尊重、学习和借鉴的基础上，勤于思考，敢于对已有的知识经验质疑，才不会使自己的独创精神被淹没在书海中。

（二）培养发散性思维

创造性思维所面对的首先就是一个具有广泛联系和无限可能性的世界，其联系的方式和程度远比我们想象得要复杂。正如仅仅7个音符，能组合出一切最美妙的音乐，26个拉丁字母组合成了从莎士比亚戏剧到联合国宣言一切可能的文化模式一样，需要从本质上承认事物的普遍联系性，承认在事物表面联系的背后隐藏着诸多鲜为人知的可能性。于是发散性思维变成了一切创造的最初条件。美国心理学家吉尔福特坚持认为，发散思维是创新思维的核心。发散思维能力与创造力的关系非常密切，因此大学生可以进行一些发散思维训练，如一题多解等，以有效地提高自己的发散思维能力。

（三）潜意识与创造

4－2

著名音乐家约翰·施特劳斯应维也纳男声合唱协会之约创作一首合唱曲时，为了写出优美动听的曲子被折磨得辗转难眠，他的音乐想象和思维被困进了习惯的模式里面无法解脱，当他漫步来到多瑙河边，放松心弦，享受着夕阳照耀下的河水和两岸优美、壮丽的景色时，突然在脑海中闪出一个念头：为何不以此为创作之源，写维也纳人心中的母亲河呢？他茅塞顿开，一首高雅、优美动听的曲子猛然袭来，于是世界闻名的《蓝色多瑙河》横空出世，赢得了全世界人民的称赞。

这个故事对你有什么启发呢？

弗洛伊德把人的意识比作冰山，露在海面的部分是意识，即能知觉到的记忆或所能觉察到的心理活动，它大约只占整个冰山的1／3；而海面以下绝大部分是不能意识到的那部分记忆或没有觉察到的心理活动，被称作潜意识，它时刻影响着人的心理和行

① 张大均，邓卓明．大学生心理健康教育（一年级）［M］．重庆：西南师范大学出版社，2004：211.

为。研究表明，潜意识活动会影响人的创造性，潜意识作用于人类创造活动主要有三种形态：平时的自然流露、睡眠中的构思和灵感的喷涌。每个人都会有过这样的体验：当我们对一个问题百思不得其解的时候，答案却在意外的场合中突然获得，也就是我们常说的灵感。灵感的发生正是我们所思考的东西在潜意识中酝酿滋长，一旦酝酿成熟，就涌现在意识中了。

然而，潜意识对创造的作用是建立在对有关问题的充分准备之上的。音乐家柴可夫斯基毫无疑问是最伟大的音乐天才之一，有时也被缺乏灵感所困扰，他说："灵感是一个客人，不是一请就到，而需要像犍牛般竭尽全力的努力，最后才能达到豁然开朗的心理状态。"由于灵感和直觉闪现的突发性、瞬时性和高速性往往使人猝不及防，因此，为了及时捕捉灵感，我们随时随身准备纸和笔把突然跃入脑际的思想火花记录并及时进行精加工，利用这种手段进行验证，才有可能实现创造性的发明和发现。

（四）积极营造创造的心理氛围

1. 脑力激荡法

几个人一起思考同一问题时所产生的效益往往大于一个人的，这种思考和解决问题的方式，一方面能提高对问题认识的广度和深度，另一方面在讨论的基础上会产生心理学家所称的"社会促进"现象，即当一个人看到其他人正在完成某个任务时，自己也会积极地思考。

2. 积极参加科学研究，培养科学能力

许多创造性成果都是科研的结果，因此应当积极参与有关科研活动，以培养实事求是的科学态度；通过系统的科学训练，可以掌握科研的步骤，在科研实践活动中往往能够激发出创造的火花。

【自我探索】

托兰斯创造型人格自陈量表

在完成该测验时，被试者需要根据与自己相符的情况在每项后面的括号里打上"√"或"×"。

(1) 办事情、观察事物或听人说话时能专心致志。（　）
(2) 说话、作文时经常用类比的方法。（　）
(3) 能全神贯注地读书、写字和绘画。（　）
(4) 完成老师布置的作业后总能有一种兴奋感。（　）
(5) 敢于向权威挑战。（　）
(6) 习惯于寻找事物的各种原因。（　）
(7) 能仔细地观察事物。（　）
(8) 能从别人的谈话中发现问题。（　）
(9) 在进行创造性思维活动时，经常忘记时间。（　）
(10) 能主动发现问题，并能找出与之有关的各种关系。（　）
(11) 除日常生活外，平时大部分时间都在读书学习。（　）
(12) 对周围的事物总持有好奇心。（　）

(13) 对某一问题有新发现时，精神上总是感到异常兴奋。 (　　)

(14) 通常能预测事物的结果，并能正确地验证这一结果。 (　　)

(15) 即使遇到困难和挫折，也不气馁。 (　　)

(16) 经常思考事物的新答案和新结果。 (　　)

(17) 具有敏锐的观察力以及提出问题的能力。 (　　)

(18) 在学习中，有自己选定的独特研究课题，并能采取自己独有的发现方法和研究方法。 (　　)

(19) 遇到问题时，常能从多方面探索可能性，而不是固定在一种思路或局限于某一方面。 (　　)

(20) 总有新设想在脑子里涌现，即使在游玩时也能产生新设想。 (　　)

评价标准：打勾的每项给一分，最后算出总分。创造力等级：0～9 分差、10～13 分一般、14～17 分好、18～20 分很好。

【思考时间】

1. 通过本章的学习，你对学习有更多的理解吗？
2. 对照你高中时代的学习，你认为大学的学习有哪些特点？
3. 你对自己的学习方法满意吗？你将采取哪些措施以提高学习效率？
4. 你将如何开发你的创造潜力、发挥你的创造力呢？

第五章

心灵的灯盏
——大学生情绪管理

一切的和谐与平衡，健康与健美，成功与幸福，都是由乐观与希望的向上心理产生与造成的。

——华盛顿

改变态度，便能改变生活，没有任何外界的力量能够控制你。

——拉尔夫·沃尔多·埃默森

5—1

做自己情绪的主人

在一家盐铺里有一个小学徒，每天都愁眉苦脸，抱怨自己起早贪黑，不知道什么时候才能当上掌柜。一天，老掌柜又听到他在抱怨，于是让小学徒从柜上取出两包同等分量的盐来。

小学徒取来盐，不知道老掌柜要做什么。这时候老掌柜说，“你拿一杯水来，把一包盐放进去。”徒弟照做了，“尝尝是什么味道的?”徒弟尝了一口，立刻吐了出来，“太咸了，咸的发苦。”

老掌柜又将小学徒带到了一个湖边，说，“现在你把另一包盐倒进湖里，再尝一下是什么味道的?”他把盐倒进去，尝了尝，“没有味道啊，很清凉。”

老掌柜坐在这个总爱怨天尤人的小学徒身边，说：“人生的苦就像这些盐，总有一定的分量，不会多也不会少。你把自己的心放大，再多的苦也就不觉得了。”

从湖边回来，小学徒再也不埋怨了，慢慢变成了一个积极上进的人，学到了很多本领，终于有一天也当上了掌柜。

平复情绪唯一的方法是扩大自己心灵的容量。所以当你感到痛苦的时候，就把你的容量放大些吧。我们不要让自己的内心只有一杯水的容量，而是有一面湖，甚至是一面大海，让心灵越来越宽阔，宽阔到足以承载生命中所有的痛苦和悲伤，每天都积极乐观地面对生活，总有一天会品尝到生活的甘甜。故事里的小学徒不就是这样吗？他学会了调整自己的情绪，做了自己情绪的主人，变得积极上进，最后实现了自己的理想。

导　言

现代社会，人们承受着越来越大的压力，很容易生出这样那样的抱怨，抑郁、焦虑、心烦等字眼层出不穷，几乎成了人们的口头禅。这种状况也波及了大学校园，在大学生中间，痛苦焦灼、消沉无奈、怨天尤人的症状大有人在，古人“闲看庭前花开花落，漫随天外云卷云舒”的豁达情怀、从容境界成了在书中才会读到的心情。

那么，究竟是什么原因让我们陷入如此的浮躁当中，失去了原本的恬静和优雅呢？究竟这些挥之不去的阴霾是怎样侵入我们生活的呢？这都是情绪惹的祸。我们在感知周围世界的时候，都持有某种态度，而且这种态度不是理性的分析判断，而是一种特殊的感性体验。有些事情能让我们感觉愉快，而有些事情却让我们愤怒；有些事情会让我们欣喜，有些事情却让我们厌恶。所有这些愉快、幸福、欢喜、兴奋或者痛苦、悲伤、恐惧、愤怒等等态度就是我们的情绪。

有一个故事，一对双胞胎小姐妹和她们的妈妈一起到公园里散步，在玫瑰花圃旁边，姐姐一脸沮丧地对妈妈说，“妈妈，这里一点都不讨人喜欢!”“为什么呢?”“因为这里的每一朵玫瑰花下面都有刺！它们扎到我了!”过了一会儿，妹妹一脸欣喜地跑过来对妈妈说，“妈妈，这儿真是一个好地方!”“为什么呢，孩子?”“因为这里的每丛刺上都有一朵玫瑰花！它们闻起来是多么香啊!”母亲望着眼前的一切，陷入了沉思。两个孩子拥有不同的心情，是由于她们将不同的视角投向了这个世界。世界本身没有任何改变，改变情绪的只是我们的态度。所以说，情绪其实控制在我们自己的手中。

情绪集建设性和破坏性为一体，他会给我们带来安宁平和的心境，也会让我们饱受内心恶魔的摧残。大学生正处于成长的关键时期，心理上经历着急剧的变化，情绪起伏波动大，情感体验丰富和复杂，在处理学习、社交、爱情、择业、挫折等复杂问题时，很容易陷入情绪困扰，长期持续的不良情绪还会危害大学生的身心健康。但并不是说只能在情绪困扰中听之任之，每一个人都拥有世界上最伟大的力量，即自我调整和自我疗愈的能力，我们有能力知道自己内心的真相，尊重并调整我们的情绪，这是送给自己和周围人最好的礼物。每一个人都可以通过改变思想来改变情绪，然后改变行为，进而改变人生。

孟子有一句话，“大人者，不失其赤子之心也。”意思是有德才的人都是能保持童真般纯朴的人，赤子之心也是没有被情绪的阴霾所污染的心灵，能够保持这样的情绪，就无愧为具备人性光芒的伟大人物。在大学生的成长指标里，情绪成长是一个关键要素，只有从宽阔的视野去观察、思考、想象、认知、感觉与行动，才能触摸自己生命更深、更宽广的层次。这一章，我们就来做这样的功课，即了解情绪的内涵，熟悉基本的情绪类型及情绪的作用，掌握调节和控制情绪的有效方法，克服消极的情绪，保持乐观、开朗的心境，让生活洒满快乐的阳光，让自己表现出乐观昂扬的精神姿态。

认识自我的情绪

请对下列问题作出判断。表示肯定记 1 分，表示否定记 0 分。

(1) 做任何事都给自己规定出具体可行的目标。

(2) 对小事不计较，不感情用事。

(3) 能把不愉快的事放在一边去做更重要的事。

(4) 喜欢将遇到的麻烦事写在纸上分析。

(5) 失败时能思考原因，而不总是情绪低落。

(6) 遇到问题时能够倾听他人意见。

(7) 在工作和学习上能够容忍别人比自己强。

(8) 很小的进步就能让自己有满足感。

(9) 有自己的休闲时间，爱好娱乐。

(10) 对于不可能实现的事，能够很快打消念头。

评分标准：

0～2 分：情绪极不稳定，容易患得患失。

3～5 分：情绪不太稳定，时好时坏，难以决定一些重大的事情。

6～8 分：情绪较为稳定，擅长处理问题。

9～10 分：情绪非常稳定，处理事情沉着大胆，不畏惧困难。

第一节　大学生情绪认知

对于当代大学生来说，情绪是个体行为的重要驱动力，它影响着大学生的态度、行为和人格的形成。中国文化典籍《大学》中说，"知止而后有定，定而后能静，静而后能安，安而后能虑，虑而后能得。"意思是知道应该达到什么样的境界，才能够使自己的志向坚定；有了坚定的志向才能够做到镇静平和；拥有镇静平和的心境才能够安心做事；安心做事才能周密思考；周密思考才能够有所收获。我们对待情绪也有一个这样的过程，了解情绪是怎么回事，都有哪些类型和外部表现，健康的情绪具备什么标准，我们才能专注于调控情绪，理性地付诸行动，缜密客观地思考，最终得到成长。

一、情绪的基本解读

既然情绪在我们生命中有着如此重要的地位，那么究竟什么是情绪，情绪从何处而来，又奔何处而去，有什么样的外在表现，能起到哪些功能呢？我们来解开情绪的密码。

（一）情绪的概念

对于情绪的概念，历来有很多种说法，但一般认为，情绪是人对外界刺激的态度，伴随认知和意识过程，包含情绪体验、情绪唤醒、情绪行为等复杂成分，大体分为积极情绪和消极情绪两种类型。

（二）情绪的产生原因

人们经常会提出一个问题，即情绪究竟是人天生就有的，还是后天习得的？这就涉及情绪从哪里来的问题。达尔文认为情绪是天生就有的，他在《人类与动物的情绪表达》中通过对比人和动物生气时的表情指出，人的情绪表达是物种进化的遗迹，二者之间具有千丝万缕的联系。还有一些研究者认为，情绪的产生不仅有遗传的因素，更多丰富和复杂的情绪体验则是后天习得的结果。

图 5-1　人的基本情绪：快乐、愤怒、悲哀、恐惧

一般我们认为，人的基本情绪，如高兴、愉快、惊奇、恐惧、厌恶、生气、悲伤、愤怒等是先天就具备的，但是大量的情绪来自于外界刺激的反应态度。同样的行为和事件，有时候会引起完全不同的情绪，就证明事情本身并不决定情绪，情绪是由个人的态度、信念和价值观决定的。通过改变一个人看待事物的态度和观念，

就可以改变情绪，由此证明了重要的一点，即情绪是可以控制的。

（三）情绪的表现状态

明白了情绪从哪里来，我们还要知道情绪要到哪里去，即情绪的外在表现。通常认为，情绪可以有四种不同的表现。

1. 心境

通俗地说，心境指的就是我们平时常说的心情。是一种微弱、弥散和持久的情绪状态。心境的好坏往往源于某个具体而直接的原因，并会伴随一段时间，对人产生持续性的影响。愉快的心境能够让人思维敏捷、精神饱满、宽容随和；而不愉快的心境会让人思维迟钝、萎靡不振、敏感多疑。心境的表达一般是指向自我的表达，是外界刺激在自身意识层面上的反应，但是一般不容易被觉察和客观认识。

2. 激情

激情也是我们平时所说的激动，是对某一事件或者原因的激烈反应。是一种猛烈、迅疾和短暂的情绪状态。激情有积极和消极两方面的影响，作为一种心理能量的宣泄，激情有益于平衡人的身心健康，但过激情绪也会容易导致强烈的生理应激反应，出现危险。激情的表达多指向他人和环境，愤怒的表情、指责咆哮、摔打东西都是激情的对外表达方式。

3. 应激

应激是在没有预料的情境下和危急情况下做出的情绪反应状态，是一种对突发事件的警觉和迅速反应。人在应激状态下往往会导致大脑皮质的兴奋和呼吸心率等生理变化。应激对维持人的正常心理活动起到了很大作用，积极的应激表达为沉着冷静、思维活跃、勇敢果断；消极的应激则表达为惊慌失措、一筹莫展、丧失判断。适度的应激是顺利完成各项活动的必要条件，有益于个体的身心健康，但是长期处于紧张的应激状态则会影响身心的正常机能，诱发疾病。

4. 热情

我们在心境、激情和应激之外，提出第四种情绪表达状态，即热情。热情是较之前三者更为持久、稳定和深刻的情绪状态。热情的表达方式能够指向理想、信念等精神领域，实现情绪的升华。例如我们通常所说的对于艺术的热情就是一种情绪的能量升华。这种表达方式能够使消极情绪得到宣泄，并为人们高层次的需要提供动力，是情绪表达最好的方式。

补充阅读 5—1

情绪和情感的联系和区别

1. 情绪和情感都是人对客观事物的态度体验，反映着客观事物与人的需要之间的关系。

2. 情绪与情感产生的基础不同，情绪的产生离不开生理反应；情感的产生则与社会认知密切相关。

3. 情绪具有情境性、激动性和暂时性；情感具有稳定性、深刻性和持久性。

4. 情绪表现有明显的外显性，面部表情是情绪的主要表现形式。而情感表现经常以内隐的形式存在或以微妙的方式流露。

（四）情绪的主要功能

1. 自我防御功能

从生理学的角度来看，情绪是由于大脑贮藏经验回忆和大脑与身体的相互协调和推动而产生的，所以情绪具有自我防御的功能。我们可以用恐惧来对抗身心的威胁，用愤怒来对抗不公正的待遇，由此使身心保持一个平衡的状态。就像美国心理学家马提纳（Martina）所指出的，“连接身体与心灵的自然愈合能力，最强而有力的途径就是情绪。”

2. 社会适应功能

情绪能够通过个体与外在事件之间的反应过程，调节个体与环境之间的关系。情绪的各种功能是在社会学习和认知活动过程中体现出来的，又能够调整社会群体之间的互动，提高个体的社会适应能力。例如羞耻感能够使人保持与社会习俗的一致性，同情心有助于构建良好的社会关系等等。

3. 激励强化功能

适度的情绪反应能够激励人的活动，推动人高效率地完成任务，并能够使个人能力得到强化。例如正是由于在优秀人士面前的自卑，才能够促使我们发愤图强；正是由于失败带来的沮丧和失落，才能够激励我们重新振作。每种情绪都有它的意义和价值，能够给人力量和指引。同时，在紧急情况下，愤怒、恐惧等消极情绪能让人提高警觉，而积极情绪则能够强化人的各种能力，让人变得更加自信、冷静、坚定，富有幽默感和创造力。

4. 信号表达功能

情绪表情是表达人内心状态的窗口，通过情绪的外在表现，既可以向他人传递自己的思想和感受，又可以从中判断他人的态度和倾向。更深一步讲，每种情绪都可以代表一种信号，引导我们发现问题和解决问题。例如正面情绪的信号能够告诉我们事情正在按照预想的方向发展，负面情绪的信号告诉我们出现了问题需要解决。情绪的信号表达功能能够帮助我们清晰判断并合理解决问题，提供给我们成长的机会。

二、情绪的经典理论

心理学家们经过研究，提出了关于情绪的多种不同见解，我们将其中的经典理论做一简单介绍，希望能够通过这些理论能进一步增加对情绪的认识。

（一）情绪的外周理论

1884年和1885年，美国心理学家詹姆士（James）和丹麦生理学家兰格（Lange）提出了两种相类似的情绪理论，认为情绪的产生是由于植物性神经的系统活动。人们将这种理论称为情绪的外周理论。在詹姆斯看来，情绪是对身体变化的知觉，有机体的生理变化在先，情绪在后。他说，“我们觉得难过是因为我们哭泣，发怒是因为我们打人，害怕是因为我们发抖；而不是因为我们难过、发怒或害怕，所以才哭泣、打人或发抖。”在兰格看来，情绪是内脏活动的结果，强调情绪与血管变化的关系。他指出，“血管运动的混乱、血管宽度的改变以及各个器官中血液量的变化，才是激情的真正的最初原因。”

詹姆斯与兰格对情绪产生的具体过程虽然认识不同，但他们有着相同的基本观念，即情绪刺激引起身体的生理反应，而生理反应则进一步导致了情绪体验的产生。

（二）情绪的认知理论

美国女心理学家阿诺德（Arnold）在20世纪50年代提出了一种新的情绪认知理论，

强调情绪的体验不仅是由单纯的生理唤醒决定，而是生理唤醒和认知评价相结合的产物。她强调，刺激并不直接决定情绪的性质，从刺激出现到情绪的产生，要经过人的评价与估量，情绪产生的基本过程是刺激—评价—情绪。不同的评价会产生不同的情绪反应，而引起不同的情绪体验和行为模式，即评价——兴奋理论。

阿诺德之后，在认知心理学领域里，情绪的评价理论出现了两个分支，一是以美国心理学家沙赫特为代表的认知——激活理论，二是以美国心理学家拉扎勒斯为代表的纯认知理论学派。沙赫特提出情绪受环境影响、生理唤醒和认知过程三种因素所制约，其中认知对情绪的产生起着关键作用，所以这一理论又被称为情绪三因素说。拉扎勒斯则关注个人的社会经验在评价中的作用，认为人在社会中具有个体差异，不同的人与所处的具体环境形成决定了其评价的差别，进而决定了其具体的情绪，强调认知因素在情绪中具有的重要作用。

（三）情绪的动机理论

除了早期的情绪理论和后来发展的生理——评价相结合理论之外，还有一些心理学家主张情绪具有动机的性质。其中最有代表性的是伊扎德从整个人格系统出发建立的情绪动机一分化理论系统。这一理论强调以情绪为核心，以人格结构为基础，研究情绪的性质与功能。其核心观点主要包括三方面的内容，一是情绪与人格系统，二是情绪系统及功能，三是情绪激活与调节。

（四）情绪的智力理论

20世纪90年代，美国心理学家沙洛维（Salovery）和梅耶（Mayan）共同创立了情绪智力理论。沙洛维通过五个方面描述了情绪智力：认为情绪智力由对自身情绪的认识能力、对自身情绪的管理与控制能力、情绪的自我激励能力、对他人情绪的认识能力、处理良好人际关系的能力五部分组成。梅耶则从个人情绪的自我意识出发，将情绪智力分成了三大类型：一是能有效地管理自己情绪的自我觉知型；二是在恶劣情绪的反复中无力自拔的自我沉溺型；三是能认知自己的不良情绪但缺乏自我调节能力的认可型。

经过研究，他们将情绪智力的概念做了更加清晰、明确的界定，认为情绪智力包含三种能力：一是准确认知自己和他人情绪的能力，二是有效调节自己和他人情绪的能力，三是运用情绪信息指导思维方式的能力。

90年代中期，戈尔曼在《情绪智力》一书中丰富了情绪智力的概念，将情绪智力概括为自我觉察能力、情绪管理能力、自我激励能力、控制冲动能力和人际技巧五种能力。由于这种观念引起了反对和赞同多方面的反应，沙洛维和梅耶又对这一概念做了进一步的修订，将情绪智力最终界定为以自我意识为基础，包括乐观、同理心、情绪自制和情绪伪装等在内的综合概念，指出情绪智力应包括感知、评价和表达情绪的能力、以情绪促进思维过程的能力、理解、感悟和获得情绪知识的能力、对情绪进行有效调控的能力等部分。

了解情绪是管理和调控情绪的基础，在大学生的学习和生活中，情绪带来了很多显而易见的影响，例如在学习中，经常有一些学生平时成绩非常好，却因为过度紧张在考试中失利；还有一些学生去企业面试，技能和知识都很过硬，恰恰因为没有稳定住自己的情绪而紧张怯场，给考官留下不好的印象。这些紧张、焦虑等消极情绪影响到了正常的自我表现，但处在积极的情绪状态，也会让人思维敏捷、能力超常，比平时更加富有创造力。那么如何让情绪发挥它积极的一面为我们服务呢？这就需要在了解情绪的同时，还能够管理情绪。下一节我们就来了解情绪管理的相关知识。

【自我探索】

1. 自我觉察训练

以同意或者不同意为标准判断下列问题，并从回答问题的过程中评价自己是否具有良好的自我觉察能力。

(1) 不论以前、现在还是未来，我都是一个容易成功的人。

(2) 大家很乐于与我交朋友。

(3) 我会过上快乐充实的生活。

(4) 我容易让人亲近，接近我的人会感到愉快。

(5) 我会在自己所选的职业中获得巨大成功。

(6) 我很聪明，懂得如何找到适合自己的舞台。

(7) 我是一个富有创造性的人。

(8) 我正在实现梦想的旅途中。

(9) 我有勇气承受困难与挫折。

(10) 不论任何失败，我都能够跌倒后爬起来继续前行。

2. 情绪的自我觉察

通过表现各种情绪并探究自己的情绪，提高自我情绪的觉察能力。

(1) 表现出惊奇、愤怒、高兴、害怕、悲伤、厌恶等情绪表情。

(2) 写出代表喜、怒、哀、惧四种基本情绪的词语，写得越多越好。

喜________________________________

怒________________________________

哀________________________________

惧________________________________

(3) 列举出自己现在的一些情绪特征，并描述情绪产生的背景和原因。

情绪特征：________________________

情绪描述：________________________

……

第二节　大学生情绪管理

通过上一节的学习，你可能已经认识到情绪是一种不可忽视的心理现象和社会现象，需要加以科学有效的管理。特别对于大学生来说，由于其情绪易冲动、缺乏自控力和稳定性，因此更需要情绪的引导、调节和控制。

大学的宗旨就是培养人、发展人和完善人，在大学生中做好情绪管理的工作不仅有利于他们心理的健康成长，有利于开发其身心潜能、塑造其健全的人格，更有助于其建立和谐的人际关系，让他们感受到心灵成长的愉悦。这一节我们就来初步了解一下情绪管理和情绪智商的相关知识。

一、情绪管理

（一）情绪管理的内涵

我们已经了解过关于情绪的基本知识和基础理论，知道情绪困扰会带来很多不良的后果，很多人在负面情绪出现时束手无策，造成不可收拾的局面。但是面对同样的事情，也有人能够做出正确的情绪选择，并引导行为方式向积极的方面发展。这就涉及情绪管理的概念。

情绪管理是对个体的情绪进行控制和调节的过程，但又不等同于情绪控制和情绪调节。情绪控制和情绪调节的指向对象是负面情绪，而情绪管理的对象包括情绪的诸多方面，它研究的是如何引导人们认识自身的情绪，提高情绪智力，培养驾驭情绪的能力，建立和维护良好的情绪状态，其核心是开发人的情绪能量，提高自我意识，实现社会价值，完善人格修养。

心理学认为，情绪管理是人成长发展的重要手段。强调情绪管理的目的是为了推动个体自身的生存与发展，包括情绪认知、情绪觉察、情绪评价、情绪管理等一系列过程。

大学生特别是刚进入大学的新生由于对现实的不适应，很容易出现人际关系冷漠。人生信念缺失、学习热情不高等状况，引起情绪的波动，甚至发展成自暴自弃、悲观失望、游戏人生等情绪问题，要想解决这些问题，就要引导他们正确认识自我情绪管理的重要性，妥善管理好自己的情绪，形成健康、健全的人格。

（二）情绪管理的作用

对于大学生来讲，情绪管理主要有以下几点作用：

1. 有利于建立和谐的人际关系

当代大学生在人际交往中往往过于关注自我，不考虑他人的感受，容易导致人际关系适应不良，而在和谐的人际关系中，大学生能够获得充分的自我价值感，推动人格品质、理想信念和行为方式的提升和改善，加快其社会化的进程。其中情绪起到了重要的信号表达和感染强化的作用，有助于个体认知、表达和调控自我的情绪，觉察和把握他人的失望情绪，在与他人的情绪互动中培养自身的情绪调控能力，进而拥有和谐稳定的人际关系。

2. 有利于促进身心的健康发展

由于情绪与人们的身心健康有着密切的关系，不良情绪不仅会造成生理机制的紊乱，导致各种躯体疾病，还会抑制大脑皮层的活动，使人的意识狭窄，判断力减弱，甚至精神错乱、神志不清，导致各种神经症状。相反，积极情绪可以直接作用于脑垂体，保持内分泌的适度平衡，使全身各系统、器官的功能更加协调、健全，有利于身体健康。所以，情绪管理能促使大学生通过对自己情绪的认知、调控来建立和维护良好的情绪状态，促进身心健康。

3. 有利于塑造健全的人格品质

健全的人格一般表现为情绪理性、冷静、脾气温和、有满足感、与别人相处愉快，这证明情绪与人格密切相关，也说明了提高情绪管理能力对发展健全人格具有重要的意义。有效调控情绪能使大学生保持良好、积极、稳定的情绪，有助于培养其乐观向上、积极进取、百折不挠的良好品质，并培养真诚友好、善解人意等受欢迎的性格，而对不良情绪缺乏管理任其泛滥则会导致大学生人格出现缺陷和障碍。

(三) 情绪管理的内容

一般来说，情绪管理包括以下四个方面的内容：情绪觉察、情绪调控、情绪表达和自我激励。通过这些内容，我们可以觉察到自身的情绪，分析其产生的根源，摆脱消极情绪带来的负面影响，并运用情绪的作用激励自己达到预定目标。

1. 情绪觉察

情绪觉察指的是对自己和他人情绪的认知，即在自己出现某种情绪时能迅速觉察到。情绪觉察在情绪管理中占有重要的地位，只有清晰地觉察自己的情绪，及时发现和总结自己的问题，才能设定解决问题的目标和方案。情绪觉察一般包括觉察自己的情绪和觉察他人的情绪。

觉察自己的情绪包括了解自己的情绪模式、把握自己情绪活动的规律等内容。了解自己的情绪模式，要注意在平时培养客观全面的自我意识，认识到自己在情绪表现上的优缺点，并能够随时感受自己的情绪，分析产生此情绪的原因；另外，每一个人在生活中都有情绪化的时候，而且很多情绪的出现都是有规律的，如果能对自己情绪的规律性保持清晰的意识，就能够抑制不良情绪的干扰。觉察他人情绪的能力是在自我觉察能力的基础上产生的，可以通过捕捉他人的语调、语气、表情、手势等来实现，在这个过程中对他人情绪做出直观的感受和理性的判断。要做到细致观察，用心感受，这是人际交往中必备的情绪素质和修养。

2. 情绪调控

情绪调控是在情绪觉察的基础上，对负面情绪的控制、疏导和消除。情绪调控可以通过情绪归因、情绪转移、情绪升华、情绪配合、倾诉宣泄、认知重建、放松训练等方法来实现。

其中首要的是对情绪进行合理归因，在正确认识情绪来源的基础上，把负面事件引起的情绪通过改变行动、改换环境等转移出去。还可以因势利导，接受内心的情绪，并配合它做出某些行为，例如觉得疲倦的时候就停止工作，去做一些放松身心的娱乐活动；心情不好时就不要做出重要的决定，去睡一觉或者吃一顿美食；愤怒时就不要去谈判和与人讨论问题，去做运动释放一下等等。

3. 情绪表达

情绪表达的目的也是为了发展人际交往能力。人们在交往过程中会因为交往内容和方式的改变而体验到各种情绪，将这些情绪准确地表达出来，可以在合理表达自己感受的同时，增进彼此的了解，营造和谐的人际关系氛围，而错误的情绪表达方式却容易让彼此关系变得紧张。情绪管理要求我们在知己知彼的基础上恰当地表达情绪，建立良好互动的人际关系。

合理的情绪表达包括接纳、分享、肯定等等，即对别人的情绪做出及时反馈，与对方分享各自的感受，认可并有效引导他人的情绪。

4. 自我激励

自我激励即为自己树立目标并为之付出努力，以建立和维护良好的情绪状态，包括能一如既往地保持高度热情，不断明确目标并专注于目标等。建设性的自我激励能够促进人们通过自我激励培养良好的情绪，控制情绪低潮，保持乐观心态，走向自我完善。

对于同样一件事情，不同的态度、信念和价值观会导致不同的情绪状态，自我激励可以将情绪引导进正确的发展轨道，让个体变得更加积极、乐观、自信，面对挫折时也能很快地从低谷中摆脱出来，鼓舞士气，重新起步。

5－2

积极情绪的收获

渔村里住着甲乙两位船长，两个人每天都带着水手们出海捕鱼。有人问，“你们为什么要天天出海捕鱼？”甲船长一脸无奈地回答，“没办法，为了赚钱养家啊！”乙船长则精神抖擞神采奕奕地答道，“我喜欢海的澎湃汹涌，我每天都能体验到大海带给我的欢乐。努力劳动而获得丰收带给我最大的成就感。”

乙船长为了捕到大鱼，不仅勤修船、勤补网，还时常研究水文。他和他的水手们捕鱼量越来越高，几乎每次都是满载而归。而无精打采的甲船长每日愁眉不展，水手们也士气低落，每日捕到的鱼寥寥无几。

有一天两位船长相约同时出海，这时一只硕大无比的大鱼出现了。

甲船长先看见大鱼，却怕鱼撞翻了船，眼睁睁地看着大鱼游走了；而乙船长做好了充分的准备，充满信心地率领水手们与大鱼搏斗，终于齐心协力将大鱼拖回了渔村。

从这个故事里我们可以明白情绪管理的重要性，要学会管理自己的情绪，始终保持阳光般的心态，乐观地对待生活，积极地应对挑战，才能抓住瞬间而至的机遇，这也是每一个人都应该具备的情绪管理和调节的能力，即下面要了解的情绪智商。

二、情绪智商

（一）如何认识情绪智商

1. 情绪智商的来源

情绪智商最初由美国心理学家萨洛维和梅耶在1990年提出，用来描述对成功至关重要的情绪特征，将其界定为个体觉察自己及他人的情绪、并用以指导自己的思想和行为的能力。后来美国哈佛大学的心理学家丹尼尔·戈尔曼在此基础上，创作了《Emotional Intelligence》一书，形成了关于情绪智商的基本观点和理论体系。他认为一个人的成功，智力只占百分之二十的因素，而情绪智商占百分之八十的因素，情绪智力是决定一个人成功与否的关键因素，在个体发展中起着比智力更大的作用，并且情商可以通过经验和练习得到明显提高。他指出，“情绪潜能决定了我们怎样才能充分而又完美地发挥我们所拥有的各种能力，包括我们的智力”。

2. 情绪智商的衍伸

情绪智商也就是我们经常提到的EQ（Emotional Quotient），EQ是与IQ（Intelligence Quotient）对比提出的代号，简单地说，就是人们理解、控制和利用情绪的能力。情商是一种心灵力量，是一种为人的涵养、性格的因素。它包含了如何认识和管理自己的情绪，如何培养自我激励的心灵动力、如何认识他人的情绪并建立良好的人际关系等内容。也就是清楚认识和正确运用情绪去帮助自己，同时了解和分享别人的看法和感受去建立好的人际关系。具体可以从以下五方面来进行阐述：

（1）能够清楚的认识自身的情绪特征，在事件中能够立刻察觉到自己的情绪、并找出产生情绪的原因，利用它做出正确的决定。

（2）能妥善管理和控制自己的情绪，并想办法自我安慰来摆脱消极情绪，既不因为悲伤或沮丧而意志消沉，也不会因愤怒和焦虑而丧失理智。

（3）面对消极情绪时，能够自我激励，专注于既定目标，克服重重困难，提高自己的自省能力和创造力，面对挫折和诱惑时能够咬紧牙关，控制一时的冲动。

（4）能真正站在他人的角度上认识他人的情绪，了解他人的感受，察觉他人的需要，体会他人的感情，与他人产生共鸣，培养同理心。

（5）能建立和维持和谐的人际关系，通过倾听、沟通、交流，管理自身和他人的情绪，在良好的互动中推动个人和他人的成长。

补充阅读 5—2

智商 IQ 和情商 EQ

①每个人都具有 IQ 与 EQ 两方面的才能。

②IQ 高的人，在智力方面具有很强大，但在生活方面却无能为力。

③EQ 高的人具有很强的社交能力，工作愉快而且投入，感情生活丰富而有分寸。

④IQ 是先天条件，EQ 可以靠后天的努力来提升。

（二）如何提高情绪智商

完善和安适的心理状态是健康人生的重要标准之一，而在心理层面中，情绪状态又占有重要的地位。所以我们需要了解情绪，认识到情绪智商的影响力，并学会提高自己的情绪智商。

在生活中谁都会遇到挫折，如果保持乐观的情绪，重整旗鼓，就能够战胜困难走进阳光。特别是对于大学生来说，培养良好的情绪智商，是自我完善、自我实现的重要途径。当然，情商的建设不是一蹴而就的，而是要在生活中不断总结和磨炼。戈尔曼等人经过研究，提出了提高情商的“五步法”，一要为自己设定情商目标，二要评估自己现在的情商水平，三要设定提高情商的具体计划，四要反复练习直到形成习惯，五要从他人的反馈中寻找差距继续提高。

1. 设定目标

良好的情商一般有下列标准：敏锐的觉察力，随时随地都能够清晰地觉察自己处于怎样的情绪状态；充分的理解力，理解哪些态度、信念和价值观导致了这种情绪的出现；合理的运用力，能够认识到积极情绪的推动力和消极情绪的正面价值，并合理运用它们实现自我成长；强大的摆脱力，能够迅速从某种不良情绪中摆脱出来，进入具有积极意义的情绪状态中。

2. 自我评估

自我评估的第一个意义是通过自我评估知道自己的优势在哪里，将其进一步强化；看到自己的欠缺在哪里，然后努力改善。自我评估的第二个意义是寻找适合自己的提高方法。只有能够清晰了解自己的情绪模式，知道自己的情绪诱因和情绪盲点，才能够采取有效的措施，调整自身的情绪。

3. 做出计划

设定了情商提高的目标，并对自己有了一个清晰的认识，下一步就是要根据自身情况，做出切实可行的计划，诸如多看书了解相关知识，多参与社交活动锻炼能力，多进行自省提高修养等等。以处理人际关系为例，就可以作出如下具体计划：有意识地训练自己换位思考的能力；多参加公益活动培养自己的爱心；参与团队活动提高自己的沟通协调能力等等。

4. 实践强化

有了努力目标，有了自我认知，有了确切计划，就要进入最重要的实践环节。在切实的努力中，来提高自己的情商。在实践的层面，有许多具体的技巧，例如在遇到困难时提醒自己开朗豁达；在遇到消极情绪时学会合理宣泄；在紧张和焦虑时帮助自己放松娱乐；在与人相处时提醒自己顾及他人的情绪等等，在具体的实践当中不断强化良好情商的形成。

5. 评价反馈

是否真正拥有了完善的情商，还需要他人的反馈作为一面镜子来观察，在他人的评价与反应当中来看到不足，今后继续努力。同时也可以在与人沟通的过程中从他人身上学习。孔子说三人行必有我师，在生活中，有些人身上具备我们所没有的优势，在出色的人身上，我们可以学到宽容、理解、细心、大度等优点，用榜样的力量推动我们提高自己的情商；在我们厌恶的人身上，我们同样可以反省自己。例如多嘴的人让我们意识到要学会沉默，以脾气暴躁的人为镜子学会忍耐，把他们当做反面教材，推动自己的成长。

良好的情商，能够潜移默化地塑造性格，锤炼个性，改变生活。当我们学会了解自己，提高自己，了解他人，改善关系，会由此品尝到生活的甘甜，拓宽自己的道路，最终成为想要的自己，获得想要的生活。

（三）如何运用情绪智商

1. 清晰认知自我，提高自身的心理承受力

一方面，很多大学生在自我认知上存在很大缺陷，对自己的评价也不够客观，常常过高评价自己，造成自负；或是过低评价自己，形成自卑，理想自我与现实自我的距离过大影响了对现实的态度和行为。另一方面，大学生的情绪特征多表现为心理不稳定、易冲动、承受能力差，取得成绩时容易目空一切，有一点点失败又深受打击。这就需要运用良好的情商推动他们对自己形成正确的认知，增强面对成功和对抗挫折的能力，培养他们稳定、积极、乐观的人格。

2. 正确认识他人，营造和谐的人际关系

很多大学生在家庭生活中养成了自我、排他的性格，影响了进入大学后对现实生活的适应能力，导致在与人交往时，缺乏基本的交往能力和技巧，以自我为中心，过分苛求挑剔别人，却不懂得了解和分享别人的看法和感受，造成人际关系的淡漠。所以需要运用情

商的作用，帮助他们学会理解他人、分享合作，处理好大学里的人际关系。

3. 为顺利走向社会做准备，实现个人与社会的平衡

大学阶段是完成个人向社会化转变的重要阶段，最终目的是促进个人与社会的和谐一致，促进人的全面发展。这就要求大学生在学校中就做好融入社会的准备。然而很多大学生的个人成长与社会不协调，难以适应社会。因此，在大学生的全面发展中，就要注重情绪的引导、控制与调节，让良好的情商水平帮助他们与社会和谐相处，使个人与社会协调发展，最终达到个人成长与社会进步和谐平衡的状态。

情绪管理的最终目的就是做自己情绪的主人。要知道，积极情绪和消极情绪都具有推动力，我们要学会利用积极情绪，也无须逃避一些负面情绪。重要的是学会因势利导、为我所用。有一个小故事，一位画家喜爱兰花，平日里花费了许多时间培育兰花。有一天他要外出写生一段时间，临行前交代学生们好好照顾他的兰花，学生们却在打闹时不小心将花盆摔碎了，画家的兰花也不幸夭折。学生们都很害怕，不知道怎么跟画家解释。可画家回来后却没有责怪学生们，他沉思了片刻后说，“我种兰花，一是为了陶冶性情，二是为了美化环境，而不是为了生气的。”这位画家便懂得用宽容和豁达管理自己的情绪。如果说我们的心灵就像一个房间，那么去用心整理和经营，就会发现把它打造得井井有条窗明几净并没有我们想象的那么难，而且，只要去做都会有成效，现在的每一步努力，都能够决定我们的将来。

【自我探索】

回答下列问题，管理自己的消极情绪。

1. 发现自己的情绪

（1）我最想要：________________________________

（2）我最希望：________________________________

（3）我常因为________________________________而感到快乐

（4）我常因为________________________________而感到生气

（5）我常因为________________________________而感到难过

（6）我常因为________________________________而感到委屈

2. 分析情绪产生的原因

我快乐是因为________________________________

我生气是因为________________________________

我难过是因为________________________________

我委屈是因为________________________________

3. 引导自己思考对策

这些事情让我有哪些改变？

这些改变是我愿意看到的吗？

针对这些事情我希望怎么做呢？

我将计划付诸行动以后会发生情绪的变化吗？

第三节　大学生情绪调控

有一个小故事，禅院里有一片空地，小和尚觉得难看，就建议师父撒点草籽。师父便买回来草籽叫小和尚去播种。一阵风吹来把草籽吹得四处都是，急得小和尚大喊，“不好了，种子都被吹走了!”“没关系，被风吹走的多半是空的，撒下去也发不了芽。”师父说，“随性!”撒完种子，引来一群小鸟来啄食。“种子都被鸟吃掉了!”小和尚很生气。“没关系，这么多种子是吃不完的。”师父说，“随遇!”夜里下了一场雨，小和尚一早就哭丧着脸去找师父，“师父怎么办，好多草籽都被雨冲走了!”“冲到哪儿就在那儿发芽!”师父说，“随缘!”过去了几天，光秃秃的地面上居然泛出了绿意。小和尚高兴极了，师父点点头，“随喜!”随性，随遇，随缘，随喜，这就是内心的从容境界。无论遇到怎样的恶劣环境，都阻挡不了这些草籽的生长，最终收获一片生机。如果我们产生消极情绪，也不妨采取这样的心态，用客观理性的态度播种希望、收获生命的馈赠。大学生在成长的过程中，都会经历失望、迷惘、彷徨、愤怒甚至绝望，但是只要勇敢面对，用心调整，打开心扉，这些问题都会解决。这一节我们就来介绍大学生的情绪发展都有哪些特点，出现情绪问题都有哪些原因，如何进行调适，并列举一些大学生出现较多的情绪问题加以说明。

一、大学生情绪发展的特点

由于生理阶段、心理发展、社会文化和成长环境的影响不同，导致大学生的情绪发展具有自身鲜明的特色。具体表现为以下几点。

（一）情绪体验丰富多样

大学生处在心理发展由不成熟向成熟转变的过渡期，他们的情绪既表现出未成年人的天真幼稚，又表现出成年人的深思熟虑，几乎人类所有的各种情绪，都能够在他们身上体现出来。在自我意识的发展上，大学生产生了丰富的自我体验，表现出强烈的自我尊重需求，容易产生自卑、自负等情绪体验；在人际交往过程中，大学生的交际范围日益扩大，并表现出更加细腻、复杂的情绪特征；在社会实践活动中，大学生在了解社会、学习道德规范的过程中，也开始思考自己的身份、角色、价值等等问题。更有一些同学开始接触两性情感，爱情的介入更使大学生的情绪表现得更加多姿多彩。

（二）情绪表现缺乏稳定

虽然随着认识水平的提高和知识经验的积累，大学生已经具有一定的情绪控制能力，但是仍然带有明显的波动性，受到学习成绩、社会交往、交友恋爱的影响，情绪时而激动时而平静，时而积极时而消极，波动起伏较大。同时，大学生由于生理与心理之间的矛盾、个人需要与社会满足之间的矛盾、理想我与现实我之间的矛盾，在情绪上还反映出摇摆不定，容易从一个极端跳到另一个极端，在成绩面前得意忘形，在挫折面前垂头丧气，引发情绪问题的产生。

（三）情绪状态难于控制

在大学生当中，部分学生能够很好地控制自己的情绪，大多数同学能够通过一些方式很快缓解不良情绪，但是也不乏有人不能合理控制情绪，在外界刺激下表现出强烈的情绪体验，并产生冲动性的情绪行为。因为容易冲动，更导致在强烈刺激下情绪的突然爆发，失去理智，发生打架斗殴等攻击事件，这些学生往往是校园问题发生的高危人群。

（四）情绪发展阶段分明

不同年级的大学生有着不同的课程设置、培养目标和学习任务，也面临着不同的个人问题，导致其情绪特点也随之呈现出鲜明的阶段性和层次性。大学新生一般面对的是入学后的角色转变和适应问题；二、三年级学生面临的是学业问题、恋爱问题等带来的情绪困扰；而毕业生多关注于毕业后的社会角色转化、就业等问题，因此引发情绪的变化。另外，个体差异、家庭教育和个人期望的差别也会导致不同情绪状况的出现。

（五）情绪暴露内外不一

对于外界刺激，大学生的有些情绪反应会表现得迅速敏感，不善于隐藏，喜怒哀乐都直接暴露在外，但是有一些情绪反应会隐藏很深，不形于色，表现出内隐、含蓄的特点，呈现出内心状态和外在表现的不一致，特别是在一些特殊的场合和特殊情况下，内心感受和外在表现甚至完全脱节。例如有些学生明明在考试问题上非常关注，却表现出漠不关心的情绪；有些学生对于某一异性明明倾慕不已，却表现出冷淡排斥的情绪。这些都是由于大学生心理发展的不成熟和强烈的自尊心所导致。

二、大学生情绪困扰的原因

从大学生情绪发展的特点中，可以看出他们必然会受到很多情绪问题的困扰。那么这些情绪特征的形成和情绪困扰的出现都有哪些引发因素呢？我们在这里做一简单分析。

（一）认知缺乏

很多大学生因为对正确的人生观缺乏认识，导致人生目标不明确，人生态度不端正，人生信念不坚定，对自己的个性、心理发展造成了消极的影响。随着经济的飞速发展，人们生活水平的提高与行为方式的多样，社会上出现的错误价值取向也给大学生带来影响，导致他们出现种种情绪问题。加上大学生自我认知能力不足，存在自我发展的困惑，对自我的评价过低，也导致了情绪问题的产生。

（二）压力过大

现代社会，压力已经成为人们生活中不可避免的要素，这一点也波及了大学校园。大学生也需要应对各种压力，比如不适应自主学习方式、学期末成绩亮起红灯、四六级考试不过关等带来的学习压力；比如家庭经济状况不乐观、高额学费以及攀比虚荣思想带来的经济压力；再比如社会竞争日趋激烈、高校扩招带来的就业压力等等，让大学生要应对多重压力，导致情绪进入悲观烦躁的状态。

（三）社交障碍

大学生除了学习之外，还需要面对一个重要的问题，那就是人际交往。大学是一个社会的缩影，对于离开家庭生活进入集体生活的大学生们来说，学会处理人与人之间的关系更是一个必修的课题。然而很多学生因为性格孤僻、崇尚自我、不当竞争等原因导致了人际关系的恶化，缺乏正确的引导久而久之便会出现不同程度的自闭、消沉、冷漠，引发不安和苦恼。

补充阅读5—3

大学生健康情绪的标准

1. 热爱学习、热爱生活，具有获取知识、掌握技能以解决现实问题的能力。

2. 积极参与社会活动，能够克服生活中的困难与挫折，并获得快乐体验。

3. 保持健康，控制因身体疲劳、睡眠不足、头疼、消化不良、疾病等引起的情绪不稳定。

4. 能找出方法应付挫折情境，缓解生活中的不愉快，解除情绪困扰。

5. 悦纳自己和他人的优点，客观认识他人和自己的优势和不足，能够觉察自己的情绪，理解他人的情绪，乐于与他人交往。

6. 情绪基调积极、乐观、愉快、稳定，对不良情绪具有调控能力，情绪反应适度，理智感、道德感、美感等高级社会情感能得到良好发展。

三、大学生情绪调控的方法

我们应该相信，每一个人都是自己生命的主宰和自己情绪的主人，当出现情绪问题时，应当不怨天尤人也不盲目消沉，而是积极进行情绪调适。下面我们来介绍一些常用的情绪调适方法，一面通过学习外在技巧治标，一面通过提高内在修养来治本。

（一）学习外在技巧转移和化解情绪

1. 情绪转移

（1）情绪冷却法。即当情绪即将爆发时，通过降低说话的音量、放慢语速、在心中默数数字等，有意识地平心静气。

（2）环境转移法。即当感到即将控制不住愤怒时，换一个环境，避开矛盾，等待自己心平气和。

（3）注意转移法。即把注意力转移到使自己感兴趣的事物上去，例如散步、看电影、读书、打球、聊天等，让情绪平静下来，在活动中增进积极的情绪体验。

2. 宣泄释放

（1）找人倾诉。遇到挫折失败和负面情绪的困扰，最好的办法就是找到知心好友或者信任的老师、家长一吐为快，把内心的消极情绪宣泄出来。

（2）放声哭泣。科学研究证明，哭泣能够释放某种化学物质，让人得到释放和平静，在极为悲伤和委屈的时候，不妨尽情地痛哭一场。

（3）剧烈活动。运动量较大的体育运动、体力劳动和激烈的舞蹈都有助于释放紧张的情绪，消除压抑和郁闷。

3. 自我暗示

（1）积极心理暗示。即在内心有意识地暗示自己要保持好的心情和乐观的情绪，例如对着镜子向自己微笑暗示良好的情绪状态，调动人的内在因素，发挥主观能动性。

（2）积极语言暗示。即利用语言的指导和暗示作用，来调适和放松心理的紧张状态，使不良情绪得到缓解，这里的语言可以包括言语语言和书面语言两种，比如大喊口号或者写些激励的话语贴在墙上都可以帮助缓解不良情绪，保持心理平衡。

（3）合理情绪暗示。即找出一种合乎内心需要的理由来为自己的情绪辩解，以此来安慰自己，冲淡内心的痛苦。这种方法可以起到积极的自我保护作用。例如失败了就暗示自己“胜败乃兵家常事”、“塞翁失马，焉知非福”，通过自我安慰来摆脱烦恼。

4. 放松练习

（1）放松想象法。选择一个安静的环境，然后闭上眼睛，想象一些美好的景物、幸福的经历和美好的梦想，在想象的同时伴随呼吸调整，最后慢慢睁开眼，通过想象可以有效地使自己得到放松。

（2）音乐调节法。科学研究证明，音乐对人的生理和心理有着明显的影响，旋律优美、柔和悦耳的音乐，能够使人情绪安宁、舒适愉快，节奏鲜明、雄壮有力的音乐能够使人情绪振奋、激昂奋进，所以可以通过选择不同的音乐来调整自己的情绪状态。

（3）松弛训练法。这是一种通过肌体的主动放松来缓解焦虑情绪、增强情绪控制能力的有效方法，对于过度焦虑、烦躁恐惧等情绪的调试都有一定的效果。放松的同时可以结合想象和音乐，使人全身松弛、轻松舒适、内心宁静。

图 5-2　一个人坐在椅子上想象：一幅美丽的画面

补充阅读 5－4

放松想象训练

1. 找一个舒适的体态，轻轻地闭上眼睛，做三次深呼吸，想象自己正处在一个非常宁静的环境之中。

2. 变正常的呼吸为慢速、深长、均匀而自然的腹式呼吸，呼气时尤其要放慢并完全呼出，集中注意力，按照从右到左、自上而下、先四肢后躯干的顺序体验肌肉放松的感觉。

3. 在语言的引导下发挥想象，并体验其中的感觉。

我感到舒适。我的呼吸很深。我的面颊温热，眉间舒展，额头清凉。我的整个身体都感到舒适和放松。我沉醉在大自然的怀抱里，这里风和日丽，碧空如洗，流水潺潺，鸟语花香。我仿佛躺在绿油油的草地上，感受着大自然的恩赐，憧憬着美好的未来。我从内心深处体验到了舒适、轻松和愉快。

我感到情绪安宁，头脑清晰。我感到我在缓慢呼吸的同时全身肌肉逐渐松弛，紧张焦虑也随之消失了。现在，我的身体和心理都进入了最佳的放松状态。

4. 再做三次深长的呼吸，慢慢地睁开眼睛，结束练习，体验放松后的感觉。

（二）提高内在修养扎实心灵基本功

1. 培养自信宽容的品质

（1）对待自己自信豁达。要培养宽容忍让的品质，首先要树立自信，认可和纳悦自己才能够接受和包容别人，这就要培养恰如其分的自信心，欣赏自己并喜爱自己，同时能够坦然接纳自己的缺陷，并通过刻苦和勤奋做出积极的改变。

（2）对待他人宽厚大度。提高个人修养，不仅要自尊自爱，还要豁达大度、心胸开阔、宽以待人，俗话说“宰相肚里能撑船”，要明白每一个人包括自己在内都有各自的优缺点，要学会尊重他人，并以宽大的胸怀体谅和包容他人。

2. 培养豁达乐观的心态

（1）学会辩证思维。任何事物都有它的正反两面，就像有阳光的地方就一定会有阴影一样。所以看待任何事物都不能一味肯定或者一味否定，应该用辩证思维思考问题，将事物的不利方面转化成积极的方面，从失去当中发现收获，从苦难中经历成长，成为心智上的强者。

（2）培养正确态度。压力和挫折能够给人带来强烈的挫败感和消极的情绪反应，能否经得起这些打击，不仅在于压力和挫折本身的强度，更在于人们的态度。挫折其实并不可怕，我们完全可以依靠自己的力量面对它，正视它，解决它或摆脱它。而且，挫折和磨难也能激人奋起、促人成熟，让人变得坚强，促使人更加豁达和乐观。

（3）树立健康观念。积极向上的人生观和价值观能使人始终保持积极乐观的生活态度，对未来充满信心。有了正确的人生观和价值观，才能指导我们正确处理压力，合理评价自己，培养高尚的道德情感，真正实现心胸开阔，豁达大度，用微笑面对各种各样困难和挫折的考验。

3. 培养坚忍不拔的意志

（1）做好点滴小事。日常生活、平凡小事是人们培养意志品质的基本途径。如按时作息、按时锻炼身体、按时完成作业等在我们看来的小事，如果能够脚踏实地始终如一的认真坚持，就是对意志最好的锻炼。而意志薄弱的人最明显的特征就是在小事上得过且过，为自己找借口。

（2）勇于克服困难。在学习生活中遇到困难是必然的现象，那么对待困难的态度就能够看出一个人意志发展的水平，在克服困难的过程中也能够培养人的坚毅、顽强和果断。事实表明，越困难的事情越需要意志力的支撑，越能够磨练意志。所以，我们还应该善于利用所遇到的困难，在风雨中煅炼有力的翅膀，锤炼和养成坚韧不拔的意志。

（3）锻炼自控能力。自我控制能力是培养意志的关键。控制自己表现在两个方面，一是督促自己作出决定和执行决定，克服恐惧、羞怯、犹豫和懒惰的情绪；二是在实际行动中控制冲动行为。大学生要提高自制力，可以通过参加体育锻炼、对比榜样的行为、制定文字计划等等方式实现。

现代社会人们越来越关注心理成长和情绪的调整，总结出了许多种情绪调适的方法，我们所列举的只是其中的一部分，应对不良情绪，我们还可以通过寻找和培养自己的重要他人，建立自己的社会支持系统等等方法来实现，必要时还可以向专业人士和专业机构求助。

四、大学生常见的情绪问题

大学生是一个特殊的群体，在这个特殊群体当中，也出现了几种表现较为突出的情绪问题，所以我们有必要分析一些多见的情绪问题及解决方法，以便于在日常生活中进行自我对照和自我调适。

（一）抑郁

抑郁是大学生经常体验到的一种情绪。简单地说，抑郁是指一段非特定时期的悲伤、苦闷的心境，这种心境持续的时间可长可短，既可以被具体事件引发，也可以自发形成，伴随着厌恶、羞愧、自卑、焦虑、罪恶感等消极的情绪体验。对大多数人来说，抑郁只是偶尔出现，会随着时间的推移而消失。但是如果长期具有抑郁心境，则会导致抑郁症。

大学生的抑郁情绪可以由多种精神因素引起，主要表现为较低的自我效能感，复杂的学校人际环境，缺乏温暖的家庭环境、不恰当的父母教养方式、过于封闭的自我和不合理的情绪归因以及其他有关的负面生活事件的影响，一般来说，性格内向、敏感、依赖性强、有过心理创伤体验的大学生最容易出现抑郁情绪。

大学生的抑郁情绪主要从以下几个方面表现出来：情绪低落，整天无精打采，对学习和生活丧失兴趣，对今后的生活没有信心，缺乏年轻人应有的朝气；思维迟缓，学习过程中不能集中精力，容易走神发呆，记忆力变差，容易遗忘，丢三落四，思考能力受到抑制；行为被动，做事情缺乏主动性，逃避集体活动，在人群中紧张不安，丧失人际交往的信心，体验不到生活的快乐；身体不适，常伴有入睡困难或嗜睡、饮食紊乱或没有胃口、体重骤减或骤增等生理症状。

美国心理学家艾利斯提出了对抗抑郁的合理情绪疗法，将这一疗法阐述为ABC理论，在ABC理论模式中，A是诱发事件，B是个体对这一事件的看法、解释和评价，C是产生的情绪及行为结果，将人们对于事件的态度视为引起情绪及行为反应的直接原因。根据这一理论，他认为人受到抑郁情绪的困扰是因为头脑中存在的不合理信念，即B中指出的看法或者态度。改变这些不合理信念就可以使人摆脱抑郁情绪的困扰。当然，在现实生活当中，我们还可以借助很多方法摆脱抑郁情绪的困扰，例如保持生活的规律性，寻找合适自己的心态调整方式，培养业余爱好，向老师、家长和亲友求助，合理设定学习目标等等，程度严重时也可以借助于药物和专业人员的咨询。

（二）焦虑

焦虑本身是一种正常的情绪状态，是人在面临不良处境时的一种紧张状态，可以视为人的一种行为内驱力和具有自我保护功能的适应性行为。适度的焦虑是正常的，可以成为推动个体行为的动力。作为一种情绪障碍而出现的焦虑，一般指的是过度焦虑而引发的失常情绪，伴随有紧张、不安、惧怕、愤怒、烦躁、压抑等情绪体验。

大学生焦虑过度会引发生理、心理、行为和认知等层面的症状，例如在生理上表现为自主神经功能失调，出现呼吸困难、出汗、心悸、发抖、口干、肌肉紧张等症状；在心理上表现为持续性的精神紧张、不安、担忧、恐惧；在行为上表现为容易急躁、过度敏感、逃避行为等状态，在认知上出现注意力分散、思维混乱、记忆力下降、头脑失控等不良反应。

引起大学生过度焦虑有多种原因，考试压力、激烈的人际竞争、对自己过高的期望值、生活环境适应困难、对自己体貌的过分关注都有可能产生过度焦虑。在行为规范中由于某些失当行为而引起的自责和罪恶感，例如考试作弊被抓、陷入情感纠纷、不良竞争等等，也容易引发焦虑。

美国学者沃尔帕创立的系统脱敏疗法是现在常用的对抗过度焦虑情绪的干预手段。系统脱敏疗法主要是通过一些手段，诱导焦虑者缓慢地暴露出导致焦虑的情境，然后通过心理放松训练来对抗焦虑情绪，从而达到消除焦虑的目的。对于大学生来说，如果焦虑的程度不是极为严重，可依靠自身科学地认知引起焦虑的原因，放松自己的情绪，将注意力从焦虑事件中转移出来。如果焦虑状况比较严重和持久，影响了正常的学习和生活适应，就需要及时寻求心理咨询师的帮助和治疗。

（三）自卑

自卑是一种消极的情感体验，是个体由于某种生理或心理缺陷或其他原因所导致的消极自我认知体验。这也是大学生常见的情绪问题，主要源于自我评价过低、自信心不足、担心他人轻视而给予内心的消极心理暗示，一般伴有悲观失望、自暴自弃等情绪。

大学生的自卑主要表现在：对自己的能力和品质评价过低，过分夸大自己的缺陷；对失败经验耿耿于怀难以自拔，怀疑自己的能力；对他人的评价过于敏感，自我封闭；逃避现实，放弃本来可以达到成功的努力等等。

导致大学生产生自卑情绪既有主观方面的原因，也有客观方面的原因。客观因素主要体现在大学生自身成长环境和文化背景、经济条件存在的差异，个人先天条件的缺陷，家庭环境的不良影响等等方面；主观因素主要体现在大学生理想自我和现实自我之间存在较大差距，自身的交际能力和环境适应能力较差，失恋或单相思等情感困扰等等方面。

要克服自卑感，首先要学会辩证地看待别人和自己的形象，欣然接受自己，不仅要看到他人的长处，也要看到自己的优势，根据自己的兴趣、爱好、能力来积极调整自己的发展目标，并为此努力，实现自己的价值；其次要正确地对待自卑情绪，分析产生自卑情绪的原因，然后通过积极客观的自我评价来消除自卑感；最后还要在此基础上懂得扬长补短，通过努力奋斗提高和发展自己，用知识和思想进行自我完善，做出一些成就来补偿自己自身的缺陷，建立和维护自己的自信和自尊。

（四）愤怒

愤怒是一种暂时性的情绪状态，产生于人的自尊心受挫、人格受侮辱、人身安全受威胁、不公正待遇、目的不能达到等等在外条件。愤怒情绪本身并没有积极和消极之分，适当的表达愤怒还会产生积极的效果，但是如果愤怒情绪表达不当则容易产生恶果。压抑愤怒会将不良情绪转移到自己身上，给自身情绪造成压力，无故迁怒于人会给他人造成压抑和伤害，这些都是应该避免的。

表达不当的愤怒是一种十分危险的情绪，一方面因为愤怒情绪容易引发心悸、失眠、高血压、胃溃疡和心脏病等疾患，另一方面这种情绪容易失控而导致程度不断加深，引起事态的恶化，最后造成不可收拾的局面。特别是对于大学生来说，易冲动的情绪特征更加剧了愤怒造成的危害。

现实生活中，有的大学生会因为几句口舌、一点不顺心的事，或出口伤人，或拳脚相加，肆意表达愤怒情绪，更有甚者还会丧失理智，导致伤人甚至犯罪，大学生中很多危机事件都是在怒气之下发生的。

对于愤怒情绪的调适，可以从以下几个方面进行，一是做好情绪觉察，这样可以留意自身的情绪变化，及时调整或抑制情绪，将愤怒情绪切断在源头；二是理智疏导情绪，遇到事情懂得沉着冷静、换位思考，用宽容大度的胸怀适当做出让步；三是恰当表达情绪，遇到事情时，先思考后行动，选择最好的方式来解决，换一种方式陈述自己的观点。

（五）妒忌

在心理学中认为，妒忌是人类的一种本能，是人们企图缩小和消除差距，恢复原有平衡，维持自身生存和发展的正常心理防御机制，妒忌之心人皆有之，轻微的妒忌可以使人有危机意识，促使人迎头赶上。但是，因为他人在某些方面优于自己，而产生带有忧虑、愤怒和怨恨体验的复杂情绪，并发展到伤害他人的行为，便是一种心理障碍表现。

大学生中不健康的妒忌情绪有几种主要的类型，一是妒忌他人在学业和个人成长中的优秀；二是妒忌他人在形象上的出众和个人素质上的专长；三是妒忌他人经济条件的优越；四是妒忌他人在人际交往中的受欢迎和恋爱的成功。表现为贬低他人、诋毁他人名誉、对他人表现出傲慢和敌意等等行为。不健康的妒忌会导致自己心态失衡，人际关系持续恶化、伤人伤己等后果，就像巴尔扎克所说的，“妒忌者会遭受比任何人都强烈的痛苦，自己的不幸和别人的幸福都会让他痛苦万分。”

面对妒忌，我们应该客观地认识和评价自我，增强自信；与他人正确比较，良性竞争；泰然对待生活中的得失荣辱，克服虚荣；调整自我价值的确认方式，提高能力。克服妒忌情绪并将其转化为推动成长的动力，保持良好的心态，让自己体验到学习和生活的快乐。

我们必须为自己的情绪负责，把情绪的控制权拿在自己的手上。不论现在处于什么境况之中，在心灵的最深处，我们都应当向着积极的方向发展，在健康、和谐、积极的氛围里，让心灵得以舒展、悦纳和提升，从而实现我们的成长愿景。

【自我探索】

1. 克服消极

（1）我的消极思想

写下自己所发现的消极思想，例如我什么事都做不好、我总是迟到、大家都看不起我、我很笨等等，想到什么就写什么。

（2）我的错误认识

写下导致你出现这些思想的错误认识，包括以偏概全、瞎猜疑等等。

（3）我的合理反驳

找一种更合理、更坦然的观点反驳错误的观点。例如在反驳“我很笨”时可以写“其实这只是我自己的看法，有些时候我反应也很快，更多时候我做事踏实认真”等。

2. 突破困境

尝试用正面语句代替所列出的负面语句，也就是用积极的想法去突破困境。

1. 这问题没法解决
2. 我有很大压力
3. 从来没有想过
4. 以前从来没有人做过
5. 以前试过都不成功
6. 我做不好这件事

【思考时间】

1. 通过本章的学习，你对情绪以及情绪管理有了哪些了解呢？
2. 你知道了哪些关于情绪的经典理论呢？
3. 你能够准确觉察自己的情绪吗？你计划怎样提高自己的情绪智商呢？
4. 你的情绪中有哪些消极的地方，你今后又将如何改变自己呢？

第六章

你为何与众不同——大学生人格发展及培养

人的鲜明的特征是他个人的东西，从来不曾有一个人和他一样，也永远不会再有这样一个人。

——高尔顿·奥尔波特

导　言

为什么有人虽然非常喜欢一件事情，却总是没有勇气去尝试，而让机会一次次错过；而有的人却总是能不失时机地争取到提升的机会？为什么有的人面对危机场面冷静沉着，而有的人却手足无措？为什么在同样的环境下，每个人的行为会相去甚远？

在人们的日常生活中，总是会遇到一些人、遇到一些事，无论它给我们带来的是喜悦还是忧伤、是痛苦还是欢乐，人们总是在为之寻求一种解释——为什么我会是这样？如果别人遇到这样的事情，又会怎样？而这种寻求解释的过程，正是人们进行内心世界的探索过程，它是自我成长的开端。

在本章中，我们将从人格心理学的角度和同学们共同探讨人格的倾向性和心理特征问题。通过人格理论的学习，同学们会从中找到人与人之间行为差异的理论解释，同时也为后续同学们进行自我探索、自我提升提供一些理论知识的铺垫。

本章主要包括人格的概念及主要成分、人格的成因及健康人格理论以及人格的自我培养与塑造等。

图 6-1　两个人的对话

第一节 人格概述

一、对人格的理解

（一）人格的词源

“人格”这一词汇不是心理学的专有名词，人们在法律、政治、道德、哲学、心理学等不同领域使用它，例如：“他出卖了自己的人格”，“他有着高尚的人格”。这说明人格这个词汇在不同的领域有着不同含义和属性。在不了解心理学对人格的科学定义之前，很多人对人格都有一个直觉的理解，本节我们所要探讨的是心理学对人格的研究。

心理学中的人格一词是由 personality 翻译过来的，而从词源上看，该词来源于拉丁文的 persona 一词。Persona 是古希腊演员所戴的面具。因为不同的面具代表不同的角色，不同的角色有着规定好的程式化的表演形体动作，所以观众一看演员所戴的面具，便知道他所扮演的是一个什么样的人，进而预测会有什么样的故事情节在这个角色身上展开，如京剧中的红脸必是忠义之士、白脸必是奸诈之人。由此可见，面具（persona）和人格之间是有内在联系的，面具代表着戏剧中的一类人、一种角色，那么人格就代表着现实生活中不同人的不同行为模式、不同行为倾向。心理学借用“面具”一词，并将其转意为“人

图 6-2　一台结构复杂的机器

格”，不仅包含了一个人根据社会文化习俗而做出的外在的行为表现（外在我），就如同舞台上角色所戴的面具，而且还包含着一个人没有显露出来的内隐特征（内在我）。“蕴蓄于中，形诸于外”恰恰说明了人格的表里统一性。

（二）人格的定义和性质

奥尔波特认为，人格是一个人的内心的心理生理系统的动态组织，它决定着人对环境顺应的独特的行为和思想。

人格是人的心理特性的总和，也是各种心理特性的一个相对稳定的组织结构，在不同的时间、不同的地点，它影响着一个人的思想、感情和行为，使他具有区别于他人的、独特的心理特性。

还有一点需要说明的是，人们通常所说的“个性”一词，从词源上讲，它和人格是同一概念。不过也有人认为，个性具有个别差异的含义，经常用于表明个体的独特性和个别性。而人格比个性的内涵和外延更为广泛。

二、人格的性质

综合以上的人格定义，我们认为可以从以下几方面对人格的性质加以理解：

首先，人格是独特的。没有任何两个人是完全一样的，因此也没有任何两个人对同一事物做出完全相同的反应。每个人的行为都由其独特的特性结构决定。这种独特的特性结构或组织在日常生活中就会表现为每个人自己的风格，这就是我们通常讲的核心人格，如哈姆雷特的优柔寡断、林黛玉的多愁善感，就体现了不同的人所具有的典型的人格品质。

当然，强调人格的独特性，并不排斥人格的共同性。从人格的形成过程看，人格是在社会文化的影响下形成，因此在某一文化、某一民族、某一阶层、某一群体的影响下，人格就具有一定的共同性，即人们所具有的相似的人格特征，如富有创造性的个体通常具有兴趣广泛、精力旺盛、判断独立、自主、直觉、自信、独立判断问题的能力等人格特征。

其次，人格是稳定的。俗话说：“江山易改，禀性难移”，这句话说明一个人的人格特点一旦形成，就相对稳定下来了，要想改变它并不是一件容易的事情。此外，人格的稳定还表现在不同时间、不同情景下人格表现的一致性。如一个性格活泼的学生，不仅在学生活动中表现出积极参与、大方热情，与陌生人在一起，他也能很快融入新的环境，而且毕业工作若干年后，他可能依然如此。此外，人格的稳定性还说明，人格特征是一个人经常表现出来的稳定的心理和行为特点，那些暂时、偶然表现出来的行为则不属于人格特征。例如，一个平时性情温和的人，偶然发了一次脾气，人们在描述他的人格时，不会说他脾气暴躁，而仍然认为他是个温和的人。

我们在强调人格的稳定性时，并不忽视人格的可变性。但人格的改变和行为的改变是不同的，行为的改变是浅层次的、表面的、外在的变化，人格的变化是深层次的、内在的改变。例如，一个具有焦虑特质的人，上学时表现为考试焦虑，考前忧心忡忡，考试时心神不定；工作时他往往对竞争和压力环境有焦虑反应，采取逃避的方式处理焦虑。虽然，在不同的时期、不同的情境下他焦虑的行为反应是不同的，但其内在的、易焦虑的特质是没有变的。如果他经过心理医生的脱敏治疗，彻底消除了焦虑特质，这才是真正一种在人格层面上一定程度的改变。

第三，人格是统一的。从人格的行为表现看，每一个体在人格的表现上都是各不相同的，甚至是千姿百态的，但是从人格的内部结构看，人格的各个成分都是处于一个统一的、相互依赖的关系中，进而构成了一个完整的系统。在这个系统中，人格的各个成分按照一定的内容和秩序、规则有机地结合在一起，从而具有内在的一致性，并受自我意识的调控。当一个人的人格结构各方面彼此和谐一致时，人们就会呈现出健康的人格特征，否则就会使人发生内在冲突，产生各种生活适应困难。例如，一个女中学生爱慕自己博学多才、时尚帅气的男老师，从情感层面来讲，她希望能更多地接近这位老师，但是认知层面上，她认为这是一种不纯洁的想法，因此在内心就产生了激烈的冲突，行为上则表现为故意躲避老师，甚至产生退学的念头。

第四，人格是具有功能性的。所谓的人格的功能性是指人格对一个人思维方向、问题解决、行为结果的具有影响力。例如，一些研究者在总结一系列研究后认为，同样聪明的儿童，由于人格不同，在遭遇挫折后解决问题的方式明显不同。控制定向的儿童倾向于将问题看做一种挑战，在遇到困难时他们更能采取坚持的态度，更加专注地思考问题，能对问题提出新的策略；而无助定向的儿童则倾向于自我中伤，产生消极情绪，怀疑自己的能力，变得厌烦，从事无关思维。因此，控制定向的儿童会出现“失败后的成功”结果，无助定向的儿童则会出现“失败后的失败”结果。因此，从这一角度而言，人格会起到决定命运的作用，人格的功能性强的人会把命运掌握在自己手中。

三、人格的主要成分

人格是一个复杂的结构系统，它包含着各种成分，主要是人格的心理倾向性和心理特征。前者表现为人的需求和动机，是个体进行各种活动的动力，它决定着人对现实的态度，决定着人对认识对象的趋向和选择；后者是人多种心理特点的独特组合，说明了心理面貌的个体差异。人格的心理特征包括能力、气质和性格。

（一）需要和动机

所谓需要，是有机体尚未满足的一种不平衡的内部状态，表现为有机体对内外部环境条件的一种欲求。如人饿了要吃饭、渴了要喝水、冷了要取暖、热了要避暑，还要生儿育女繁衍后代，等等。除了生理的需要，人还有社会的需要，如需要被尊重、被认可、被接纳等等，如果这些需要得不到满足，就会给机体带来不平衡的状态，从而引起机体内部的紧张。此时，需要就会以意向、愿望的形式指向某种对象，并激发起人的行为活动，需要便转化成为人的行为活动的动机。所以，动机是激发个体朝着一定的目标活动，并维持这种活动的一种内部动力。需要是动机

图 6-3 知道了人格的主要成分，就知道从哪些方面来了解自己和他人了

产生的基础，动机是行为产生和维持的内部动力。

默里认为，需要与人格的关系在于，需要是一种内部指导力量，它决定着人们如何寻找方法，对环境做出反应。他列出了人们的二十七种社会需要，认为这些需要构成了人类行为的动机，可以用不同的需要模式描绘出不同的人格。

他认为每个人都具有所有的需要，但各种需要的强度因人而异。需要有时也会相互融合，反映在同一行为中，如一个既有支配需要，又有养育需要的人，在关心他人的活动中，包含支配的念头。需要还可以是相长相消的，如一个成就需要很强的人，他的秩序需要和建构需要也会很强。此外，需要也可以是矛盾的，如一个青春期的学生，他对父母的管理一方面是逆反的，另一方面又是依赖的，这就是既有自律的需要又有依从的需要。

默里还强调了环境对于动机和行为的影响，并用环境压力这个概念来说明环境压力可以增强或者削弱动机。如看到他人获得荣誉，也会增强自己获得承认的动机。看到周围同学亲密无间，也会增强自己的依从需求。通常，人们会将能够激发个体行为动机的外部环境条件称为诱因。

表 6-1　默里所列的心理需要

主要类别	需要	代表性行为
志向	成就需要	克服障碍
	承认需要	叙述成绩
	显示需要	试图使别人震惊
	获得需要	得到东西
	保护需要	维修所有物
	秩序需要	使物品整洁有序
	保留需要	贮藏和积聚东西
	构建需要	建造某些东西
地位的防御	不受侵犯需要	保持心理距离
	藏拙需要	隐藏自己的残疾
	防御需要	解释或找借口
	抵抗需要	报复或反击
对权力的反应	支配需要	指导他人行为
	尊重需要	与他人合作，服从他人安排
	相似需要	模仿他人
	自律需要	抵抗权威
	对立需要	反对或对抗
	攻击需要	攻击或轻视他人
	自谦需要	道歉或忏悔
	回避责任需要	抑制招致责怪的冲动

续表

主要类别	需要	代表性行为
人际感情	依从需要	和他人在一起
	拒绝需要	怠慢他人
	养育需要	照顾他人
	受援需要	被别人帮助
	游玩需要	和他人一起娱乐消遣
交换信息	认知需要	向他人请教
	展示需要	向他人发布信息

在默里所列出的诸多人类需要当中，有一些是需要是受到高度重视，并得到心理学家的广泛研究，这里简单介绍几种。

1. 成就需要

成就需要就是人对成功的需要。研究表明，成就需要高和低的人，在与成就相联系的情境中有截然不同的表现。面对难度不同的任务，成就需要高的人喜欢选择难度中等的任务，而成就需要低的人要么选择非常容易的任务，要么选择非常难得的任务。与此相对应，成就需要高的人，无论能力如何，在选择职业目标时，喜欢那些既具有挑战性，又现实可行的目标。此外，在面对失败时，成就需要高的人更具坚持性。成就需要与实际工作表现，甚至与学校中的成绩相关。无疑，成就需要在与成就相联系的各种行为中起着重要的作用。

2. 权力需要

权力需要就是努力获得地位，渴望影响他人的需要。权力需要高的人倾向于寻求具有权威性和影响力的地位。他们如果在领导岗位上遇到困难，将会比权力需要低的人投入更多的精力；在交友方式上，他们会选择不是很出众、很著名的人交朋友，甚至希望他们“理想的妻子”更具有依赖性而不是独立性。在与人交往中，权力需要高的人表现出更多的主动、武断、控制的态度。他们倾向于使他们周围布满权力和支配的象征，行为处事使人感到威严。在收入相当的人当中，权力需要高的人喜欢购买显示声望、可以炫耀的物品。所有这些研究表明，权力需要高的人，注意控制他们留给别人的印象，他们力图提高自己的威信。只要有可能他们就要使自己成为别人心目中有权威和影响力的人。

3. 依从需要

依从需要是与其他人一起度过时光、花时间和他人共同交流、建立和维护社会关系的需要。研究发现，依从需要高的人，也有很多特点。例如，他们喜欢依照别人的意见办事，不希望别人认为他们有不同意见。他们也会很在意自己是否被他人接受、受到他人喜欢，为此他们更多地把时间用于与他人的交往活动。Meyer & Pepper 的一项研究表明，依从需要水平的一致程度在决定夫妻关系是否和谐愉快中起重要作用。也就是说，一对和谐的夫妻，他们的依从需要水平是彼此高度相关的，如果一个人的依从需要低，那他最好找一个依从需要也比较低的配偶，反之亦然。

4. 控制需要

控制需要就是获得和保持对所处环境的控制的需要，换言之，控制需要就是要获得一切尽在把握之中的控制感。

控制需要高的人，有一个最为显著的特点，那就是他们动机强烈、喜好竞争，背后隐藏着一股敌意，常有可能出现攻击行为。因为在他们看来，来自任何人、任何方面的挑战和竞争都是对自身控制感的威胁，为了获得和保持这种对环境的控制，他们的应激状态便很容易被唤醒，并使出浑身解数，投入到竞争状态中，直到打败对手，重新获得控制。他们也会表现出成就取向，但是和成就需要高的人不同的是，成就需要高的人可以从工作本身获得快乐，而控制需要高的人更多地是为了赢得竞争的胜利而去努力地投入工作的。

控制需要高的人的第二个显著特点是急躁和时间紧迫感。通常情况下，控制需要高的人对于丧失控制的危机感更为强烈，因而在处理问题时他们更容易表现得急躁。在他们看来，在较短的时间内完成任务甚至做更多的事，有助于保持控制。所以说，时间压力和急躁也都是出于控制需要。

前面我们介绍了一些关于需求和动机的理论观点，我们看到人格是多种需求和动机构成的系统。由于各种需求和动机的强度不同，如果其中的一种比较强烈，其他的需要则黯然失色，那么这种需要就会在行为中反映出来。所以我们说人在某一特定时间的行为一定程度上取决于需要动机的强度。而且，当一种需要得到满足，其他的需要就会强烈起来，这种需要的平衡就会发生改变，人就会从一种行为转向另一种行为。

同时，我们还应该看到，除了需求和动机之外，人的行为还有另外一个决定因素，那就是对某一行为的价值判断，即这种行为能够在多大程度上满足需要。例如，一个迫切希望找到工作的大学生，如果他认为参加招聘会并不能帮他找到理想的就业机会，那么他就不去参加，而是选择依靠朋友推荐工作，这就说明人们并不是毫无头脑地从事所有与需要相联系的行为，而是根据不同行为的价值进行选择。

所有这些因素，都决定了人的行为的复杂性，也是人在个性心理倾向性上的具体表现。

（二）能力、气质和性格

1. 能力

（1）能力的概念。能力是顺利有效地完成某种活动所必备的心理条件。能力不等同于知识和技能，知识是人类社会历史经验的总结和概括，技能是通过练习获得并巩固下来的、完成活动的动作方式和动作系统。能力是掌握知识技能的心理条件，它决定着掌握知识技能的方向、速度和巩固的程度和水平。没有能力，就无法掌握相应的知识和技能。如丧失听力的人，无法掌握音乐技能。但是掌握了相同知识和技能的人，也未必具有完全同等水平的能力。

（2）能力的分类。按照能力的结构，可以把能力分为一般能力和特殊能力。一般能力即通常所说的智力，也就是完成任何活动所必备的基本的心理条件。特殊能力是指从事某项专业活动所必需的，或者在专业活动中表现出来的能力。按能力所涉及的领域来说，可以分为认知能力、操作能力和社会交往能力。认知能力是获取知识所需要的心理条件；操作能力是肢体完成某种活动的能力，如体育项目、手工操作等；社会交往能力是从事社会活动的能力，如沟通能力、组织管理能力等。

(3) 能力的个体差异。每个人在能力上的表现是各不相同的，其差异表现在能力的发展水平、能力类型和能力发展的早晚等方面。从能力发展的水平看，以儿童智商为例，有高达140的超常儿童，也有低于70的弱智儿童，但绝大部分的儿童的智商分布在120～80之间。从能力的类型看，不同的人表现出不同的能力优势，如有的人记忆力强，有些人想象力丰富。

2. 气质

(1) 气质的定义。气质与人们平常所说的“脾气”、“禀性”、“性情”比较相似，指的是心理活动的动力特征。这些动力特征往往表现在一个人的情绪体验的强度、意志努力的程度、知觉的速度、思维的灵活度、注意力集中时间的长短、心理活动的指向性等方面。如有些人行为反应敏捷，有些人迟缓，有些人活泼好动，有些人安静稳重，有些人急躁冲动，有些人细腻深刻。

(2) 气质类型学说。约两千五百年前，古希腊哲学家希波克拉底最早提出了他的气质类型的学说，之后相继有其他学者提出了多种气质类型的学说，比较有影响的有以下几种：

①体液说。希波克拉底提出，人体内有四种液体，即血液、黏液、黄胆汁和黑胆汁。每种液体和一种气质类型相对应。血液对应于多血质，黏液对应于黏液质，黄胆汁对应于胆汁质，黑胆汁对应于抑郁质。一个人身体内哪种体液占的比例大，他就具有和这种体液相对应的气质类型。迄今为止，人们仍在沿用这种气质类型的划分方法，虽然希波克拉底的学说并未得到现代解剖学的证实，只是停留在朴素唯物主义的层面上。

②体型说。二十世纪20年代德国精神病医生克雷奇米尔根据自己的临床观察发现，病人所犯精神病类型与他的体型有关，躁狂抑郁症的患者多是矮胖型的，精神分裂症患者多是瘦弱或强壮型的，他认为正常人和精神病人之间只有量的区别，没有质的区别，可以根据一个人的体型特征来预见他的气质特点。之后，美国心理学家谢尔顿把体型分为内胚叶型（柔软、丰满、肥胖）、中胚叶型（肌肉发达、结实强壮）和外胚叶型（虚弱、瘦长）。他认为体型与气质之间有密切关系，内胚叶型的人图舒服、闲适、乐群；中胚叶型人好活动、自信、独立性强、爱冒险、不太谨慎；外胚叶型人爱思考、压抑、约束、好孤独。体型说试图从生理的因素说明气质的根源，但没有说明体型与气质之间的因果关系。

③血型说。血型说由日本的古川竹二提出，他认为A型血的人温和老实、消极保守、焦虑多疑、冷静但缺乏果断，富于情感；B型血的人积极进取、灵活好动、善于交际、多管闲事；O型血的人胆大好胜、自信、意志坚强、好支配人；AB型血的人外表像B型，内在像A型。实际上，血型不止这几种，而实际生活中血型相同、气质不同的，或者气质相同、血型不同的现象普遍存在，因此血型说并没有科学依据。

④激素说。美国心理学家伯曼把人分为四种内分泌腺的类型，即甲状腺型、垂体腺型、肾上腺型和性腺型，并认为甲状腺型的人精神饱满、意志坚强、感知灵敏；垂体腺型的人智慧聪颖；肾上腺型的人情绪容易激动；性腺型的人性别角色突出。虽然气质的某些特点与内分泌活动有关，但气质的直接生理基础主要是神经系统的特征，所以孤立地强调内分泌腺对人气质的决定作用是片面的。

(3) 高级神经活动类型与气质。巴甫洛夫认为，高级神经活动的兴奋和抑制过程有三个基本特性：强度、平衡性和灵活性。神经活动过程的强度是指神经细胞能接受刺激的强弱程度以及神经细胞持久工作的能力。神经过程的平衡性是指神经活动兴奋和抑制两种过程的力量是否均衡，有平衡和不平衡之分。神经活动过程的灵活性是指兴奋和抑制这两种过程相互转化的难易程度，有灵活和不灵活之分。

高级神经活动的两个过程和三个基本特性可以有不同的组合，这些组合就构成了动物和人的高级神经活动的四种类型（如表 6-2）。

表 6-2　高级神经活动类型及行为特点

神经过程的基本特性			高级神经活动类型	气质类型	行为特点
强度	平衡性	灵活性			
强	不平衡		兴奋型	胆汁质	攻击性强，易兴奋，不易约束，不可抑制
强	平衡	灵活	活泼型	多血质	活泼好动、反映灵活，好交际
强	平衡	不灵活	安静型	黏液质	安静、坚定、迟缓、有节制，不好交往
弱			抑郁型	抑郁质	胆小退缩、消极防御反应强

巴甫洛夫的高级神经活动类型学说只是较好地解释了气质的生理基础，并得到了广泛的认同。

（4）四种传统的气质类型的外在表现。苏联心理学家根据气质在感受性、耐受性、反应的敏捷性、可塑性、情绪兴奋性和外倾、内倾性等诸方面的特性，将传统的四种气质类型的外在表现归纳为：

胆汁质：其神经过程的特点是强且不平衡。胆汁质的人一般感受性低而耐受性高，他能忍受强的刺激，能坚持长时间的工作而不知疲倦，精力旺盛，行为外向，直爽热情，情绪兴奋性高，但心境变化剧烈，脾气暴躁，难以自我克制。

多血质：其神经过程的特点是强、平衡且灵活。多血质的人感受性低而耐受性高，活泼好动，言语行动敏捷，反应迅速；容易适应外界变化、容易接受新鲜事物，善交际；注意力分散、兴趣多变，情绪不稳定。

黏液质：其神经过程的特点是强、平衡且不灵活。黏液质的人感受性低而耐受性高，反应速度慢，情绪兴奋性低，情绪平稳，举止平和，行为内向，头脑清醒，做事有条不紊，踏实，循规蹈矩，注意力集中，不善言谈，交际适度。

抑郁质：其神经过程的特点是弱，且兴奋过程更弱。抑郁质的人感受性高而耐受性低，多疑多虑，内心体验深刻，行为极内向，敏感机智，胆小，情绪兴奋性低，爱独处，做事认真仔细，动作迟缓，防御反应明显。

需要说明的是，上述四种气质类型是典型的气质类型，现实生活中纯粹属于这四种典型气质类型中的某一种的人很少，大都是介于两种气质类型之间的中间型，或者是多种气质类型的混合型。

（5）如何看待气质类型。首先，气质是人的心理活动的动力特征，它不决定人的价值观，不决定人的个性倾向性的性质，它仅使人的个性带有一定的动力色彩。具有不同价值观、理想和信念的人，可能具有相同的气质特征；具有不同气质特征的人，可能具有相同的价值观、理想和信念。其次，气质类型没有好坏之分，每种气质类型都有其优缺点，无论哪种气质类型的人，都有可能在事业上取得成绩。例如多血质的人反应灵活、易接受新鲜事物，但情绪不稳定，精力易分散；胆汁质的人直率热情、精力旺盛，反应迅速有力，但脾气暴躁，易冲动，准确性差；黏液质的人安静稳重，但对周围事物反应冷淡，行动缓慢；抑郁质的人细心、认真，但多愁善感、反应迟缓。但是气质类型不决定人取得成就的大小，如我国数学家陈景润是抑郁质的，诗人郭沫若是多血质的，俄国的文学家普希金是胆汁质的，赫尔岑是黏液质的，可见各种气质类型的人都能够在一定的领域取得一定的成就。第三，气质影响人的活动效率，影响对环境的适应能力，因此不同气质类型的人适合不同的工作环境。不同气质类型的人的活动效率是有差异的，以记忆的效率为例，记忆大量的、无意义音节材料，神经系统强型的人比弱型的人效果好，而记忆大量的有意义的文章，弱型人比强型人好。从对环境的适应情况来看，多血质的人灵活，容易适应多变的环境，黏液质的人则通过忍耐来适应环境的多变。胆汁质的人急躁，缺乏耐心，遇到不顺利的环境容易产生攻击行为，造成不良后果。而抑郁质的人，过于敏感脆弱，容易感受挫折。第四，气质类型影响性格特征的形成。性格是在后天生活环境中形成的，它包含多种特征，不同气质特征的人在形成不同性格特征上难易度是不同的。如胆汁质的人容易形成勇敢、果断、坚毅的性格特征，而抑郁质的人形成这样的性格特征就比较难。抑郁质的人容易形成耐心细致的性格特征，而对于胆汁质的人就比较困难。

3. 性格

(1) 性格的定义。性格是个人对现实的稳定的态度和习惯化了的行为方式。性格不同于气质。性格受社会文化历史的影响，有明显的社会道德评价的意义，直接反映一个人的道德风貌。所以，气质更多地体现了人格的生物属性，而性格更多地体现了人格的社会属性。个体之间的人格差异的核心是性格差异。

(2) 性格的结构。对于每一个个体而言，都是诸多性格特征的独特组合，因此我们说，性格的结构是复杂的，那么我们怎样来分析和了解性格呢？我们可以把性格分解为几个组成部分来把握性格的静态结构，也可以通过性格不同侧面的内在联系把握性格的动态结构。

①性格的静态结构。

性格的认知特征：性格的认知特征是指人们在感知、记忆、想象和思维等认知过程中所表现出来的个体差异。例如，在感知方面表现出来的性格差异有被动感知型和主动观察型，被动感知型的人易受环境刺激影响、易受暗示，而主动观察型的人能够根据自己的兴趣和任务进行观察、独立思考；想象的差异表现在有的人富于幻想、有人现实感强；思维方面的差异表现在有人深思熟虑、看问题全面，有人缺乏主见，人云亦云。

性格的情绪特征：性格的情绪特征指的是人们在情绪活动中的强度、稳定性、持续性以及稳定心境等方面表现出来的个体差异。如有的人情绪活动非常强烈，难以控制，而有的人情绪体验微弱，总是能冷静地对待现实；有的人情绪容易波动，而有的人即便遇到重大事件，也很难看出情绪上大的变化；有的人心境经常是愉快的，而有的人心情总是压抑沉闷的。

性格的意志特征：性格的意志特征是个体对自己的行为自觉地进行调节的特征。良好的意志特征是有远大理想、行动有计划、独立自主、果断、勇敢、坚忍不拔、有毅力、自制力强。不良的意志特征是短视、盲目、优柔寡断、放任或固执等。

性格的态度特征：是个体在处理社会各方面关系的特征，即他以怎样的态度对待社会、集体、他人和自己，对待工作、学习、劳动等。对待社会、他人和自己的态度特征如：正义感、诚实、狡诈、虚伪、自信、自负、自卑。对待工作、学习和劳动的态度特征如：勤奋、懒惰、认真、马虎、创新、守旧、勤俭、奢侈等。

②性格的动态结构。所谓性格的动态结构指的是上述性格的几方面静态特征彼此联系又相互制约而构成的一个动态发展的整体。性格的动态特征表现在以下方面：

首先，各种性格特征之间有着一定的内在联系。例如一个果断、有坚持性的人，往往也是一个有独立的判断能力和明确目标的人，这样的人很难做出盲从的举动，而有更多成为某一团体的领导者的可能。各种性格特征之间的内在联系性说明了，人们可以根据某人的一种主导性格特征来推知他的其余性格特征。性格的意志特征和态度特征在性格机构中处于核心地位，它们往往决定着一个人其他方面的性格特征。

第二，一个人在不同的场合，会表现出不同的性格侧面。例如，在中国民族歌剧《江姐》中，江姐在面对敌人的严刑拷打时，表现出了坚贞不屈的一面，而在绣红旗的一幕中，又表现出了她对共产党的无限热爱和对亲人的似水柔情。在不同的情境下，性格以不同的侧面表现出来，这不仅说明一个人的性格特征的多样性和复杂性，同时也说明了，对于每一个具体的人，他所拥有的所有的性格特征都是有机地联系在一起的，并统一在同一个体的性格结构中。

第三，性格是可以改变和塑造的。虽然性格具有相对的稳定性，但生活环境的变化以及个人的主观努力，都可以使性格发生改变。例如，电视剧《士兵突击》中的主角许三多在父亲的棍棒教育下，是个怯懦的、缺乏自信的小伙子，但经过几年军营中的锻炼，成长为一名有坚强意志力的、执著向前的军人。一般来讲，儿童性格的改变，更容易受环境的影响，而成年人的性格更深刻、更稳定，因此受环境影响的程度要小一些。因此，成年人性格的改变更多地需要自身的主观努力，有意识的自我调节来改变自己的态度和行为习惯。

(3) 性格的类型。性格类型就是根据某种标准，将一类人身上所共有的性格特征进行归类而得到的独特的性格特征的组合。由于归类的原则和标准不同，心理学家把性格划分为不同的类型，其中最具代表性的有以下几种。

①理智型、情绪性和意志型性格。英国心理学家 Bain 和法国心理学家 Ribot 依据智力、情绪、意志三种心理机能哪一种在性格中占优势将性格分为理智型、情绪型、意志型。理智型长于抽象的逻辑思维，往往依据理性思考来支配自己的行为；情绪型长于感性描述，做事情容易感情用事；意志型则目标明确、行为主动、坚忍不拔。

②优越型和自卑型性格。奥地利心理学家 Adler 根据个性竞争性的不同，将性格分为优越型和自卑型。优越型性格的人好胜心强，不甘落后；自卑型性格的人甘愿退让，不与别人竞争，有自卑感。

③A 型性格和 B 型性格。Friedman 和 Rosenman 根据人们在控制需要方面的高低将性格分为 A 型性格和 B 型性格。A 型性格的人有强烈的控制需求，他们的特点是动机强烈、喜好竞争，有强烈的时间紧迫感，容易表现出不耐烦。B 型性格的人则表现为没有强烈的时间紧迫感，悠然自得，不爱争强好胜、有耐性，能容忍。

④内倾型和外倾型及荣格的八种人格类型说。瑞士心理学家荣格认为，在与外界联系

中有两种主要的态度，一种指向个人内部的主观世界，称为内倾；另一种指向外部环境，称为外倾。内倾者喜好安静、爱思考、富于幻想、善于探索、社交上表现为退缩；外倾者外露、积极、关注外部世界。

除了一般倾向外，荣格又进一步区分出四种心理机能，思维、情感、感觉和直觉，来考察人是怎样感知和认识世界的。他认为，每个人都采用其中一种作为主导形态。如果是感觉占主导地位，则会凭感官接收到的刺激去衡量世界，重现实；如果直觉占主导地位，则会较多依赖自己的预感和潜意识过程来认识世界；如果思维型占主导地位，则会凭借思想去了解和适应社会；如果是情感型占主导地位，就会以感情和情绪为基础衡量一切，从主观印象出发对信息做出解释。以上的两种态度和四种机能组合之后，就形成了荣格的八种人格类型说。

表 6-3　荣格的八种人格类型说

	态度	
机能	外倾	内倾
思维	集中于了解外部世界，现实、客观的思考者；对事实感兴趣；有时看起来冷酷，适合做科学家，善于应用逻辑和规则	对了解自己的想法感兴趣，固执、不易接近，对外部世界不关注
情感	情绪化、反复无常，易适应群体规范，喜欢追赶时尚潮流，有时情绪高涨，能在新情境中迅速转变情绪	有深刻的内心情感体验，但不外露，不善言谈和表现
感觉	对外部世界的经历感兴趣，喜欢感官刺激，沉迷于快感寻求，喜欢及时行乐的生活	对自己的思想和内在的感觉更感兴趣，喜欢通过艺术形式表达自己
直觉	对外部世界感兴趣，不断寻求新的挑战，有不稳定和轻浮倾向，容易对工作和与人的关系感到厌倦	富于幻想，喜欢标新立异，但不能形成深刻的思想，由于不了解现实和社会常规，往往不能把自己的想法付诸实践

总的来讲，人格表现为一个人总的精神面貌，而其内部则有一个复杂的组织结构。无论同学们是要进行自我探索，深入地了解自己，还是希望对周围其他人的人格特性进行了解，都需要从人格的主要成分去把握。而关于需求、动机、能力、气质、性格相关心理学知识的介绍就是同学们探寻心理世界的一幅导航图，大家可以以此为线索循径而上，以便今后更准确、更深入地了解自己和他人，并提高与他人交流和交往的能力。

【心理探索】

测测你自己

1. 需求倾向测验

请看下面这幅图，请你编出一个故事，描述一下图片表现的情境。请拿纸和笔，把你编的故事写下来，希望你的故事至少能回答以下四个问题（但不限于这些问题）。①这些人刚刚发生过什么事情？②他们之间有什么关系？③他们现在在想什么，有什么感觉？④这个情景的结果将会怎样？请你不必匆忙，尽量把故事编得长一些、具体些。

说明：对回答的评分比较复杂，我们这里只做简略评分。检查一下你写的故事中发生的是何种事件，代表的是什么主题和想象。如果事件中包含有长期目标、克服障碍，为达到目的而努力的内容，并对此表现出积极的态度，则反映出这个人具有很强的成就动机。如果有规则并和其他人在一起，或强调人际关系的事件和想象，则反映这个人有依从动机。如果故事中包含一个人控制另外人的内容，则反映这个人的支配和权力动机。故事代表的各种主题可分别加以记分，因而可以用来测量许多不同的动机。可参照表6-1，看看你都有哪几种动机。

2. A型性格的测量

这个测验问及一些有关日常生活的问题，答案可因人而异，请选出适合你的答案，并圈起来。

①你是否连找时间理发也觉得困难？

a. 没有　　b. 有时　　c. 几乎常常

②你平常的工作积极性如何？

a. 较他人低　　b. 普通　　c. 较他人高

③大部分人认为你

a. 肯定是做事情拼命，具进取心　　b. 大概是做事情拼命，具进取心

c. 大概是做事轻松，随和无所谓的　　d. 肯定是做事轻松，随和无所谓的

④当你在听别人说话，而这个人很久才说正题，你是不是常想要催促他？

a. 常常　　b. 间或　　c. 几乎从不

⑤你熟识的朋友是否认为你易于发怒？

a. 肯定是　　b. 大概是　　c. 大概不是　　d. 肯定不是

⑥你是否常把工作带回家在晚上做，或阅读与工作有关的资料

a. 极少或从不　　b. 一周一次或更少　　c. 一周多过一次

⑦工作时你有没有周旋于两件事之间，而使两件得以同时进行？

a. 从不　　b. 有，但只在紧急时　　c. 有，经常地

⑧熟识你的人是否认为你做事太认真？

a. 肯定是　　b. 大概是　　c. 大概不是　　d. 肯定不是

⑨与一般同事比较，以所付出的努力而言，我付出

a. 更多的努力　　b. 较多的努力　　c. 较少的努力　　d. 更少的努力

上述问卷用来测量A型性格（A型行为）。1、4、5题用来测量A型人的时间紧迫感和急躁的特点，2、6、7题用来测量工作参与程度，3、8、9题用来测量动机强烈，具有竞争性的特点。这里，我们只做粗略的评分。

1、2、6、7题答a得1分，b的2分，c得3分，d得4分；3、4、5、8、9题答a得4分，b的3分，c得2分，d得1分。把各题的分数加起来，分数越高，就越可能是A型性格的人，分数越低则越可能是B型性格的人。

第二节　人格成因、人格理论与健康人格塑造

一、人格的成因

前面，我们探讨了个体之间的人格差异。为了更进一步地了解人格，自然还要进一步分析人格的成因——究竟是什么影响着人格的形成和发展？综合目前心理学界关于人格研究的成果，总的来讲，人格的形成和发展是遗传、家庭、学校和社会文化交互作用的结果。

（一）遗传和生理因素

关于遗传对人格的形成和发展所产生的影响一直是心理学家关注的问题。例如，英国人类学家高尔顿搜集了三十个音乐家庭的资料，他发现艺术家庭中有64%的子女具有艺术才能，而他另外收集的一百五十个一般家庭的资料显示，只有21%的子女有艺术才能。

除了对遗传因素的研究，脑科学的研究也为探讨生理因素对人格的影响提供了科学依据。例如，心理学家基恩·约翰斯发现，有些人生来具有一种“寻求刺激”的基因，这种基因能使人经常保持强兴奋状态，因而这种人往往表现出与众不同的外向、创造性和追求探新的人格特性。而布鲁纳等人发现，许多男性有规律的暴力冲动行为往往与单胺类氧化酶A的基因发生了简单突变有关。也有病例表明，脑组织的损伤会导致人格的改变。此外，中医研究发现，肝火旺盛的人，多表现为脾气焦躁、攻击性强，而肺部功能弱的人则往往多愁善感、思虑过度。

从上述研究结果不难看出，身体与心理、生理与人格之间存在着密切的内部相关性，遗传和生理因素是人格形成和发展的生理基础和条件。

（二）家庭及早期经验

家庭是影响人格形成的又一个重要因素，作为社会细胞的家庭，它对人格的影响作用是通过父母不同的教养方式来实现的。换言之，不同的家庭、不同的父母，构建了不同的家庭环境，形成了不同的家庭成员的互动方式，从而对子女人格的形成发生作用。研究表明，父母的人格特征和教养方式都将影响到孩子人格的形成。

从父母的人格特征来看，通常研究者把父母的人格特征分为三类，权威型的父母对子女过于支配，孩子的一切由父母控制，这样的父母会使孩子形成消极、被动、依赖、服

从、懦弱的特点；放纵型的父母对孩子过于溺爱，让孩子随心所欲，父母对孩子的教育甚至达到失控状态，这样会使孩子形成任性、幼稚、自私、野蛮、无礼、独立性差、唯我独尊和蛮横无理的特点；民主型的父母与孩子在家庭中处于一个平等和谐的氛围中，父母尊重孩子，给孩子一定的自主权，并给孩子积极正确的指导，这样会使孩子形成自立、富于合作、思想活跃等积极的人格品质。

从父母的教养方式看，贝克从对子女的情感和对子女的行为控制两个维度，将其分为四极，即温暖——敌意和限制——放任，四极的不同组合构成了四种不同的教养方式，在不同的教养方式影响下，就会形成孩子不同的人格特征（如表 6-4）

表 6-4　不同教养方式对子女人格形成的影响

	限制	放任
温暖	顺从、依赖、有礼貌、整洁、少攻击、守规矩、缺乏创作力	外向、富于创造力、进取、不守规矩、少自我攻击、独立、友善
敌意	害羞、畏缩、较多的自我攻击、“神经性”问题	少年犯罪、不顺从、极端攻击

此外，心理学家们还非常重视儿童成长的早期经验对其人格以及成年后生活的影响。研究表明，早期被剥夺母亲照顾或者被父母忽视、虐待的孩子，会形成胆小、退缩、敌对、攻击等人格特点，进而影响他们一生的顺利发展，出现情绪障碍和社会适应不良等问题。但有些心理学家认为，儿童的早期经验对人格的影响不是永久性的，对于正常人来讲，随着年龄的增长，心理的成熟，成人的影响会逐渐缩小、减弱。

总之，家庭对人格的形成有着强大的影响力，父母在教养孩子的过程中，表现出了自己的人格特征，并有意无意地影响和塑造者孩子的人格，恰当的教养方式有利于孩子良好人格特征的形成，因此有人把家庭比喻为“人类性格的工厂”。

（三）学校

就人格的发展而言，学校为学生提供了由一个自然人向社会人成长的环境。学校对学生人格发展的影响主要来源于两个方面，一是教师的管理风格，二是学生所在的群体组织。

教师的言传身教对于学生的人格发展起着典范作用。教师通过在教学和班级管理中所表现出来的教学风格、管理风格及其自身的人格魅力，为学生营造了独特的班级氛围，在不同的班级氛围中，学生就会有不同的行为表现。

同时，群体对于学生人格的发展也起着巨大的作用。班集体就像一个小型的社会，在这个小社会中，学生要去体会集体的规范、评价标准，要去实习待人接物的礼仪规则，要去尝试如何做一个统领者、服从者、合作者和互助者，明白如何做才能被集体所接受，并为之而付出努力。

因此，一个学校的校风、班风和学风直接影响着学生价值观、处世态度和行为方式的形成和发展。

（四）社会文化

社会文化对人格的影响力是潜移默化的，它的作用在于使社会成员的人格特征朝着相似性的方向发展，进而使社会更具稳定性。

社会文化对社会成员人格的影响力在一定程度上取决于社会文化自身的特点，如果社会文化的同化力强、对社会顺应的要求严格，那么这种文化的影响力就越大。比如，相比于美国文化，中国文化的更加强调集体主义，而美国文化更加提倡个性化。因此，美国人更开放、直截了当和乐观，而中国人做事情更注重“社会取向”，强调“面子”和“一团和气”。

因此，人格的形成和发展是来自于家族遗传、生理、家庭、学校、社会文化等多种因素共同作用的结果，是一个人生命历程的记录，任何生活中的重大事件都将在人的心里刻下深深的烙印，并在他的人格中表现出来。

人的成长环境不同、经历不同，人格特征也就不同，世界上不存在两个人格特征完全一样的人，同样，也不存在人格完美无缺的人，任何人都是在挫折、失败、痛苦和迷茫中成长起来的，而不断进行自我完善恰恰是每个人需要花费毕生精力去完成的任务。因此，从人格塑造的意义上讲，一个人成长的过程，就是不断发现自我、探索自我、完善自我的过程，就是积极促进心理健康的过程，就是追求人生幸福的过程。

二、人格理论

迄今为止，已经有诸多心理学家从不同角度对人格问题展开了深入的研究，并做出了不同的回答，形成了不同的理论学派。而且每个学派都查明和验证了人格的某些重要方面，每个学派都有自己的代表人物和理论框架。这些学派主要包括：精神分析学派、特质学派、行为主义学派、存在—人本主义学派、认知学派等。这里，我们仅选取其中部分学派的理论做重点、简要、概括的介绍，以便帮助同学在自我探索的道路上找到更多的理论上的指导。对人格研究感兴趣的同学，还可以此为基础涉猎更多的相关知识。

（一）人格的心理动力学理论

弗洛伊德是精神分析学派的创始人和代表人物，他把人看作是一个受生物本能和非理性因素所支配的能量系统，有着能量释放的需要，从而达到欲望的满足，实现内在能量的平衡。而人的本能需要与社会之间存在不可调和的矛盾。因此，在这一理论观点下，健康的人格就是能够在内外环境适应过程中，达成自身需要的满足，社会适应性是健康的核心。

图 6-4　弗洛伊德的心理冰山模型

下面，我们就弗洛伊德的精神分析理论体系中的分域论、人格结构论做简要介绍。

1. 分域论

分域论系借用地理学名词“分域”，认为人类的精神世界是由意识、前意识、潜意识三个层面构成。意识是指人对现实的觉知以及被觉知到的内容。前意识指没有浮现出意识表面的心理现象，但在某种条件下却可以成为意识部分的心理内容。前意识处于心理构成的中间部分。潜意识是指深藏于内心的各种先天的本能和被压抑的心理活动以及一些由创伤事件造成的被压抑的情感和欲望，它通常不被认识主体所觉察，因而又称为无意识。

在弗洛伊德看来，意识仅仅是人的整个精神世界中最表层的一部分，只代表人格的外表方面。潜意识才是人的精神主体，成为心理的深层基础和人类活动的内驱力，它支配着人的行动，而个体对潜意识是一无所知的，人只有在精神分析的帮助下才能发现自己的潜意识。这就犹如海面上漂浮的冰山，人们能够感知的意识只是水面上冰山的一角，那些随着海水的起伏时隐时现的部分是前意识，而永远隐没于水面之下的巨大部分，虽然人们看不到，却是冰山的主体，这恰恰就是人的精神的主宰——潜意识。

前意识和意识之间不存在难以逾越的鸿沟，只要是通过努力的回忆或者别人的提示，前意识就可以上升到意识中去。而潜意识内容上升到意识层面，并不是一件简单的事情。由于潜意识里聚集着大量未得到满足的本能欲望，而这些本能欲望又是被意识所禁止的，因而这些本能的欲望平时便被聚集在潜意识层面，只有经过改装后方可进入意识层面。人的内心冲突便由此而产生。

6－1

新郎的失误

有这样一个案例，一个新郎在驱车前往婚礼教堂的路上，错把绿灯看成红灯，这让他感到惊慌失措。为什么新郎会把绿灯看成红灯呢？这仅仅是一个简单的失误吗？美国精神分析家 Brenner 认为，这种行为表明，新郎对是否结婚犹豫不决，失误是在潜意识的作用下引发出来的。换言之，潜意识里，他可能并不想结婚，但这种想法是不能被意识所接受的，于是这种潜意识中的想法便以看错交通信号的方式表现了出来。

弗洛伊德的潜意识学说对人类逐步提高自我认识的能力有着很重要的意义，它让人们认识到在人的内心世界中，还有一个很大的领域没有被人们所觉察，而正是这个部分支配着人的行为。因此，认识潜意识是自我探索、把握命运的起点。此后，弗洛伊德又在潜意识理论的基础上构建了人格结构理论。

2. 人格结构理论

弗洛伊德将人格结构划分为三个部分：自我、本我和超我。这三者之间有着各自的功能、性质、活动原则、动力结构，且三者彼此联系、相互制约。

本我（id）是人格中原始的、与生俱来的、非理性的部分，它的内容是力求发泄的本能冲动（性本能和攻击本能），而这些冲动构成了人的基本的心理能量，弗洛伊德称之为驱力（力比多）。本我中不存在善恶、价值观、道德观，它遵循的是快乐原则，以非理性的方式发动冲动、寻求表达和直接满足，而不考虑是否现实可行，是否可以被社会所接受。本我处于人的心理中潜意识层面。日常生活中当那些不顾及他人感受、易冲动、易因小事与他人发生冲突，还有那些富有想象力、创造力的人，都是本我比较强大的人。

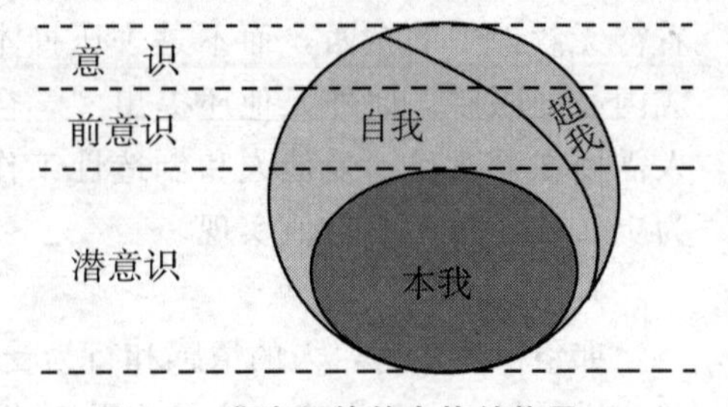

图 6-5　弗洛伊德的人格结构图

自我（ego）是人格中有组织的、合理的、现实取向的部分，自我是在个体与现实世界交互作用中发展起来的。当本我的冲动与实现本我愿望

图 6-6　自我、本我、和超我

的客观环境发生冲突时，自我便根据现实原则来解除个体的紧张状态，以恰当的、能被外界环境所接受的方式满足其欲望。因此自我是本我与外界关系的调节者，它的作用在于一方面感受本我的需要，另一方面应付外界的现实，并在超我的监督下，防止本我草率行事，并以合理的方式满足需要。自我的大部分是处于意识和前意识水平，但也可以在潜意识层面发挥作用。日常生活中那些能以建设性方式处理问题的人，注意调节个人需要和社会需要之间关系的人以及那些能够有效处理人际关系的人，通常都是有较强自我的人。

超我（superego）是道德化了的自我，它代表人的心理中道德和伦理的一面，是人格中良心和自我理想的部分。超我的作用就在于以一种外在规范和权威严格控制人，它试图抑制被社会谴责的本我冲动，迫使自我从道德，而不是从理性出发采取行动，试图使人的思想、言行都达到绝对完美。显然，超我遵循道德原则，在三个意识水平上起作用。生活中的完美主义者、苛求自己和他人的人、总是被“应该”和“必须”紧紧束缚着的人、循规蹈矩、严于律己的人，通常都是超我比较强大的人。

3. 自我力量与弗洛伊德的健康人格观

从前面的叙述可以看到，自我必须同时顾及到本我的需要、超我的道德约束和现实的条件限制，自我不得不寻找途径，以社会接受的现实方式来满足本我的需求，释放心理能量所带来的紧张。要很好地协调本我、超我和现实之间的冲突，对于自我来讲是一件相当困难的事情，一旦协调不好，来自三方面的压力就会让个体产生痛苦的内心感受。

自我力量这一概念就是用来表示自我有效应付各种相互冲突的能力。自我力量低的人，将会在激烈的内心冲突中惶惶不可终日，甚至导致精神的崩溃。而自我力量强的人，面临压力可以妥善应对、泰然处之。

一个自我力量过强的人会极端理性化、固执己见，令人厌烦。而一个超我过强的人会时刻有内疚体验，并以令人难以忍受的“圣洁”方式待人处事。本我过强的人，则会只顾自己满足，根本不考虑其他人的利益。弗洛伊德认为，最健康的人应是人格中的三个部分之间保持平衡。而要保持平衡，就要能够正视自己的本我，尽可能用理性的眼光或意识去看待无意识中的东西，而不是去压抑本能的愿望和冲动，并学会用社会能够接受的方式达成内心的愿望。此外，他还提出“学会爱和创造性地工作”是释放心理能量的良好途径，人需要在爱自己、爱他人和创造性工作中去体验更高层次的满足，将狭隘的本能冲动升华为更具社会意义的价值实现。

4. 潜意识与人格测量

弗洛伊德认为，人的情感和行为受潜意识支配，只有通过潜意识才能洞悉人格，因此依照这样的观点，对人格的测量着眼于获得进入潜意识的途径。那么，如何捕捉人的潜意识内容呢？在日常生活中，我们可以通过遗忘、口误、笔误等事件洞察人的真正动机。精神分析理论认为，遗忘是一种成功的压抑，是企图把某些威胁事件排斥在意识之外。而口误、笔误则是不太成功的压抑，即由于疏忽而把企图把压抑到潜意识中去的想法和愿望流露出来。此外，弗洛伊德把梦看做是人类精神生活的延伸，通过解梦能够了解隐藏着的潜意识内容。

6—2

口误

李经理工作非常忙碌，他很厌烦公司召开的冗长的工作例会，但根据安排，他还要去主持会议。当他步入会场，开始主持会议的时候，他说："各位先生，我宣布会议现在结束"，引起了哄堂大笑。会议一开始，李经理就致了闭幕词，这表明了他对希望会议快些结束的想法的压抑的失败。

测量人的潜意识过程的另外一个方法就是投射技术。投射技术就是让人们针对含糊不清的刺激，依据自身的情感、态度、需求来对刺激进行解释，这样人们就把自身的情感投射到了对所看到东西的理解中，因而反映了潜意识。常用的投射测验有罗夏墨迹测验和主题统觉测验等。

（二）人格特质理论

如果我们说某人开朗、合群，某人孤僻、喜欢独处，实际上是在假定每个人都有某种行为倾向性，且当知道这个人有什么行为倾向性后，就可以依次判断他将来会有什么表现。这就是特质理论的主要观点。

最早从事人格特质理论研究的是美国的心理学家高登·奥尔波特，此外英国心理学家卡特尔和德国心理学家艾森克在人格特质理论研究方面也取得了显著的成就。与精神分析的人格学者相比，特质理论研究更注重研究的实证性，并促进了人格测评工具的产生。

1. 奥尔波特的特质理论

（1）奥尔波特对特质的分类。奥尔波特认为，特质是人格的结构单元。他认为特质是一种潜在的反映倾向，这种倾向能使人在不同的刺激中产生相同的反应。例如，一个有焦虑特质的人，不仅在考试的时候产生心跳加速、手心出汗、肌肉颤抖的反应，而且在公众演讲、走夜路的时候都会出现上述反应。

奥尔波特首先提出了两种特质——个人特质和共同特质。共同特质是指许多人所共有的特质，换言之，同一文化背景下的人会有相同的共同特质。共同特质受社会、环境和文化的影响。

之后他把个人特质改称为个人倾向，并根据特质表现的优势和普遍性把个人倾向区分为首要倾向、中心倾向和次要倾向。

首要倾向是一种占绝对优势的行为倾向，这种倾向的渗透性极强，几乎所有的行为均受此倾向的影响，但并不是每个人都有这种主宰性的倾向，只能从少数人身上看到这种倾向。例如在中国的四大名著中，我们可以看到孙悟空的"反叛"、关羽的"忠义"、王熙凤的"泼辣"。

中心倾向是指人所具备的能够代表其人格特征的少数几个主要的特质。如果我们对一个比较熟悉的人。用几个词汇来描述他的人格特点时，那么列举出来的词语通常就是他的中心倾向。

次要倾向是指那些最不显著的特点，这种特点在有限的情况下发挥作用，它的影响比中心倾向弱。

(2) 奥尔波特的健康人格观。奥尔波特是第一个研究成熟的、正常的成人的人格理论家，他反对把人看做是被无意识本能冲动所驱遣的动物，他认为人能够主动选择自己的生活道路，他认为健康的、成熟的成年人应具备以下标准：

①成熟意味着脱离原来以自我为中心的，以满足基本需要为中心的生活，健康成熟的人要有自我扩展的能力。

②成熟的人能与他人建立温暖的关系，尊重特殊需要，对人富有同情心，能忍耐或接纳与自己价值和信仰不同的人。

③成熟的人能够接纳自己，情绪安定，有较高的挫折耐受力，并能采取建设性措施去积极处理所遇到的问题。

④成熟的人具有客观感知现实的能力，不歪曲事物以迎合自己的知觉，是以问题为中心，而不是以自我为中心。

⑤健康成熟的人能够客观认识自我，洞察自己的优势和不足，正确看待自己的过错。

⑥健康成熟的人具有统一整合的人生观，他们有清晰的自我意象和行为准则，具有统一的生活哲学，指导人格朝向未来的目标。

2. 卡特尔的特质因素论

卡特尔认为特质是形成人格结构的要素，特质是由行为推论而来的心志结构，它使得个体在不同的情境中表现出前后一致的作为。在人格研究的过程中，卡特尔使用因素分析技术，在继承了奥尔波特的特质分类的基础上，提出了他的心理元素周期表。

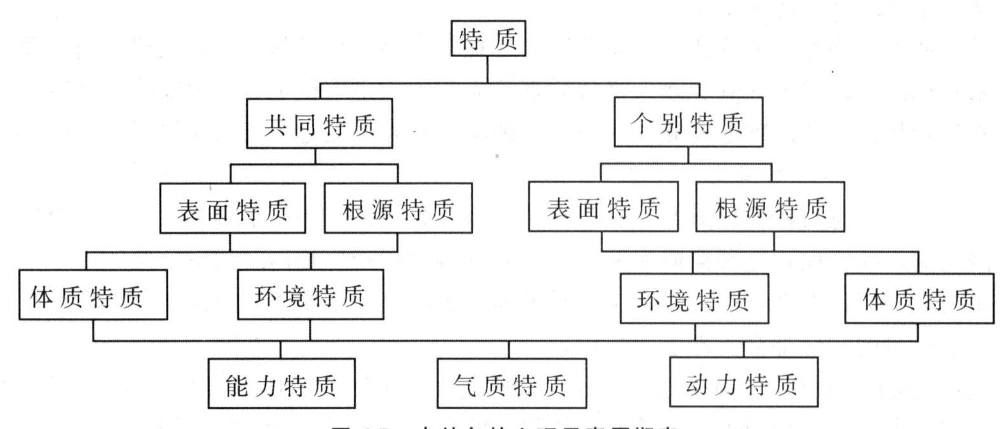

图 6-7 卡特尔的心理元素周期表

(1) 个别特质和共同特质。卡特尔继承了奥尔比特的观点，认为存在共同特质和个别特质之分，共同特质是某一群体成员共有的特征，而个别特质是个体所具有的独特特征。

(2) 表面特质和根源特质。表面特质是彼此关联的可以观察到的特质，根源特质是行为内在的根源，它支配个体的一贯行为。一个根源特质能影响几个表面特质，而一个表面特质可以由一个或几个根源特质所引起。进而，卡特尔概括出了16种根源特质，并根据这16个根源特质设计了著名的16种人格问卷（16PF, Sixteen Personalility Factor questionnaire)。

(3) 体质特质和环境特质。在根源特质中，由遗传的、身体内部条件构成的特质叫做体质特质，而来源于环境与后天经验的特质叫环境特质。卡特尔将特质中的体质因素和环境因素分开，为行为遗传学的产生奠定了基础。

（4）能力特质、气质特质和动力特质。在根源特质中决定着人如何有效地完成预定目标的特质叫能力特质；决定着一个人对情境做出反应的速度、能量和情绪的特质叫气质特质；决定着趋向于某一种风格的行为动力就是动力特质。

表 6-5　卡特尔 16PF 人格问卷中的 16 种主要因素

因素	高分者的特点	低分者的特点
A 乐群性	外向、热情、与人合作能力强	缄默、孤独、冷漠、喜欢独自工作
B 聪慧性	聪明、富有才识、善于抽象思考	迟钝、学识浅薄、抽象思考能力弱
C 稳定性	情绪稳定而成熟、能面对现实、能沉着应对各种问题、行动充满魄力	情绪激动、易生烦恼、易受环境支配而心神动摇不定、常会烦躁不安
E 恃强性	好强、固执、独立积极	谦逊、顺从、通融、恭顺
F 兴奋性	轻松兴奋、随遇而安	严肃、审慎、冷静、寡言
G 有恒性	有恒负责、做事尽职、有始有终	苟且敷衍、不顾规则、缺乏较高的目标和理想和社会责任感
H 敢为性	冒险敢为、少有顾虑	畏怯退宿、缺乏自信、易羞怯自卑
I 敏感性	敏感、感情用事、易受感动、爱好艺术、沉于幻想，有时不务实，缺乏耐性和恒心	理智、着重现实，通常以客观、坚强、独立的态度处理当前问题，有时显得冷酷无情
L 怀疑性	忧虑、多疑，固执己见	信赖、随和、易与人相处
M 幻想性	好幻想、狂放不羁，以自身的主观因素作为行为的出发点	现实、合乎成规、通常先考虑现实条件而后决定取舍，力求妥善合理行事
N 世故性	精明能干、处世老练、行为得体、近乎狡猾	坦白、直率、天真，通常思想简单、与人无争、感情用事
O 忧虑性	忧虑、抑郁、沮丧悲观、患得患失	安详、沉着、不轻易动摇、有信心
Q1 实验性	自由、激进、不拘泥于现实，有批判性和创新性	保守、尊重传统观点和行为标准，不愿尝试探求新事物
Q2 独立性	自立、自强、当机立断、不依赖人	依赖性强、随群附众，常放弃个人主见而依赖团体以取得别人的好感
Q3 自律性	知己知彼、自律严谨	矛盾冲突、不顾大体，既不能克制自己，又不能遵守礼俗
Q4 紧张性	紧张困扰、激动挣扎	心平气和、闲散宁静

3. 艾森克的人格理论

艾森克提出人格在很大程度上是由其生物特定决定的，因此他非常重视遗传对人格的影响。他认为人们生来就具备了一些先存的特质，这些特质虽然在人的社会化过程中会因适应环境和社会要求的原因而发生改变，人们的行为因此而成为遗传和环境交互作用的结果，但生物因素对人格的影响仍占了比较强的优势地位。

在人格特质的研究方面，艾森克提出了人格层次模型和人格维度模型。

（1）人格层次模型。艾森克依据各个特质对行为影响的范围大小而将人格特质分为几个层次。最高的层次为“类型层次”，这个层次的人格特质会影响到一个人各方面的行为，使其在行为方面与他人有明显的差别。例如“外向”这一类型的人在兴趣、社交、情绪反应、价值观等就会具有自己独特的风格。次一级的特质成为“特质层次”，其影响范围只涉及人的某一方面。如“谦虚”所涉及的是不急于发表意见、不肯做领导等这些社会行为表现。第三个层次是“习惯反应层次”，其涵盖的范围见于某方面的行为。最后一个层次是“特定的行为反应”，它指的是某一特定的情境的某一种行为。

简单概括艾森克的人格层次模型，我们可以看到他将人格分为了类型——特质——习惯——行为这样四个层次，换言之，一个人的某种行为经常出现，就构成了行为习惯，而由某种行为习惯表现出来的就是一个人在某方面的特质，而具备几种特质的人，我们就称之为某种类型的人。

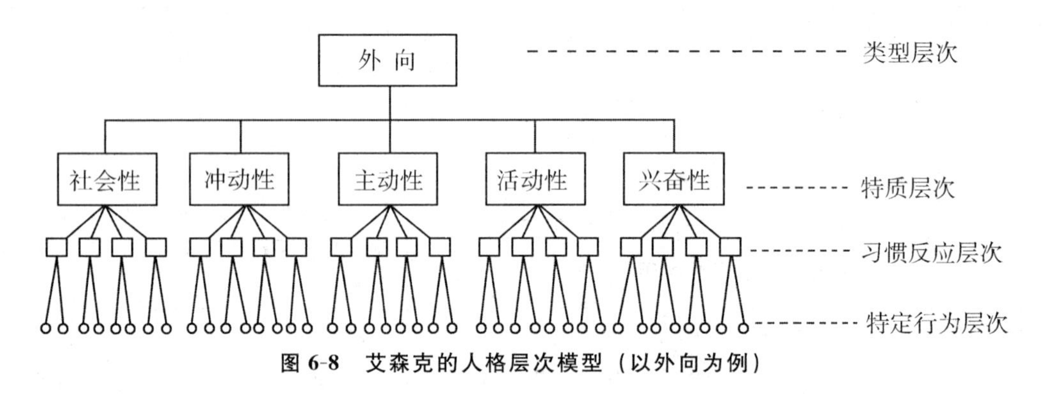

图 6-8 艾森克的人格层次模型（以外向为例）

（2）人格维度模型。艾森克用因素分析研究得出了两个最基本的维度，它们是内向——外向维度和神经质——稳定性维度。由于这两个维度是相互独立的，由此可以把人格特质分为四组。后来，艾森克又加入了精神质——超我机能这一维度。

①外向——内向维度上的人格差异

在外向——内向维度上的人格差异在于，外向型人格开朗、冲动、喜欢社交、集会，有许多朋友；而内向型人是一个安静、退缩、内行的人，不喜欢交往而喜欢读书，除了亲密朋友外，与人的距离较远。大部分人处于两个极端之间，但或多或少有些倾向性。

②神经质——稳定性维度上的人格差异

在神经质维度上得分高的人情绪易变、过度反应、并不易恢复常态，我们通常把这一维度上得分高的人视为情绪不稳定或情绪化的人，他们更容易兴奋、生气、抑郁。而这一维度上得分低的人，情绪稳定，更少情绪失控，也不会有大起大落的情绪体验。

③精神质——超我机能维度上的人格差异

精神质并非暗指精神病，他在所有人身上都存在，只是程度不同。精神质高的人富于敌意、冷漠残酷、对外界不敏感、不关心他人，他们倾向于故意挑衅他人，与社会习俗对立。精神质高的人还喜欢寻求新奇和刺激、寻求不寻常的体验，因而他们可能成为有独创性和创造性的人。艾森克认为，精神质与许多病态心理发展的形成有关。

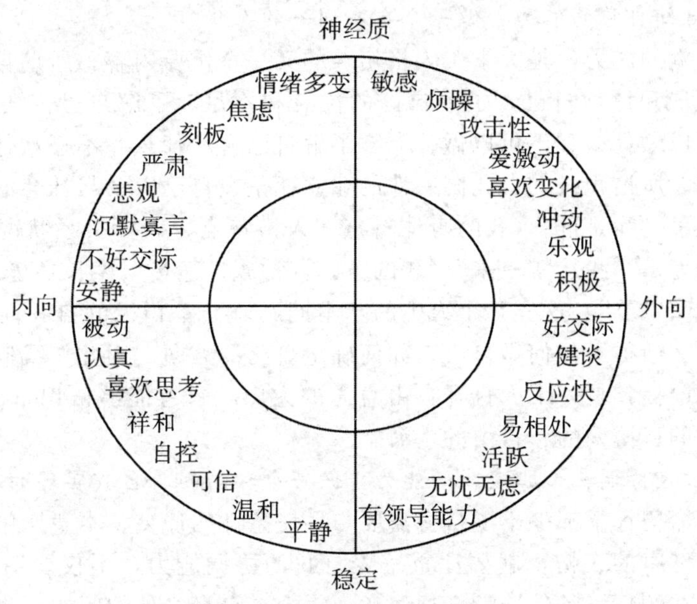

图 6-9　艾森克的人格维度模型

除上述人格理论之外，还有许多人格心理学家从不同的侧面揭示了对人格的不同理解，比如阿德勒提出的摆脱自卑、实现超越，埃里克森提出的做有积极的自我同一性的人，马斯洛提出的挖掘潜能、自我实现以及凯利所提出的有效构想的观点。这些理论观点都从一定的角度和侧面阐释了他们对人性的看法，回答了“我是谁?”、“我从哪里来?”、“我向哪里去?”的问题，因此非常值得学习和参考。

三、大学生的人格培养和塑造

人们通常把青年时期视为人生最绚烂的、多姿多彩的、充满活力的黄金时期，然而青年期也是人生中充满内心矛盾和痛苦的时期，处于青年期的大学生们开始去思考人存在的意义，开始去独立面对人生中的重大问题，开始去学习如何处理理想和现实的矛盾、开始去认识和处理昨天、今天和明天的关系，而这些内容恰恰是人格塑造的核心内容，其实质就是要客观地回答“我是谁?”、“我从哪里来”、“我向哪里去?”的问题。因此大学生注重自身的人格培养和塑造，是不断进行自我完善、自我成长，追求幸福人生的必由之路。

大学生的人格培养和塑造应包括以下几方面的内容。

(一) 培养把握人生的主动意识，做一个积极主动的人

正如健康人格理论所表述的，人具有自己决定自己一生的能力，人的一生是个体的选择而不是环境所决定的。因此，一个希望培养自己具备健康心理和促进自身成长的大学生，首先是一个对自己负责任的人，是一个具有主动意识的人。他的行为不仅仅是本我欲望的满足，更是自我意志的实现，不仅仅是人云亦云的随波逐流，更多的是朝向自己的方向和目标。主动是进步的前提，只有具备主动意识的大学生，才会主动思考关于自我的各种问题，才会去主动地认识今天的自己、勾画明天的自己、寻找实现愿望的途径，才会在自我实现的道路上不断地完善自己。因此，我们说，大学生的人格培养和塑造，首先是自己要有自我提升的主动意识。换言之，自己希望自己更好，自己才会变得更好。

（二）培养自知自觉的能力，做一个自我同一的人

培养自知自觉的能力，是大学生人格培养的又一个重要内容。所谓自知自觉的能力就是能够客观地认识和评价自己，了解自己的优点和不足、了解自己需要什么和不需要什么、了解自己可以做什么和不可以做什么、了解自己喜欢什么和不喜欢什么，进而了解如何实现自己愿望。所谓积极的自我同一性的建立就是在自己以及与社会的连续性和一致性方面解决并确认了“我是谁”（我的身体特点、人格特点、人际关系状况、别人对我的评价、我的潜在能力），“我从哪里来”（我的家庭、种族、遗传、生长环境），以及“我向哪里去”（我的目标、愿望）这样几个人生的基本问题。具备积极的自我同一性就意味着一个人找到了自己、懂得了如何做自己、如何确定自己的方向。因此，我们说自知自觉是建立自我同一性的前提，是一个人打开自由意志的大门，只有能够认识自己、学会做自己，才能够拥有开放的、博爱的、自由的生命。

（三）培养自我协调、大胆实践的能力，做一个和谐的、自我实现的人

任何人的生命历程中都少不了自身需要与环境条件的冲突、本我愿望与观念信仰的冲突，因此要培养健康的人格，就要注重培养自我的协调能力，不仅要明白自己的内心需要，还要注重外在的环境条件，学会把注意力集中在自身之外的问题上，学会找到建设性满足自己需要的途径和办法、学会在问题解决过程中享受快乐、学会感受在面临和征服巨大挑战时所经历的高峰体验。只有这样，才能建立和谐的内部和外部关系，才能够最大限度地发现自己的潜能所在，才能做一个放弃舒适和安逸去选择挑战的自我实现的人。

最后，需要再次强调的是，人格的塑造是个具体的过程、实践的过程，它贯穿于日常生活的每一件事情、每一个观念、每一个行为。因此，大学生学习如何去培养自己健康的人格，还要到具体的社会实践中去，从学会如何认识自己、如何与人交往、如何学习、如何处理情感问题、如何择业等具体事情做起，长于思考、善于学习，让自己的个性在生活中得到磨炼和成长。

【心理探索】

1. 请用“是”与“否”回答下列问题

①我很少为自己的健康担忧。

②我常发现自己在为某些事情担忧。

③我能够与我认为做了错事的人友好相处。

④有时我会突然大笑或喊叫，连我自己都没法控制。

⑤我的计划似乎总是困难重重，我不得不放弃它们。

⑥有些动物令我精神紧张。

⑦我喜欢科学。

评分说明：这些题目选自巴荣的自我力量量表，其中第1、3、7题答“是”得1分，第2、4、5、6题答“否”得1分，然后把分数相加。分数高说明自我力量强，说明你的自我能够有效地应付来自于本我、超我和现实的需要。根据巴荣的研究，自我力量强的人身体健康、有强烈的现实感、生气勃勃，具有可接受的道德水准，情绪开朗自然，且很少有心理疾病的表现。

2. 对下列项目，请圈出你最赞同的答案。请凭头脑中首先出现的想法自然作答，最

好不要回答不确定，除非两边的答案对你来说实在不可能。

①我宁愿在路旁停下来看艺人表演，也不愿意听一些人吵架。

a. 是　　　　b. 不确定　　　　c. 不是

②我的朋友令我失望。

a. 极少如此　　　　b. 偶尔如此　　　　c. 经常如此

③如果某人对我发怒，我将

a. 使他镇静下来　　　　b. 不确定　　　　c. 针锋相对

④我宁愿读

a. 军事或政治斗争的纪实文学　　　　b. 不确定　　　　c. 感性的、杜撰的小说

⑤如果我做了件蠢事，我会很容易地忘掉它

a. 是　　　　b. 不确定　　　　c. 不是

⑥因为并不是每件事都可以用耐心、理智的方法做到，有时你不得不动粗。

a. 是　　　　b. 不确定　　　　c. 不是

⑦如果有人很霸道，想要摆布我的话，我就会跟他们对着干。

a. 是　　　　b. 不确定　　　　c. 不是

⑧我的好心时常得不到好报。

a. 经常　　　　b. 偶尔　　　　c. 从不

⑨我有时为别人毫无理由地背后说我坏话而烦恼。

a. 是　　　　b. 不确定　　　　c. 不是

评分说明：所有选b的项目得1分。第1、2、5、7、9题选a得2分，选c得0分；。第3、4、6、8题选a得0分，选c得2分。然后，将第2、5、8题得分相加，为因素C的得分；将第1、4、6题得分相加，为因素I的得分；将第3、7、9题得分相加，为因素L的得分。

这些题目与卡特尔的16PF人格测验的项目近似，因素C称为情感波动与情感稳定，这个因素得分越高，说明情感越稳定；因素I称为思想坚强与思想脆弱，分数越高说明思想越脆弱；因素L是“信任与怀疑”，分数越说明怀疑性越强。

3. 团体活动：人际关系中的我

给各小组每个成员发放表格，在表格中分别填写如下内容，成员填写完毕后，小组分享。

①父亲眼中的我；②母亲眼中的我；③兄弟姐妹眼中的我；④恋人（密友）眼中的我；⑤同学眼中的我；⑥老师眼中的我。

【思考时间】

1. 通过本章的学习，你认为可以从哪些方面来对人格进行评价？

2. 剖析自己人格中的优劣势，并提出改善的方向和途径。

3. 你认为健康人格应具备哪些特质？

第七章

回归社会
——大学生的人际交往

没有谁能像一座孤岛
在大海里独踞
每个人都像一块小小的泥土
连接成整个陆地

——约翰·邓恩（John Donne）

导　言

一滴水如何才能不干涸？佛祖释迦牟尼曾问他的弟子。一滴水如此微不足道，渺若青烟，瞬间蒸发，怎能永生？弟子们面面相觑，不知如何回答。佛祖说，把它放到大海里去。一滴水生命短暂，汇入海洋，与大海融为一体，获得新的生命，这就是万物的共生效应。每一个人从出生的那一刻开始，就和周围的人以及环境产生各种各样的联系——首先是在家庭中与自己的父母结成亲子关系，以及与亲戚结成亲属关系；进入幼儿园、学校与别人结成师生关系及同学关系；步入社会进入工作环境中和上司、同事分别结成上下级关系及同事关系……

可以说，每一个身处社会的人时时刻刻处于各种纷繁复杂的人际关系网中，在人际交往中度过自己的每一天。人际关系的力量是难以估量的。海尔总裁张瑞敏有一次接待记者采访，其中有一个问题："您成功最大的秘诀是什么？"他说："第一，人际关系；第二，人际关系；第三，还是人际关系。"可见，人际关系对一个人的成功是多么重要。在现实生活中，每个人都无法回避与别人的交往，成功的人际关系无疑是我们人生中一笔重要的财富。

大学阶段是人生的黄金时期。对于刚刚迈入大学校门的新生而言，一切都是陌生、新鲜的，没有高考的压力，也远离了父母的唠叨。美丽的校园、轻松的学习环境，都会让他们感到无比舒适。然而从进入大学这座象牙塔那一刻起，每一位大学生就进入了一个全新的人际环境，面临着各种各样来自人际关系的挑战，尤其在21世纪商务通讯极为发达的社会与当今面临金融危机挑战的全球化时代，一个人要想获得成功不可能只靠个人的力量，单枪匹马打天下已不合时宜，相互合作才是成功的关键所在。大学期间，大学生从天南海北聚集而来，无论是物质生活还是精神生活，都不能孤立地进行，彼此之间的合作与交往，更是一种极为普遍的日常行为。因此，良好的人际关系是大学生身心健康发展的重要内容和基础条件，人际关系的质量对其在校期间的学习、生活和一生的幸福都有重要的影响。

董氏基金会2005年针对大学生展开了一项全面的调查，结果显示"身体健康"、"学业表现"、"人际关系"、"未来生涯发展"及"男女朋友关系"这五项对大学生造成的压力甚于其他生活事件，可见，人际关系对当今大学生是不可忽视的议题之一。大学生活是丰富多彩的，大学阶段也是人生发展中的重要时期。我们深信每一位大学生都希望自己的大学生活是快乐、充实、幸福的，但每一位大学生总会在与别人相处中遇到一些困惑和问题，如果每个人都能懂得怎样与不同的人去打交道，具备一套系统科学的解决人际交往问题的知识、方法和策略并有效地加以利用，那么他（她）就能够更容易与他人和谐相处，从而大大提高自己的生命效率，使人际关系成为人生成功的推动器。

本章主要介绍人际交往的本质、大学生人际交往的特点、如何提高人际沟通能力及大学生常见的人际障碍分析等内容。

第一节　大学生人际交往与人际关系概述

在现实生活中，每个人都无法回避与别人的交往，成功的人际关系无疑是我们人生中一笔重要的财富。本节就人际交往与人际关系的本质及大学生人际关系的特点等加以详细阐述。

一、人际交往与人际关系

对于任何一个人来说，正常的人际交往和良好的人际关系都是不可或缺的，它是人们身心健康、生活具有幸福感的必要前提和重要保证。那么人际交往与人际关系有什么关系，它们在我们生活中发挥什么样的功能。下面就让我们加以详细探讨。

（一）人际交往与人际关系的关系

可以说，人际交往是人际关系的起点和前提，是人际关系赖以建立的途径，而人际关系的好坏，将直接影响人际交往的质量和频率。因此，我们可以从动态和静态的两个角度了解关于人际关系的一些知识。

（二）人际关系的建立和发展

1. 人际关系建立和发展的基本条件

人际关系的发展和变化取决于人际交往中社会需要的满意程度，只有双方在相互交往中获得了各自的社会需要满足，彼此才能保持信赖、友好的关系。其中，交往水平与交往质量、信念与价值观、兴趣和爱好是人际关系建立和发展的基本条件。

（1）交往水平与交往质量。交往水平与交往质量，是指人们彼此间交往的频率、广度和深度。其中，交往频率只是交往质量的一个条件，有些人虽然彼此之间交往频繁，但仅是一般的交往，并没有得到深化，如某些同事之间或合作伙伴的交往。因此要特别注意提高交往质量，彼此坦诚相待，包容接纳，才能建立起良好的人际关系。

（2）信念与价值观的一致。信念与价值观是一个人的人生观、意念行为的思想基础。如果人们的信念与价值观一致，那么他们就有共同的语言和活动，寻求共同需要的满足，因此他们之间便能自然地建立起深厚的情感和亲密的关系。

（3）兴趣和爱好的一致。兴趣和爱好的一致也是建立和发展人际关系的一个重要条件。志趣相投会使双方更容易结为朋友，相互之间注重的是情感上的价值，注重彼此在思想上、情感上的交流，较少带有功利性。

2. 人际关系建立和发展的过程

不论是亲情、友情还是爱情，人际关系都会经历一个不断改变的过程，而且它的发展是有阶段性的，人际关系的发展一般可以分为五个阶段。

表 7-1 人际关系亲密度的发展阶段[①]

发展阶段	亲密度	人关系图解	影响关系发展的因素
0	不认识（零接触）	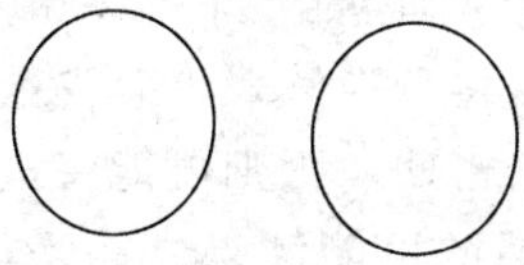	
1	单方面认识阶段	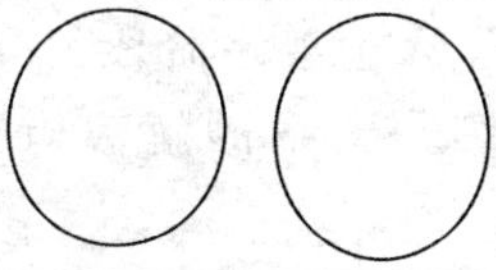	见面时收集信息
2	表面接触阶段（见面打招呼）	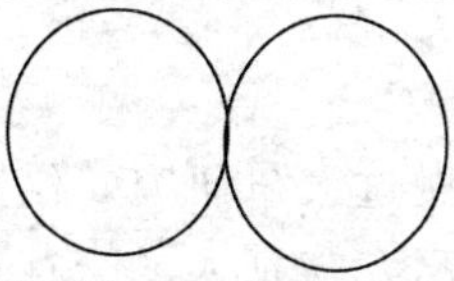	距离、环境、社会状况
3	相互积极阶段（1）相识	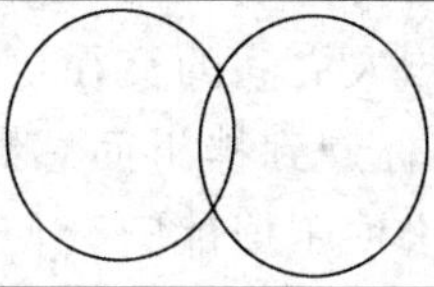	价值观
	（2）朋友	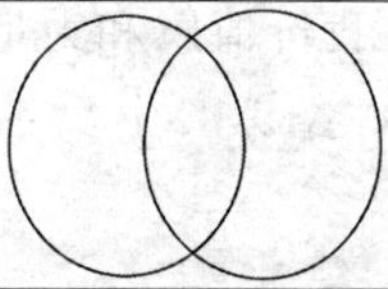	共感理解
	（3）密友、恋人	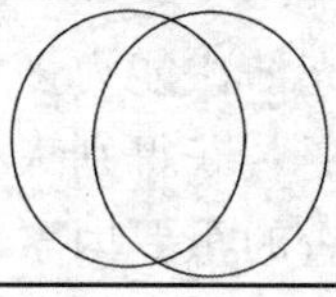	互助关系

（1）零接触。当两个人彼此没有注意到对方时，双方处于零接触状态，这时两个人是完全无关的，不存在任何个人意义上的情感联系。

（2）单向注意或双向注意阶段。人际关系开始于一方开始注意对方或双方彼此注意。这一阶段的人际关系，彼此有一个初步的印象和判断，但只有一些简单的接触，还不存在相互的情感卷入。许多学者认为，在平均约 4 分钟内的接触中，人们就已经决定了是否喜欢对方，是否继续和对方交往，所以第一印象十分重要。

（3）表面接触阶段。大部分人际关系都将保持在表面接触水平。在这种水平的人际关系下，双方情感涉入与投入的程度都很低。

（4）亲密接触阶段。在这一阶段，彼此可能相聚的时间增加、谈话内容愈来愈深入和广泛，彼此可能有承诺。人际关系在这一阶段发生了质的变化，双方的信任感、安全感已经得到保障，并且有较深的情感卷入。此时出现继续维持亲密关系的情况，或是可能因为关系太近而感到束缚，从而又回到上一阶段；甚至会因为双方出现的摩擦或误会而使关系进入恶化阶段。

① 张明．学会人际交往的技巧［M］．北京：科学出版社，2008：69.

（5）恶化阶段。并非所有的关系都会进入恶化期，也不是所有的关系都能停留在亲密期，人与人之间的关系愈是亲密，就愈容易发生冲突。有些客观因素，如出国、第三方介入、转学等，都可能使双方产生冲突。如果双方冲突无法顺利解决，可能导致关系的终止。反之，感情可能会得以深化。当然，也有少数关系会一直停留在恶化期中，除非使用建设性的方法，才能恢复到亲密期，否则可能将进入解离阶段。

（6）解离阶段。人际关系的可能结果之一是彼此关系解离。关系解离的原因之一有可能是时空或情境的限制，自然在某一阶段终止。也可能因为是亲密期后，感情关系恶化，例如离婚、朋友绝交等。关系的解离有可能使人感到痛苦，也可能让人觉得解脱。

（三）人际交往的功能

1. 保持心理健康的基本需要

心理学家曾从不同的角度做过大量研究，结果表明：健康的个性总是与健康的人际交往相伴随的。心理健康水平越高，与别人的交往就越积极，越符合社会的期望，与别人的关系也越深刻。反之，缺乏人与人之间的交往，人们常会体验到诸如孤独、烦躁等消极情绪。英国著名学者培根说："当你遭到挫折而感到愤懑抑郁的时候，向知心朋友的一席倾诉可以使你得到疏导，否则，这种压抑郁闷会使人得病。"积极的人际交往可以同时满足人们归属、安全等需要，增强自我价值感和力量感，同时有助于保持愉快积极的情绪。反之，如果人际关系失调，则人们容易产生负性的情绪体验，继而影响自己的身心健康水平。

2. 信息交流，丰富思想

任何一个人，无论精力多么充沛，能力多么强大，他的直接经验都是有限的，积极人际交往有助于信息的相互交流沟通，获得别人宝贵的经验。尤其在当今信息爆炸的时代，信息能力也是决定一个人成功与否的重要因素。无论是书籍还是网络，信息的来源其实只有一个，那就是人的经验。因此在人际交往中学会寻找信息、判断信息、有效地交流信息，是获得成功的加速器。

3. 促进与深化自我认识

唐太宗有句名言："以铜为鉴，可以正衣冠；以人为鉴，可以知得失。"个体在和别人的交往互动中，通过他人对自己的评价和态度以及和他人的关系来建立自我形象，从与别人的比较中认识自我。正确认识自己和周围的环境，才能形成良好的自我形象，塑造完美的人格。因此，在与不同人的交往过程中，我们就会有不同的收获，从而促进我们不断地提升自我。

4. 加速社会化进程

人是在一定的社会条件下，通过自己与自己、自己与他人的互动过程逐渐成熟且发展成自我独立个体的。通过交往，人们在与他人的对照中不断地调整自己，从他人对自己的态度和评价中客观地认识自己的形象及在社会中所处的位置，从而充当正确的社会角色。正是由于交往，才使人获得社会经验，掌握社会行为规范，不断进行自我调节，以适应社会生活的要求。

5. 事业成功的基石

可以说每个人时时刻刻都处于各种纷繁复杂的人际关系网中，在人际交往中度过自己的每一天。人际关系的力量是难以估量的。海尔总裁张瑞敏有一次被记者采访时问到一个问题："您成功最大的秘诀是什么？"他说："第一，人际关系；第二，人际关系；第三，还是人际关系。"可见，人际关系对一个人的成功是多么重要。美国前总统罗斯福认为，在成功的公式中，最重要的一项因素是与人相处。没有人可以凭借单枪匹马赢得成功。今天的同学将很有可能是明天的同行与朋友。同学情、师生情可以延伸到今后的事业中，并将对今后的家庭生活、个人事业提供良好的帮助。

二、大学生的人际交往概述

根据埃里克森（Erikson）的自我发展阶段理论（详见第三章），人际关系的建立和培养人际交往能力是大学阶段重要的发展任务，也是进入社会所必须具备的一项基本素质。

（一）大学生人际交往的动因

1. 寻求心理支持，获得减压途径

大学生正处于青春发育后期，情感丰富且极易波动，由于受生理、心理发展和客观环境的影响，大学生的情绪变化较为明显，情绪波动较为频繁，也很容易表现出不良情绪，因此选择合适的方式宣泄情绪对他们而言非常重要。事实上，大学生在人际交往中需要他人的倾听，需要他人在心理上给予支持和帮助，希望通过向他人倾诉来宣泄自己的不良情绪，减轻自己内心的压力。

2. 表现自我，实现自我价值

在某种程度上，人们在生活的舞台上扮演着各种各样的角色，人们通过与别人的交往展示着自我的形象。实际上，当个人出现在他人面前时，通常总是有某些显形或潜在的理由去推动他的行为，以便这种行为向他人传递出符合他人个人利益的形象。大学生在人际交往中也有这方面的需求，也希望通过人际交往给他人留下美好的印象，这种动机其实是大学生自觉印象控制的过程，他们有意识地按照一定的模式表现自己，以便给他人留下一个自己所期望的形象，并借此达到某一预设的目的。

（二）大学生人际交往的特点

当今社会，是一个合作与竞争的社会，中国与世界接轨、职业流动性的增大和自主择业，对当代大学生的人际交往能力提出了更高的要求，同时也使他们的人际交往呈现出新的特点，反映出大学生交往的时代特色。

1. 交往的迫切性和主观性

首先，随着大学生生理、心理的逐渐成熟，他们的交友需要日益迫切；其次是入学后环境的改变使得他们有适应新环境、结识新朋友的迫切需要；另外，择业的自主性也使得当代大学生有与人沟通、多方面获取信息的迫切需要。随着自我意识的增强，大学生对周围事物的评判带有较强的主观色彩，表现在择友和交际中，常常以自我为中心来处理新环境中的人际关系，在认识和评价他人时有主观、极端、简单化的倾向，从而影响人际关系和谐。

2. 理想性仍存，实用性需求上升

人际交往最基本的动机就在于希望能从交往对象那里获得满足自己的需求。大学生正处于求知阶段，思想较单纯，与人交往的动机也比较单纯，如结识朋友、切磋学问、交流信息、沟通感情等，他们崇尚高雅，鄙视庸俗，渴望真诚纯洁的友谊，因此常常以理想的

标准要求对方，一旦发现对方某些不好的品质就深感失望，择友的标准趋于理想化。随着社会市场经济的发展与毕业自主择业的要求，当代大学生的人际交往显示出了新变化：面对就业的压力，迫于社会现实，为了毕业后找工作或有利于将来事业发展，他们也会进行一些功利性的交往，从而表现出交往的现实性。

3. 广泛性与时代性

随着信息社会的来临、计算机网络的飞速发展、现代化通讯工具的普遍应用，当代大学生人际交往的广泛性与时代性特点主要是通过交往方式的改变体现出来。大部分的学生不再抱有狭隘的交友观念，转而追求建立更加广泛、多样的人际关系。交往对象由同班同学到异性同学，由老师到社会各类人员；交往范围由班级到宿舍到其他系、班、院校，有不同的交际圈；交往内容也随之丰富和多样。尤其值得关注的是，现代计算机、通信、网络技术为当代大学生的交往提供了先进的信息传递手段，开辟了超时空的广阔天地，因此，以非直面性，身份隐蔽性，思想情感表达的随意性、自由性、超时空性为主要特征的网络交往已成为大学生们时髦的、新型的人际交往的重要方式，成为大学生交往的主要选择之一。

4. 不平衡性

不平衡性主要体现在当代大学生贫富的差别上。由于学校招生制度的改革，自费和公费并轨后，学生缴纳的学费大幅度提高，有些学生特别是下岗职工和贫困家庭的大学生，和那些家庭、经济等各方面条件都比较优越的大学生在人际交往中容易形成两个不同的群体。有调查显示，经济上的弱势会使一些大学生在人际交往中较多表现为交往被动、性格内向等，甚至个别学生还会由此产生自卑、孤僻等不良心理。

（三）大学生人际交往的原则

建立良好的人际关系不能脱离现实社会的基本原则和要求，与此同时，大学生在人际交往中还必须遵循一些基本原则，才能使交往得以维持与继续。对于大学生的交往而言，应该遵守平等、尊重、真诚、宽容、谦逊、理解以及互惠的原则。

平等是建立良好人际关系的前提，也是良性人际交往的第一原则。无论何时何地、无论年级高低，任何大学生都要自觉做到平等待人，只有平等待人，人们交往才会有愉快满足之感。那些优越感很强、喜欢显示个人特长或家庭背景的大学生多数人际关系较差，即使能力很强，也无法发挥，因为不坚持交往平等原则的人，是不会被他人所欢迎和接纳的。

同时，与人交往时要真心，要诚实。只有彼此都抱着一种心诚意善的动机和态度，才能引起感情上的共鸣；只有诚恳善良，才能赢得他人的尊敬；只有学会宽容，学会克制和忍耐，善解人意，处处理解和关心他人，才能使人际关系健康发展。

此外，社会心理学研究认为，人际交往行为是带有互偿性的，彼此之间既有所施，又有所受。有的心理学家把这种现象称为“社会交换”，也就是说它不仅仅是物质的交换，还包括诸如赞许和声望、威信等的精神交换。良性人际交往本着互偿的原则与他人交往，在从他人那里“索取”的同时，也“给予”了他人酬赏。大学生在与他人交往过程中，也希望别人能承认自己的价值、支持自己、接纳自己。由于这种寻求自我价值被确认和情绪安全感的倾向，在社会交往中，更重视自己的自我表现，注意吸引别人的注意。对于真心接纳自己、喜欢自己的人，也更愿意接纳对方，愿意同他们交往并建立和维持关系。

（四）大学生人际交往的影响因素

影响大学生人际交往的因素主要可以分为主观和客观两个方面，其中客观因素包括学校、家庭、社会观念以及信息网络化等方面；而主观方面包括个体的认知、情绪、人格及个体能力等。

1. 影响人际交往的客观因素

（1）学校生活环境的影响。人际关系形成和存在的根本条件就是个体与个体之间的时空接近性。时空接近有利于大学生彼此的认识和了解，同时也是人际吸引或人际互斥的基础。在其他因素的作用下，时空接近可能成为维持良好人际关系的必要条件，也可能成为产生人际关系障碍的客观原因。我国的大学生校园生活管理相对较严格、制度性较强。这种集中统一的管理模式很大程度上决定了大学生的人际交往。大学生的集体生活一方面创造了彼此交往的条件，另一方面，也构成了矛盾纠纷的环境。同学们来自五湖四海，个性、习惯、爱好千差万别，甚至有时语言都难以相通，难免会发生这样或那样的磕磕碰碰。有时为讨论某个问题而争得面红耳赤，伤了和气；有时为打扫卫生斤斤计较，各不相让；有时为某个生活习惯不合而互不来往。对新生而言更是如此。来到人生地疏的新环境，或多或少都有远离家乡、亲人的孤独感、失落感，尤其是那些从未离开过父母、独立生活能力较弱的同学更是如此，从而影响到对人际关系的心理感受。

（2）家庭教育的影响。父母是孩子的第一任老师，家庭内部成员人际交往的心理态度、行为方式，对青年学生从小就起着榜样示范的作用，潜移默化地影响着青年学生的人际交往行为。良好的家庭环境对青年学生良好人际关系的建立起着积极的促进作用，反之，则起着阻碍作用。当代的大学生多为独生子女，家庭内部横向交往缺乏，人际交往能力从小就缺乏锻炼，一方面造成大学生习惯于以自我为中心，不懂得主动去迁就他人、理解他人，影响他们在人际认知和自我认知方面的心理发展；另一方面大学生在上大学前受到父母的过分保护、控制和干涉，少有自己的交往原则和个人心理空间，对进入大学后人际交往中出现的许多问题不知所措。

（3）现代社会观念的影响。大学生对新生事物的接受能力强，追求时髦以及较为严重的攀比心理使少数同学抛弃节俭，盲目追求高消费，有的同学常常入不敷出，囊中羞涩。面对其他同学时尚的穿着，那些经济条件差的同学感到自卑，在人际交往中容易悲观退缩，而经济条件好的同学却充满优越感，在人际交往中容易盲目乐观。同时，现代社会生活使得人际关系日趋复杂，尤其是社会上一些尔虞我诈、自私自利的思想行为对大学生的人际交往有消极影响。

（4）信息网络化的负面影响。现代信息技术特别是国际互联网的高速发展，打破了人们在时间和空间交往上的限制，但虚拟的网络交往也替代了人们之间直接的情感交流。大学生是青年中接受新知识、新信息最快的一群人，网络在快速传递知识信息、提供娱乐游戏的同时，也为大学生宣泄不良情绪、寻求精神寄托和逃避现实生活提供了场所，这无疑导致了大学生在现实交往中的封闭和人际交往能力的下降。

2. 影响人际交往的主观因素

影响大学生人际关系建立的因素包括认知、情绪、人格等。上述的环境因素正是通过主观因素才起作用的。

(1) 认知因素。对自己、对他人以及对交往本身的认知都会对个体的人际交往产生深刻影响。有无正确的自我评价，会影响人际交往中的自我表现。比如，低估自己会引起自卑，导致社交中的畏缩，甚至引起社交恐惧症；高估自己会引起自大，导致交往中盛气凌人而使他人无法忍受。在对他人的认知过程中，往往会受各种心理效应的影响，如晕轮效应，刻板印象和期待效应等。当这种效应的作用是消极的时候，就会影响交往。交往的过程是双方彼此满足需要的过程，如果只考虑自己的满足而忽视对方的需要，就会引起交往障碍。在人际交往不良者身上常可发现错误的认知，如绝对化的要求等。

(2) 情绪因素。人际交往中的情绪表现应是适时适度的，应当与引起情绪的原因及情境相称，并随客观情况的变化而变化。情绪反应过分强烈，不分场合和对象，会给人轻浮不实的感觉；若情绪变化强烈则会让人觉得过于感情用事；情绪反应过于冷漠，对本来可以引起喜怒哀乐的事情无动于衷，则会被认为麻木、无情。这些不良情绪反应都会影响交往。

(3) 人格因素。一个人的人格因素将在其人际交往和人际关系的发展中，起到非常重要的作用。一个人如果在能力、性格、品质等方面比较突出、优秀，往往能形成很强的吸引力。随着教育理念的不断更新，大学生自我意识的日趋成熟，鼓励学生发展个性的观念与传统教育不提倡突出个性之间的冲突加剧，使大学生在人际交往中对于怎样扮演好自己的角色，怎样恰当地表现自己感到很困难。个性过分张扬或自我封闭的学生在人际交往中并不受欢迎。在大学生群体中有助于人际交往的人格特征是：尊重关心他人，善于理解、乐于助人，富有同情心；热心集体活动，工作认真负责，有特长，能力强；稳重、耐心、宽容、真诚、开朗等。而不利于人际交往的人格特征是：以自我为中心，自私狭隘，只关心自己，不肯为他人的利益和处境着想，妒忌心较强；对集体工作缺乏责任感，办事敷衍了事，华而不实或完全置身于集体之外；对人冷淡、虚伪、爱吹毛求疵，或表现为过分自卑、内向，缺乏自信心，依赖心理太强等。一般来说，大学生个性中具有吸引性的特质愈多，其人际关系也愈好。

(4) 能力因素。有能力的人容易被人喜欢。“宁为贤者仆，不为愚者师”、“宁为智者背行囊，不给愚者当军师”都说明了人们愿意与有能力的人在一起。交往能力的高低对大学生而言，是影响他们交往质量的主要原因之一。这些同学想关心人，但不知道从何做起；想赞美他人，可怎么也开不了口或言不由衷；交友愿望强烈，然而总感到没有机会……。这些情况都是人际交往能力欠缺的表现。

一定范围内，一个人的能力与被人喜欢的程度是成正相关的，但是超出一定的范围，其才能形成的压力会使人们倾向于逃避或拒绝他。与近于完美的人相比，能力出众但有一些小过失的人最有吸引力，是人们愿意交往的对象，这种现象就是“犯错误效应”。因为人对于别人有着两种不同的需要。一方面，有能力会使交往有一个良好的基础，但同时如果别人的才能远远大于自己，则会感到一种压力。有能力同时又有一点小错误会使其更接近现实生活中的普通人从而使对方感到亲近，愿意与之交往。

图 7-1 能力与吸引力

交往能力本身就是一种生存的智慧。人际交往对于人的智力发展、情感行为变化以及整个人格的塑造都起着极其重要的作用。不同的交往对象、范围，交往的内容、性质和交往态度、方式都会导致不同的人际关系，产生不同的人际效应。大学生远离父母朋友的庇护，来到陌生的异地他乡求学，许多事情需要亲自去处理和面对。学业的压力相对减轻，有大块自由支配的时间，人际交往被推向了极为重要的地位。每个人都希望能得到别人的喜爱、接纳和帮助，从而获得心理上的一种依靠、支持和归属，同时，避免别人的讨厌和排斥给他带来孤独感和恐惧感。

【自我探索】

1. 联系实际，你如何看待人际交往的意义。
2. 影响大学生人际交往的影响因素是什么。

第二节 大学生和谐人际关系的建立

众所周知，地球和太阳、月亮、其他星球之间都保持着恰当合适的关系，公转、自转、既相互吸引又相互独立，生生不息地保持着宇宙的平衡。人际关系也是如此，它是人与人之间关乎爱、系于心，关乎情、系于身的相互的联结。人与人之间的关系，有强有弱、有疏离有亲密、有和谐有冲突、有好有差有一般……它犹如一种看不见摸不着的力量的存在，虽然无形隐身，但却似一条纽带、一座桥梁，可以变幻成彩虹，也可以变化为歧路，就看人们运用关系的“智慧”了。

人际关系是了解自己与他人的一门学问，在大学生的生涯发展过程中，与他人建立关系更是一个重要的课题。培养与人互动的能力、了解如何让自己在人际中加分、学习与人沟通等都是帮助大学生在踏入社会之前有必要积累的社交知识与技巧。目前大学校园中却出现了一些“宅男”、“宅女”的现象，或因个性使然，或因还没有掌握与人沟通的技巧，他们闲暇时间只与电脑进行单向沟通，久而久之就成了和校园生活疏离的一群，使得他们的忧郁指数也比一般同学高，直接影响了自身的心理健康水平。因此，提升自己的人际交往能力、建立和谐的人际关系对于大学生而言至关重要。

一、自我认识——人际交往的前提和基础

7—1

正确看待自己

美国前总统林肯小时候长得很丑，声音沙哑，说话结巴，语言跟不上思维。他在人生的历程中历经了种种坎坷，亲人去世、竞选州长失败，竞选参议员失败，面对这一次次人生的打击和挫折，他并没有灰心，而是努力取长补短，始终对自己充满自信，最后他惊人地把自己所有的毛病都变成一种长处和风格，甚至他说话时沙哑的声音，都成了人们醉心于他的演讲的一个不可忽视的因素。林肯在51岁时终于当上了美国总统。

在2008年北京奥运会的报道中，经常有这样一句话：沟通无极限。但是，我们怎样才能搞好人际关系呢？人际关系是有规律可循的，前提是知己知彼。正确认识自我才能自我调适、自我完善，才能悦纳自我，从而正确地对待别人。同样，大学生只有客观地认识自己、评价自己，才能逐步地完善自己，使自己在人际关系中更具有魅力。

补充阅读7—1

约哈里窗[①]

在人际关系的领域里，你了解自己是个什么样的人吗？通过“约哈里窗”来认识看看。

“约哈里窗”是社会心理学家约瑟夫·勒夫特和哈里·英厄姆共同创立，用于分析人们在人际交往中的这一现象。

约瑟夫和哈里认为，在人际交往中，对每一个人而言，都存在着四个区域，如下图所示。

---

① 杨丽．新编大学生心理健康［M］．大连：大连理工大学出版社，2008：108．

	自己知道	自己不知道
别人知道	开放区域	盲目区域
别人不知道	秘密区域	未知区域

“开放区域”即自己了解、别人也了解自己的区域；“盲目区域”即自己不了解而别人却了解自己的区域；“秘密区域”即自己了解、却从未向别人透露的区域；“未知区域”即自己和别人都不了解的区域。人们自我开放区域的扩大程度与人际交往的和谐程度成正比。因为，人际交往是一个互动的过程。也就是说，我们对别人的自我开放程度往往会相应地获得对方与自己的水平接近的自我开放程度。我们想要了解别人，最好先让别人了解我们自己。尽可能地通过各种交流方式向别人传达我们自己的信息。同时，扩大自我开放区域，还可以使我们从对方那里获得许多我们自己不了解的“自己”，从而看到自己平时看不到的优点或缺点。对自己了解得越多，就越容易与人沟通。

在交往中若想与别人建立良好的人际关系，就必须学着彼此信任和接纳，这就需要学会适度的自我开放。这也正是“约哈里窗”的理论主旨所在。

二、培养主动交往的态度

人际交往本质上是一个互动的过程，但许多时候互动链的运行需要有人激发。事实上，许多交际成功的人往往会主动激发、开启人际互动链。即他们往往首先向别人发出友好的信号，主动关心别人，主动帮助别人，主动与人打招呼……正像我们前面提到的那样，“我敬人，人自会敬我”，他们以此打开了人际交往的局面。

对于任何风华正茂的大学生来说，都需要有丰富的人际关系：帮助与被帮助、同情与被同情、爱与被爱、共享欢乐与承受痛苦。在社会交往中，那些主动去接纳别人的人，在人际关系上较为自信。而主动交往态度的缺乏源于两方面的原因。一是缺乏自信，担心遭到拒绝，担心别人不会像自己期望的那样理解、回应，从而使自己处于尴尬的局面；二是存在认知偏见，如“先同别人打招呼在别人看来低人一等”、“那些善于交往、左右逢源的人都有些世故、有些圆滑”、“我如此麻烦别人，别人会认为我无能，会讨厌我”等这样的观念会阻碍我们在人际交往中的表现；三是不知道应该如何主动交往，常在陌生人面前手足无措。那么如何培养主动交往的态度呢？

（一）积极的心理暗示

生活中不难发现，有的人身上仿佛有一种魔力，周围人都乐于聚在其身边，这类人往往能在短时间内结识许多人。心理学研究表明，这类人大都具有良性的自我表象和自我认识：“我是一个受人欢迎的人，我喜欢与人交往。”这样的心态使人以开放的方式走向人群，他们心地坦然，很少有先入为主的心理防御，因而言谈举止轻松自在，挥洒自如。在这种人面前，很少有人会感到紧张或不自在，即使一些防御心理较强的人也会受其感染而变得轻松、开放起来。同学之间的交往，许多时候都是在紧张的学习之余求得一种轻松感，所以能满足这一愿望的人自然会有一种吸引力。

但许多同学，包括一些才华和品质都很优秀的人也可能存在一些消极的自我意象。在与人交往时，常常会生出“他（她）会喜欢我吗？会尊重我吗？”的疑问，由此带来的结果是防卫心理。由于对自己的某种东西缺乏信心便想掩饰，掩饰心理所带来的行为表现或是夸张或是封闭，带有表演给人看的味道。再者，由于时时注意别人如何评论自己，心情难以轻松下来，所以其言行、表情总会显出某些不自然的东西，交往气氛也会因此受到一定程度的损害。

之所以有以上差异，是由于习惯性暗示在起作用。运用积极暗示能够减少或消除不良的自我意象。比如经常在心里默默对自己说：“我是受欢迎的人！”每天早晨醒来，都要充满信心地默诵这句话。除言语暗示外，还可运用形象暗示。在头脑中把自己想象成一个良好的交际者，直到这种形象在头脑中能够栩栩如生地浮现出来并根深蒂固。这就是西方心理学中有名的想象方法。

（二）学会赏识

每个人都有其不足，每个人也都有其所长。心理学家认为，赞扬能释放一个人身上的能量，调动人的积极性。“赞扬能使羸弱的身体变得强壮，能给恐怖的内心以平静与依赖，能让受伤的神经得到休息和力量，能给身处逆境的人以务求成功的决心”。真心真意、适时适度地表示你对别人的赞扬，能够增进彼此的吸引力。

既然如此，我们何不去多多赞赏别人身上那些闪光的东西呢？然而我们却常常忘记和忽略这么重要的一件事。在我们生活中，最为人渴望而不用花钱费力就能给予的“赞赏”难得一见。在大学里，有一些同学由于家境、容貌、见识等等原因而深藏一种自卑感，他们多么需要得到认同和鼓励！一句由衷的赞赏很可能会使他们的生活洒满阳光，甚至改变他们的整个命运。

三、自我状态与沟通应对

当我们谈到自我状态时，就要谈到PAC。美国心理学家、交互分析理论的创始人艾瑞克·伯恩（Eric Beren）把自我状态描述为与一套相关行为模式相伴随的感觉系统，他经过大量实践分析，发现每个人都有三种自我状态或三种意识，即父母自我状态、成人自我状态、儿童自我状态。在与人交往时，这三种自我状态或意识不时交替出现，使我们表现出三种人际交往角色，即父母意识支配下的“父母角色——P”、成人意识支配下的“成人角色——A”和儿童意识支配下的“儿童角色——C”。

处于父母自我状态时，我们的思想、感觉以及行为就像我们的父母，或者替代父母功能的其他人一样。父母角色通常表现为两种形式，直接的和间接的：一种是主动的自我状态，一种是受影响的自我状态。当这种父母自我状态是主动的、直接的，个体的反应方式就像他父亲（或母亲）的真实反应（“像我这样做”）。当父母自我状态是间接的、受影响的，个体的反应方式像其父母期待的那样（“不要像我做的那样做，像我说的那样做”）。在第一种情况下，他成了父母当中的一个人；第二种情况下，他使自己适应父母的要求。P角色是从父母与其他权威人物的言行中学到的。我们的大脑中存储着童年时代的经历和情感，包括父母以“父母意识”对我们的呵护、教导、批评等，都形成我们生命中丰富的经验，构成我们的“父母意识”。在与人相处和处理事情时，这些“经验”就会在某个特定时刻再现，自觉不自觉地表现出“父母角色”。

用一种理智的方式来处理此时此地的自我状态，我们称之为成人自我状态。成人自我状态是生存的必需。它处理信息，计算有效应对外部世界的可能性。“成人意识”的功能犹如一台计算机，将各种信息在自身经历的基础上进行加工分类、选择取舍。包括对“父母意识”与“儿童意识”进行检验与甄别、对遇到的事情做一些可能性的估价。因此，受“成人意识”支配的“成人角色”，主要的特征是富有理智和逻辑性。既不会感情用事，又不会用长者姿态主观地省事度人；而是以客观的态度理性处事。其行为表现为：冷静客观、慎思明断、对自己负责、对他人尊重。

“儿童自我状态”也是一种情感意识状态，表现出我们儿时的特点。许多事情都可能使我们童年情景再现，产生、唤起或是保持那时的感觉和行为方式。“儿童自我状态”也有两种形式：适应型儿童与自由儿童。适应型儿童是在父母影响下模仿其父母行为而形成的一种类型。他像父亲（或母亲）所期待的那样做事情：如唯命是从的、少年老成的；或者通过退缩或抱怨使自己适应。所以父母影响是原因，适应型儿童是结果。自由儿童是一种自发的表现：如叛逆或富有创造力。也就是说孩子本能地热爱生活、富于想象、积极追求和探索，但同时他会以自我为中心、缺乏自治与自控力、任性、难以管束。

每个人的人格中都包括“父母”、“成人”和“儿童”三种角色状态。在不同人身上，三种角色所占的比重不一定都是均衡的。比如有的人“父母角色”很突出，比重很大。他在与人交往中习惯于采取教导、指责甚至挑剔他人，或者认为自己很强大，别人离开自己就无法把事情办妥以致事无巨细，导致别人觉得与他在一起受约束、受限制。有的人“成人角色”很突出，既给人以处事稳当、原则性很强的印象，同时又给人情感不丰富、冷漠的感觉。有些人任意宣泄自己的情感、不善于控制自己，这样的人会使人觉得浪漫过头，这是“儿童角色”所占比重过大的表现。这三种人际角色没有优劣之分，都有积极和消极的一面，关键在于根据时间、地点、环境来调整这三种角色。成功的交往需要双方注重P、A、C的良好“匹配”，需要相互之间根据实际情况调整自己的角色，形成协调的人际角色交往。

7—2

世纪之咬

1997年的“世纪之咬”曾轰动世界，拳王泰森在拳王争霸赛中竟将对手霍利菲尔德的耳朵咬掉一块，事发几天后又在公共场合向对方道歉。全球掀起轩然大波，除了严厉指出他孩子似的放任秉性作祟外，还建议泰森去见心理医生做心理治疗。

马拉多纳像个永远长不大的小孩，稍不如意就以不参加世界杯要挟；一旦条件满足，又憋不住要参赛。巴西球星罗马里奥则老是出口伤人，如果对某人不如意或想干什么没如愿，就会把情绪带到训练和比赛中，并且声称不参加世界杯赛有好几次了。

他们的行为举止合适吗？为什么？

请你思考，P、A、C三种角色分别适合在什么场合、什么时间、面对什么人？

四、人际沟通技巧

所有的人际关系都是始于沟通，而人际关系的维持也必须依赖沟通，可以说沟通是人际关系的基础。有效的沟通是有效与人互动的关键，通过沟通，我们彼此分享信息、交流情感促进了解、满足需求。沟通具有“乘数”的效应，一个人的学问与本领的发挥程度取决于他的沟通能力与水平。良好的沟通能力可以促成满意的人际关系，但它并非与生俱来，而是需要学习的。

（一）人际沟通的定义

目前多数学者谈及沟通的定义时，认为沟通是人与人之间信息传达的过程，在此过程中，双方交换信息以了解彼此的想法、感受与经验，形成有意义的互动并由此连接成某种关系。

（二）人际沟通的历程

达到令双方都满意的沟通效果并不那么简单，因为它是个复杂的历程，在沟通过程中有许多元素不时交互影响，包含情境、沟通对象以及信息传送的过程等。

1. 情境

沟通总是在一定的情境中发生的。情境就如同一种背景音乐，有时不明显，容易被忽略；有时会显现出来，限制或强化我们的沟通效果。如在大型聚会、谈判现场或在咨询室里，沟通的内容、语调、表情、谈话的深度、投入程度等将有所不同，这就是受到物理情境的影响。又如某学生正为自己没有得到奖学金而闷闷不乐，这时候同学找他讨论班级管理问题，他有可能缺乏耐心，显得心不在焉；也可能会先把自己的心事暂时搁在心里，很快进入讨论状态。这种沟通过程中的心理或情绪状态，即心理情境。而各自所扮演的角色、彼此的关系等，也会直接影响沟通行为。例如，家人对当事人说“你真差劲儿”时表达的可能是亲密与关爱，不会对本人造成什么负面的心理影响，但老师对学生这样说的话，学生可能会有很大的挫败感，这就是社会关系的情境在潜移默化地影响我们的判断。此外，以往的经验也会左右沟通时彼此的反应。例如一个性格内向的学生在上大学前曾被一个性格开朗活泼的同学欺骗过，于是他刚上大学时与外向活泼的同学在一起有可能会格外小心翼翼，直到与他们相处一段时间后感觉有安全感了，他才能消除心里的偏见。这就是以往的经验限制了他的沟通方式。再者，沟通时的文化情境也是需要考虑的，这包含社会规范、习俗等，例如来自不同地方的大学生同住在一个寝室时，那么他们就要注意到地区文化背景、风俗习惯的差异，不将自己局限在既定的文化里，才有可能成为更好的沟通者。以上几个方面会相互作用、彼此影响，共同形成沟通时复杂多变的背景，而我们也会对不同的情境形成正面、中立或负面的预设立场，进而影响沟通的效果。

2. 对象

人是沟通历程的主体，人的生理、个性、特质、价值观等差异会影响彼此的沟通。如研究发现，女性普遍较男性更擅长用语言来表达情绪感受；大部分成人在言辞上的运用通常也比儿童、青少年更灵活。种族、性别、年龄、体力、健康状况等也都会对沟通产生影响。对个性外向的人而言，可能会觉得文静内敛的人显得太孤僻了；花钱比较随意的人可能认为节俭的人不够大方，其实是价值观的作用。再者，成长历程的经验，尤其是早年的生命经验，会塑造出人与人之间的差异，并影响沟通行为。例如，孩子在表达自己的情感需求时若遭到父母的拒绝或嘲弄，他就形成了一种感觉，即自己如果这样表现是不会被接受的，于是以后便较难在沟通时自在地提出自己的需要。此外，不同的学历或专业背景也会影响一个人的沟通行为。例如，相同专业领域的两位同学谈话时，很自然地使用一些专业术语，专业术语的使用不但不会引起对方的误解或听不懂，有时反而使谈话更添情趣；学识高的人相对于所受教育不多的人则更容易表达自己。而沟通时最常见、最具潜在影响的文化碰撞常常发生在两性的差异上。例如：女同学较重视用语言表达自己的感受，注意情绪感受的细节，渴望亲密及被认同；男性则思维偏理性，重视事物客观性的一面，渴望独立及拥有自己的个人空间。

3. 信息传送的过程

当有沟通需求时，人们会将内在的感受、想法等借助语言或非语言的方式传达给对方；对方接受到信息后，会加以解读并转化为一份主客观掺杂的信息，然后选择回应。而解读信息时，当下的情境、内在或外在的干扰等都会影响信息的判断，而这个过程是很微妙的，容易被人忽略。只有在审慎面对某些场合、仔细考虑措辞时，才能意识到信息的组织与解读过程。

（三）人际沟通的几个重要技巧

人们随时随地需要与他人沟通，要想达到理想的沟通效果，就需要运用到各种沟通技巧。基本的“倾听”、“语言和非语言”、“共感理解”、“解决冲突的技巧”是营造双赢沟通的必备能力。以下将针对前三者加以探讨。

1. 倾听的艺术

倾听是很重要的沟通行为，亦是需要学习的能力。在沟通过程中，“倾听”的重要性不亚于“说”，而且人们往往又很不容易做到有效的倾听。有学者将“倾听”视为“失落的艺术”，认为现代紧凑的时间与压力分散了人们的专注力，耗尽生活中倾听的特质，结果即使在重要的关系中也缺失了倾听，导致人际冲突，徒增失落感。

（1）倾听的含义。何谓“倾听”？首先让我们来解读“听”字。我们的祖先早已对“听”做了具体形象的描述。“听”的繁体字为“聽”，意即将对方当作“王”，不仅要用自己的耳朵听、用眼睛看，还需要用心加以分析和判别。倾听不仅是听到对方说的内容，更需要心智上的投入，以同时听懂对方的语言和相应的语音语调、面部表情和身体语言等非言语信息，进而了解其内在状态。

（2）倾听的层次与内涵。根据卡耐基训练（Dale Carnegie Training）的架构，倾听的层次由低到高分为五层：①漠视：这是最具破坏性的倾听行为，所表现出来的态度是不尊重、阻抗、忽视的，容易造成关系的紧张、冲突甚至破裂。②假装在听：表面上在听，其实并未留意对方所说的话，内心考虑其他的事，或更感兴趣的是自己要说什么。这种层次的听，容易有回答离题或导致冲突的情形。③过滤式的倾听：这是先入为主的倾听行为。只听自己想听的而忽略其余的内容；受制于个人偏见而不自知；在乎个人的想法更甚于对方；唯有面对自己认可的对象或话题时，才会以开放的态度来倾听，常常给人一种主观、武断等印象。④积极的倾听：以主动积极的态度来倾听对方，沟通时眼神同时关注对方，让对方有一种安全感和被尊重的感觉。这种层次的倾听，往往容易使双方建立和谐的氛围。⑤共感理解式的倾听：这是高层次的倾听行为。在④的基础上，能够设身处地地站在对方的立场上去观察、思考及感受。不但能听到事实，还可以听懂对方的心理状态。能够倾听对方未言之音，仔细体味隐含在表面语言背后的信息；帮助对方明确不完全的信息和细节，促进对方对事物和自我有更深刻清醒的认识。不同层次的倾听，决定了沟通的程度和效果。以上五种层次的倾听行为中，前三种类型会直接对沟通带来负面影响，后两种类型则易达到沟通时互诉心声，有助于人与人之间的良性互动[①]。

（3）如何进行有效的倾听。倾听是沟通的前提，一听一应、一应一答方可成为互动。我们知道，倾听不仅仅是靠耳朵就可以完成的问题，有效的倾听必须包括以下几方面：①专注：注视着说话的人，保持适当的目光接触、恰当的面部表情和肢体动作，以专心、开放的态度来倾听对方，对所观察、所听到的给予适当的回应，以澄清或验证自己是否真正理解了对方的意思，不随意打断对方的话语。心不在焉是倾听的大忌，这会扼杀对方继续说下去的欲望并对你产生不良的人际印象。②对方阐述的问题：倾听的目的就是为了清楚地了解对方所阐述的问题。尤其我们中国人具有含蓄内敛的特点，很多时候不会把“话”说的那么直截了当，这时候就需要你仔细判断和分析，学会听“弦外之音”，才能不至于误解对方想传达的内容。③对方表达的情绪和情感：同样一句话，因为对方所使用的语气、语调、身体语言等不同而表达出对方不同的情绪、情感，非言语信息比言语更能反映出一个人内心的真实情感和意图，因此要善于利用获取这个信息的重要线索。

两千多年前斯多葛学派哲学家曾说：“上帝给人两只耳朵和一张嘴，意思是要我们多花时间去倾听他人。”在人际沟通过程中，倾听的重要性相对于“说”，实在是有过之而不及，而积极有效的倾听则需要用心来学习和体味的。

练习 7—1

倾听小练习：1. 对方想阐述的问题是：

2. 他的情绪和情感状态是：

3. 你该如何倾听他？

2. 语言和非语言

来自于沟通学研究认为，人际的沟通只有约 7%是借语言来进行，其余的 93%是通过非言语信息来传达的，其中 38%取决于声调，55%依赖于身体语言。由此看来，人与人的互动十分微妙，沟通效果如何，不仅仅取决于语言的表达，更在于彼此能否确切地收发信息和非言语信息所传达的意义。

（1）言语信息。尽管人际沟通中言语信息的功能所占比例为 7%，但它仍是沟通时的重要工具。语言是沟通的重要媒介，好的语言表达常常是在真诚、尊重他人的基础上营造出来的。但你可能遇到过这样的情景，即你和对方不能相互自如地传达各自的思想，即无法达到相互理解。究竟在沟通时言语信息具有什么特性呢？①语境：语言的表达会受到情境及对象的影响。比方说，在教室里与老师说话时，语言的使用就会较正式、较有组织；在社团里，则可以多说一些轻松随意的话题。因此，沟通时须因境、因人制宜，才不至于说出不得体的话语。②语言的表达：清晰的表达是有效沟通的基本条件之一，这包括语言的清晰度及恰当的措辞。把话说清楚，可以减少猜测和误会。而恰当的措辞则需要语言理解及对互动的觉察，这样才能精准地表达自己。③语言的解读：同一句话，不同的人由于

---

① 黄政昌. 你快乐吗？大学生的心理辅导 [M]. 上海：华东师范大学出版社，2009：82.

性格、知识、经验、双方关系的亲疏程度、场合等不同可以有不一样的解读。如："你真行了啊!"有人解读为对方在赞扬自己。有人则认为对方在嘲讽自己。因此沟通双方如何解读、如何诠释就显得非常重要。

（2）非言语信息。我们说的话很重要，但是我们说话的方式和说话的语调更重要。我们的非言语信息扮演着举足轻重的角色。非言语信息包含说话时的声调（如音量、音调、音质、速度）及肢体语言（如表情、眼神接触、手势、姿势、身体距离）等信息，它同时随着表达的时间、空间及情境，对沟通产生影响。非语言的沟通之所以微妙，是因为其所传递的信息常是模糊不清、呈现较多的情感状态等，其具有以下特性：①模糊不清：同样的行为可能代表许多不同的信息。例如如何解读对方的一个眼神呢？"他喜欢我?"、"他斜眼看着我是什么意思?"……。肢体语言和声音，恋人是最好的例证，他们常常是在自己没有意识到的情况下，以肢体语言表现出他们的这种关系，倘若解读不正确，很可能会引起误会。②表达情感状态：在表达真实情感方面，非言语信息较言语信息更能传达一个人的情感状态。初次上台讲话的同学，谈吐中声音颤抖、不时看稿，你便知道他此刻是紧张焦虑的。而当说话内容和非言语的反应彼此矛盾时，人们也倾向于采用非言语信息所传达的意义。③非言语信息弥补言语沟通的不足：与人沟通时，不但要听对方说了什么，还要仔细观察相关的非言语要素，才能更准确地理解对方的意思。例如对方在说话时心不在焉，你就能判断他可能对话题不感兴趣或可能正有其他的事在困扰着他；对方也会借助于手势、语调等来补充自己对所描述事件的感受。可见非言语信息让沟通过程变得更丰富、更清楚，是沟通历程中极其重要的辅助工具。

总之，人际关系的形成受多种因素的影响，也受人际交往基本原则和规范的制约。大学生要建立和谐的人际关系，一方面要提高个人素质，同时多实践，在遵循交往的基本原则下，利用有利因素，营造和谐的人际氛围。

补充阅读 7—2

讨人喜欢的 10 个原则[①]

1. 对事不对人；对事无情，对人要有情；做人第一，做事其次。
2. 不要把别人对自己好视为理所当然，要知道感恩。
3. 要学会聆听。
4. 尊重传达室里的师傅及搞卫生的阿姨。
5. 真诚是宝。
6. 不必什么都用"我"做主语。
7. 气质是关键。如果时尚学不好，宁愿淳朴。
8. 尊敬不喜欢你的人。
9. 说话的时候记得常用"我们"开头。
10. 坚持在背后说别人好话，有人在你面前说某人坏话时，你只微笑。

① 张明．学会人际交往的技巧［M］．北京：科学出版社 2006：104.

【自我探索】

1. 测一测你的沟通能力怎么样。

请仔细阅读每一条，根据你的实际情况，在右侧相对应的字母上划上一个勾。A 表示：从不或很少这样；B 表示：偶然如此；C 表示：常常是这样。

1. 如果我发现了别人的优点，我会称赞他／她。 A B C
2. 别人乐于向我诉说。 A B C
3. 我情绪不好的时候，根本不想理任何人。 A B C
4. 与人交谈时，我会问：为什么…… A B C
5. 与人发生冲突后，我会主动言归于好。 A B C
6. 我觉得人心难测不可交。 A B C
7. 我会主动征求别人的意见。 A B C
8. 与别人看法不同时，我很想让对方听我的。 A B C
9. 我认为各人干各人的事，关系好坏无所谓。 A B C
10. 别人说我说话口气咄咄逼人。 A B C
11. 我会打断别人的话。 A B C
12. 我会换个角度将心比心来看别人的做法。 A B C
13. 我能委婉地表达我的建议或反对的观点。 A B C
14. 交谈时，我会注视对方的眼睛。 A B C
15. 我很注意人们无意间身体姿势所流露的心情。 A B C
16. 别人跟我讲话时，我会东张西望。 A B C
17. 别人说我表情太严肃了。 A B C
18. 别人不听我的劝告时，我并不生气。 A B C

评分与评价 对于 1，2，4，5，7，12，13，14，15，18（共 10 题），如果选 A 得 1 分，选 B 得 2 分，选 C 得 3 分。对于 3，6，8，9，10，11，16，17 题（共 8 题），如果选 A 得 3 分，选 B 得 2 分，选 C 得 1 分。

将 18 道题的得分想加，即得到你的人际沟通得分。你的人际沟通得分是（　　）。

得分在 40 分以上，说明你的人际沟通能力较好。如果得分在 30 分以下，则说明人际沟通存在一些问题，需要改进。

2. 小活动[①]

练习我们对他人的觉察力。像演员那样仔细地了解他人。尽可能地多收集有关他/她的信息，尽可能地多回忆有关他/她的细节。

在想象中接近他人。假想他/她的世界就是你的世界，他/她的感觉就是你的感觉，他/她的特征（容貌、性格）就是你的特征。

然后，想象如果我是他/她，会有什么样的感觉？会有什么反应和需要？最需要什么？

① 张大均，邓卓明．大学生心理健康教育（二年级）[M]．重庆：西南师范大学出版社，2004：74—77.

第三节　大学生人际冲突与解决

冲突是不可避免的，但冲突不一定是坏事。

——弗雷德·简特

有一幅名为《西西里僵岛》的漫画，描述的是在意大利西西里地区的某一路口，四辆汽车因为交通灯的失误，同时到达十字路口，每辆车的前进方向都被另一辆车堵着。当然这个问题其实挺容易解决，只要其中一辆车退后，被它堵上的车就可以依次开走了。

人与人之间的相处何尝不是如此。只要有两个或更多人在一起，便有人际的纷争。人与人之间的差异性增添了沟通的复杂性，稍不留意，误会与冲突便有可能发生。大学校园里亦是如此，经济的飞速发展使同学间团结互助的传统价值观受到现代个人主义的冲击，人际摩擦层出不穷，人际矛盾呈扩大化和激化的趋势，人际关系的不融洽对大学生个体的生活、学业适应和自尊都会产生负面的影响，甚至一些高校大学生的人际冲突因没有得到及时有效的关注最终以惨不忍睹的悲剧而告终，给世人敲响了警钟。本节主要探讨什么是人际冲突、大学生如何正确看待和应对人际冲突和矛盾，从而为自己营造和谐的人际氛围。

一、什么是人际冲突

冲突是一种对立的状态，表现为两个或两个以上相互关联的个体之间紧张、不和谐、敌视，甚至争斗的关系。人际冲突是人际交往的双方，由于人格、个性、利益、认知等的差异以及沟通障碍所引起的相互对立的状态。

二、大学生人际冲突的人格因素

造成大学生人际冲突的原因有很多，其中大学生的一些不良个性心理特征是引发冲突的主要原因。

（一）冲动心理

大学生处于生理和心理发展的特定时期，遇事易冲动，有时会把一些小矛盾演化成激烈的冲突。也有一部分同学认为自己直爽，做事干脆利索，其实也是一种冲动的表现。一般来说，人际交往中出现的一些小摩擦有时也很难清楚地断定孰是孰非，只要双方谦让一下就相安无事了，然而有些大学生往往会一时冲动，结果把事情弄糟。

（二）偏执心理

同学之间若能做到坦诚相待、互通有无，这样不仅有利于同学之间的沟通，而且还会减少不必要的摩擦。但是如果交往时不知道换位思考，委婉地让对方接受自己，而是措辞生硬，强行让对方接受自己的意见，则很容易导致冲突的发生。

（三）面子心理

大学生的许多人际冲突，都是发生在非原则问题的小事情或利益上，通常是不经意的言语伤害或无心的冲撞，本来一个小小的让步就没事了，但由于双方碍于面子，都不愿先低头认错，反而逞一时口舌之快，恶语攻击甚至握拳相向，彼此斗得头破血流。从心理学角度讲，这是在用不恰当的方法维护自己所谓的“面子”，仿佛谁先让步就失了面子，于是导致事态得不到控制，最后以悲剧告终。

（四）自我封闭心理

大学生由于种种原因会形成不同程度的封闭心理，阻碍其良好人际关系的形成，表现为不愿与他人交往、不合群。由于不善于或不主动与他人交往，感到孤立，心理压力较大，生活态度不乐观。这种状况很容易造成在与他人交往时的尴尬甚至矛盾冲突。

（五）自负心理

相对而言，大学生是同龄人中的佼佼者，然而进入大学后，有些同学的优势就会变得很不明显。这种心理落差，加上大学生本身的心理特点，使得他们在与人交往时，特别是在与比自己强的人交往时，有时会产生攀比甚至敌意情绪，最终造成冲突的产生，导致人际关系的恶化。

三、大学生人际冲突的原因

除了性格因素外，大学生的人际冲突还与以下因素有关。

（一）利益冲突

虽然大学生同属于一个社会群体，地位彼此相当，但是他们也有可能由于争夺各种利益引起冲突。例如评奖学金时，因名额有限，在两个条件相似的同学中只能产生一个，则容易产生人际矛盾。

（二）信息差异

由于人的经历、知识经验特别是价值观的不同，人们对同一事物往往会有不同的认识、理解和评价，从而有可能产生人际冲突。如大学生宿舍常因生活细节问题而造成人际冲突。

（三）情绪对立

当人们处于情绪上的对立状态时，是极易产生人际冲突的。如大学生违反纪律而受到老师批评时。

四、人际冲突的类型

人际冲突有不同的层次和类型。冲突分三个层次。第一个层次是特定行为上的冲突，即双方对于某个具体问题存在不同意见。例如，两人一起外出时，一个想看电影，一个想散步。第二个层次是关系原则或角色上的冲突，即双方对于两人之间关系中的权利和义务有不同的理解。例如宿舍同学可能在宿舍卫生劳动分工中上存在分歧。在人际关系中，存在角色规范模糊的情况，如果两个人对于规则看法不同，就很容易产生冲突。第三个层次是个人性格与态度上的冲突。这常常牵涉到双方人格与价值观的差异，因此是比较深层次的冲突。例如宿舍同学可能因为性格不合而闹矛盾。在实际的人际交往中，这三个层次的冲突有可能交织在一起。行为上的分歧，可能引起关系规则上的矛盾并进一步导致个性的冲突。一般而言，冲突层次越深，涉及因素就越多，情感卷入程度就越高，矛盾就越复杂，解决起来就会越困难。

冲突可能产生于客观存在的分歧，也可能根源于主观想象的矛盾。根据冲突的基础不同，研究冲突的著名学者多伊奇认为冲突包括五种：平行的冲突、错位的冲突、错位归因的冲突、潜在的冲突、虚假的冲突。

平行的冲突指的是双方存在客观的分歧且双方都准确地知觉到了这种分歧。例如宿舍中大家约定周末一起度过，但有的想聚餐，有的想一起参加舞会，大家意见分歧，互不相让。

在错位的冲突中，一方可能有一个客观的理由，而且已知觉冲突的存在，但是却不直接针对真正的问题本身。例如，你对你朋友的一些做法有些不满，但又碍于面子不好意思直接说，于是你就改变对他以往的热情，让朋友很困惑。

在错误归因的冲突中，虽然存在客观的分歧但是双方并没有准确地知觉到。如一位同学发现教室里面有异味，她以为是由于同在教室的另一位男同学袜子的气味，实际上异味来自于半盒没有及时倒掉的剩饭。

在潜在的冲突中，双方对存在客观的分歧并没有什么感觉。

在虚假的冲突中，双方有分歧，但是这种分歧没有客观的基础。例如由于沟通渠道不畅造成的彼此误会①。

五、人际冲突的意义

（一）它是所有人际关系中必经的自然过程

冲突是自然而然、不可避免的，因为一个人并不是另一个人的复制。当我们开始与他人互动且相互影响时，彼此意见不合是无法避免的。冲突的出现不表示彼此的关系有问题，事实上冲突反而显示个体彼此是有联系的，不然就不需要共同来解决问题。

（二）它能够使我们思考与我们不同的观点

无法有效处理冲突的其中一个原因在于冲突的过程中包含了许多不知道如何表达的紧张感觉，这些情绪又很难以合理的方式表达出来，因为我们担心冲突会破坏人际关系。实际上我们可以借此拓展对自己的了解，因为我们在表达及回应的同时，将会更深入地了解自己的想法和感受。

（三）冲突——成长的推进器

发展心理学家指出，人类的成长大多起因于冲突。这是因为当我们和别人争辩之后，内心会受到巨大的冲击，迫使我们不得不重新审视自己的信念，调整自己的认知，磨炼我们更复杂的推理能力。所以，在冲突中学习不仅是一项重要的生存技能，更是加速个人心灵成长的推进器。

六、大学生人际冲突的管理和解决

西方有一句谚语：骆驼背上最后一根稻草。意思是说就算在一只承担了巨大重量的骆驼背上仅再加一根稻草，也足以压垮骆驼。在人际关系上，更易出现“最后一根草的效果”。两个人向来感情融洽，然而在一次意料不到的情况下，一次小的冲突导致双方不再继续交往。至此他们才明白原来所谓的“融洽”，只是对争执的包容与忍耐，一旦超越顶

---

① 段鑫星，赵玲．大学生心理健康教育［M］．北京：科学出版社，2003：174.

点便会一发而不可收了。因此，人与人之间的冲突，假若未能及时化解，便易成为矛盾的心结，终有一日会借“草”而出，使我们苦心经营起来的良好的人际印象付之一炬。因此，以恰当的方式解决人际冲突不但可以化解人际危机，甚至可以让我们的人际形象得以升华。

那么，大学生应该如何采取有效的人际冲突的解决方式呢？

（一）避免直接争吵或逃避冲突

当发现不一致时，应避免直接争吵，也不能选择逃避的方式。面对冲突时，许多人通常有两种反应：一是直接争吵、一是逃避，这两者都不是积极的解决问题的做法。逃避并不能使问题自动消失；直觉式的回击或挑衅，极易引起双方情绪的对抗，可能会使冲突升级或造成长期的冲突。

（二）主动出击：从缓和气氛入手

冷战是不可取的，冲突的解决需要双方共同努力，但总要有一方“先跨一步”。主动出击的人，往往会掌握一些主动权。如果想让对方积极配合，则气氛的缓和是非常必要的。环境会对人产生一种情境暗示，因此选择一个使人感到放松、不会让双方分神和受到干扰的环境，比如学校的茶室或花园等。保持积极肯定的态度，让自己积极且有建设性地面对冲突。

（三）冲突界定：找到冲突的本质

不掌握争议事项的全貌，绝对不可能找出问题的症结存在。这意味着双方必须将各自的观点和感受真实地表达出来，将各自的需求和愿望进行分析并理解，找到冲突的本质，以便继续下一步的行动。

（四）寻求共鸣：谈论有共识的东西

人的思维和情感都具有一定的惯性，当我们朝着某一个方向思考问题时，就会倾向于一直思考下去，这就是有些人沉醉于某些消极的想法难以自拔的道理。因此在解决冲突时，先讨论一些让人轻松或有可能达成共识的话题，当对方的思维和情绪进入一种认同你的状态时，再澄清分歧。

（五）澄清分歧：让对方觉得你在为他着想

开始谈论导致冲突的问题时，要保持平静的心情，尽量站在对方的角度用心聆听对方的观点，理性思考冲突背后的深层原因，了解对方行为背后的真正含义，然后表示出对对方意愿的认同，参照自己的底线做适当的让步。你的先行示范，很可能会导致对方也考虑你的需求和愿望，从而反省自己，做出相应的让步。

（六）共同商榷：寻求并确定解决方案

当冲突的双方明确了问题的分歧后，双方就必须一起努力来寻找各种可能的解决方案。当把所有可能的解决方案都列出以后，逐一分析优劣，确定一个双方都可以接受的方案，达成共识。

俗话说：物以类聚，人以群分。我们都喜欢与我们性格、兴趣、价值观等相合的人做朋友，可是现实生活中我们总会遇到与我们不同的人，学习与这样的人相处，反思这些差异，实际上正是我们可以成长的空间。

【自我探索】

1. 请你根据自己的实际情况，认真完成下面的测试题，以了解自己处理交往危机的能力①。

(1) 当你与一些同学由于一些问题产生了矛盾，关系紧张起来，你会（ ）。

A. 从此不再搭理他（她）。

B. 主动去接近对方，争取消除矛盾。

(2) 别人错误地认为你干过某一件不好的事情，你会（ ）。

A. 找这些乱说的人对质，指责他们。

B. 不去理睬，让时间来证明自己的清白。

(3) 如果你的两个同学之间关系紧张，你会（ ）。

A. 采取不介入的态度，明哲保身，不得罪任何人。

B. 努力调解两位同学之间的矛盾。

(4) 如果你的好朋友和你发生了严重的意见分歧，你会（ ）。

A. 暂时避开这个问题，以后再说。

B. 为了友谊，迁就对方，放弃自己的观点。

(5) 别人妒忌你所取得的成绩时，你会（ ）。

A. 以后再也不冒尖了，免得被人妒忌。

B. 一如既往地工作，但同时注意反省自己的行为。

(6) 如果工作需要你去处理某一件事，而处理这件事的结果不是得罪甲就是得罪乙，而甲和乙恰恰都是你的好朋友，你会（ ）。

A. 向甲和乙讲明这件事的性质，想办法取得谅解。

B. 瞒着甲和乙，悄悄把这件事做完。

(7) 如果你的同学虚荣心太强，你很看不惯，你会（ ）。

A. 听之任之，随他（她）怎么做，以保持良好关系。

B. 利用各种机会经常劝导他（她）。

(8) 如果别人的一些言辞或做法使你处于尴尬境地时，你会（ ）。

A. 随机应变，幽默化之。

B. 感到很无奈，没有办法摆脱这种局面。

结果与评价 1、2、3、5、7题不选得0分；选择1分。4、6、8题选得1分；不选得0分。你的得分是（ ）分。

如果你的得分低于5分说明你应对交往矛盾的能力较弱，当出现交往尴尬、冲突时你不能采取较为积极的办法应对而是消极逃避。

2. 反省自己以往处理交往冲突和矛盾时自身存在的一些问题，列出自己认为比较积极的应对方法，并在实际生活中试着加以运用。

---

① 张大均，邓卓明．大学生心理健康教育［M］（三年级）．重庆：西南师范大学出版社，2004：91.

第四节　大学生人际交往障碍与调适

一个没有开放的心理、不能很好与人交往的人，将难以通过人际交往获取信息和占有信息、难以得到他人的理解和支持、难以适应复杂多变的社会环境，自然就难以在激烈的竞争中胜出。甚至会影响他们的自我价值感，引起各种心理障碍或疾病。那么，如何有效避免这些问题的发生呢？本节主要介绍大学生在人际交往中常见的心理障碍类型及如何对这些人际交往障碍进行有效调适。

一、从新的角度看待妒忌

图 7-2　妒忌的表现

妒忌是对他人的优越地位在心中产生的不愉快的情感，是对别人的优势产生一种不悦、自惭、怨恨、恼怒甚至带有破坏性的负情感。它是存在于人类心灵中最不健康的一种情感因素、一种生理疾病、一种人生症结，同时它是一种缺乏自信、深感生命失落的心理感受。

那么，妒忌之心是如何产生的呢？关于妒忌产生的过程，心理学的描述是：甲得不到他想要的东西，而且这个东西由于各方面条件的限制是他根本无法得到的，但是他的熟人乙却拥有这个东西，于是甲的心理就出现了一种莫名其妙的怨恨，这就是妒忌。妒忌是由社会生存环境的长期酝酿发展造成的，而社会环境中的根本原因是社会生活的差别。也就是说妒忌是由于人们在经济、政治生活及相貌和才智方面的差别造成的。

其实，妒忌如同一把双刃剑，既伤害别人，也折磨自己。《三国演义》里的周瑜，气宇轩昂、年轻有为，唯独智谋不如诸葛亮，因而充满妒忌之心，一心想超过诸葛亮，因始终无法如愿，耗费心机，才三十多岁就怨愤而死。所以说，妒忌会吞噬一个人的心灵，妒忌者遭受的痛苦比被妒忌者遭受的痛苦更大。妒忌是人际交往中的心理障碍，它会限制人的交往范围，压抑人的交往热情，甚至会化友为敌。

那么我们如何克服妒忌心理呢？结合每一个人的实际情况，有意识地提高自己的修养水平，是消除和化解妒忌心理的直接对策。

（一）包容心

“海纳百川，有容乃大”。当你有一颗宽厚的心时，你就不容易妒忌别人。当妒忌之火升起时，化狭隘为宽容，辩证地思考，理智地去对待，使你的内心更加光明，前进更有方向。

（二）贵在自知

当妒忌心理萌发，或是有一定的表现时，我们应当积极主动地调整自己的意识和行动，从而控制自己的动机和感情；同时要冷静地分析自己的想法和行为，尽量客观地评价自己，找出一定的差距和问题，加强自身的学习和修养，充实精神，拓宽视野，树立起良好的竞争意识，使“妒忌观念”转变为“竞争观念”等。

图 7-3　宣泄的途径

（三）自我宣泄

妒忌心理是一种痛苦的心理，适当的宣泄、转移聚焦点是减轻这种心理负担的一种积极的方式。例如找自己信赖的亲戚朋友、或发展自己的兴趣和爱好、进行有益的体育运动来宣泄和疏导。

当然，彻底消除妒忌并非易事。如果把妒忌心理变成激情之火，激发生活动力，增进学习热情，有一股不服输的劲头，那么妒忌反会成为你追求上进、奋力拼搏的力量之源。

二、社交恐怖

大学生在人际交往中，面对新的环境、接触陌生人，经常会出现语无伦次、不知道该怎么表达的现象，一般通过多参加社会实践就可以逐步改善和适应。而社交恐惧则是一种具有不安和恐惧色彩的情绪反应，属于比较严重的人际交往障碍。社交恐惧对于个人身心健康、生活质量乃至未来前途都会产生不可估量的负面影响。因此，克服交往恐惧感，摆脱无形的恐惧的纠缠，对改善人际关系，保持心理健康有重要的意义。

存在这种问题的人意识清楚，分析和解决问题的能力都不差，但就是对某人或某种场景有莫名其妙的紧张和恐惧感。之所以说“莫名其妙”是因为当事人心里明明知道没有什么可怕的，然而就是身不由己。社交恐怖的典型症状是：不敢见人，与人交往时面红耳赤，神经处于一种非常紧张的状态。与人交往时，对自己的言行和举止过于敏感，生怕在别人面前出丑。他们越是害怕，就越是无法控制自己的失态行为，反而在别人面前异常紧张，极不自然。不自然的面部表情和行为通过反馈更加剧了紧张意识，形成恶性循环。时间长了，会使他们对交往情景形成一种条件反射的害怕心理，以致变得神经质。

（一）社交恐怖的原因

社交恐惧产生的原因，一般有以下几种。

①性格方面。社交恐惧主要发生在性格比较内向，胆小、孤僻、敏感、被动退缩、优柔寡断、依赖心理强、不善言辞的人身上。

②认知因素。交往中过度注意自我形象，害怕自己的弱点被别人发现，致使心理负担过重，缺乏交往的主动性。

③负性生活事件。负性生活事件在当时使当事人产生极度的痛苦情绪，并留下难以忘怀的伤痕，于是产生社交恐惧，造成在以后的交往中谨小慎微、消极被动，久而久之，就不敢在公众场合中展示自己了。

④青春期性的萌动和成熟。社会恐怖在青春期的发病率高于成年人。青春期的社交恐怖往往首先表现为异性恐怖症，再由异性恐怖症发展泛化到对人的恐惧。青少年性的成熟导致性意识的苏醒，使其产生对异性的好感、爱慕之心及追求异性的要求。但因为观念的限制或其他原因，这种要求受到了压抑或排挤，令他们在异性面前产生害羞感，使他们处在矛盾中。若早期有不良的性经历，就会产生羞耻感和罪恶感，导致对与性有关的事和人际关系的神经反应，最终发展成社交恐怖。

（二）社交恐怖的调节

紧张与恐惧并不可怕，可怕的是作茧自缚，不敢正视。社交恐惧纯属是一种因心理过度紧张造成的心因性疾病，并不直接威胁生命和健康，甚至不影响正常的智力活动。社交恐惧也并非不可战胜，关键是积极寻求解决办法。只有积极治疗和训练，卸去沉重的枷锁，身心方能轻松！无论什么原因引起的社会恐怖，都与缺乏自信、过度自卑有关。因此要克服社交恐怖，需要做到以下几点。

首先，必须全面认识自己，克服自卑。自卑者要学会客观地评价自己，剔除对自己求全责备的倾向。克服自卑还要用积极的态度来弥补自己的不足，即用补偿心理超越自卑。这是一种心理适应机制，也就是为了克服自己的生理缺陷或心理自卑，发展自己其他方面的优势，赶上和超过他人。

其次，要鼓足勇气积极参加社交活动。勇气对恐惧羞怯者而言是一座桥，当你通过这座桥，就可以步入多彩的交往世界，获得更多的经验和友谊。美国前总统卡特、英国王子查尔斯都坦率地承认自己过去是十分“怕羞”的人，可后来却成了优秀的政治家。因此，在交往活动中端正对交往的认识，掌握基本的社交技能和技巧，相信自己，勇敢地去说去干，就一定能走出恐惧的阴影。

最后，与异性交往时要树立正确的性观念，消除羞耻感。

严重的社交恐怖会形成社交恐怖症（详见第十二章），我们还应采取心理咨询和心理治疗的方法。

补充阅读7—3

认知治疗①

策略一 改变不合理的观念

人的思维与行为是相互影响的。社交恐怖者多多少少都在头脑里隐藏着一些负面思维，如前面的案例中的“总觉得大家都在对她品头论足”、“那位女同学肯定认为自己很不正经”等。可采用以下步骤：

步骤①写下你的担忧与害怕，明确自己究竟在害怕、担忧什么。

步骤②质疑你的担忧与害怕。一旦清楚你自己在想些什么，下一步就应该重新仔细审视这些想法，深入思考一下你的想法与实际是否相符，它们是否合理，对你有没有帮助。

策略二 自我意识监控

仔细审视自己，你会发现当你感到恐惧紧张时，头脑里就好像有一个“监工”，对你用负面的语言来评价或指示，如“可千万别脸红呀”、“怎么这样没用啊”。实际上这个“监工”会干扰你的正常反应，使你紧张、行为失常，继而引起了这位“监工”的焦虑，造成恶性循环，结果会变得更为紧张。这个“监工”就是你自己的自我意识，而对待它的一个可取的方法就是转移自己的注意力。比如，可以尝试以下做法：

第一步：关注自己

先将注意力聚焦在自己身上约3～5分钟，然后回答以下问题：你的感觉如何？你注意到什么？将答案写下来。

第二步：关注他人

将注意力放在他人身上约3～5分钟，同样回答以下问题：你的感觉如何？你注意到什么？将答案写下来。

第三步：比较

比较以上两种情况下你的回答，它们有哪些相同与不同之处。

第四步：结论

在哪种情况下你感觉好一些？注意外界事物是否很难做到？你是怎样做到的？

【自我探索】

1. 你如何面对自己的妒忌心呢？
2. 如果你的同学有社交恐怖的现象，你将如何帮助他呢？

---

① 张大均，邓卓明．大学生心理健康教育（三年级）．重庆：西南师范大学出版社，2004：57—62.

【思考时间】

1. 通过本章的学习，你对人际关系有了哪些新的认识呢？你知道了人际关系的哪些基本原则呢？

2. 你将如何提高你的人际交往能力呢？

3. 你有哪些人际冲突的解决方法呢？

第八章

青春的舞蹈
——大学生恋爱心理

爱是我们对所爱者生命与成长的主动关切，没有这种关切就没有爱。爱与其说是一种情感，毋宁说是一种能力，一种态度。爱是一种积极的活动，并不是一种被动的情感。如果用最通常的方式来描述爱的特征，那么，它主要是给予，而并不是接受。

——弗洛姆（德国精神分析学家）

8－1

当爱情来敲门

晓萌进入大学以后，将取得优异成绩作为自己的目标，希望在各方面都有出色的表现，毕业后能够找到一份满意的工作，将爱情列为大学生活的奢侈品。然而宿舍里的其他同学都逐渐有了自己的男朋友，每天一起上课、上自习、吃饭、逛街，晓萌的心也开始痒痒的，渴望有一场浪漫的恋情降临到自己的身上。直到在一次社团活动中，遇到了身为社团学生干部的苏明。苏明是晓萌同专业的学长，高大帅气、成绩出色、热情爽朗，对女孩子很体贴，在社团里是一个深受欢迎的人物。晓萌对他很有好感，经常找机会问他一些专业上的问题，苏明对晓萌也很关心，在晓萌生病时主动买了水果到宿舍看望，宿舍的同学见到苏明以后，纷纷开起两个人的玩笑，但是两个人并没有进一步的发展。在一次社团组织的自行车出游活动当中，两个人结成了一个小组，晓萌坐在苏明的自行车后座上，觉得有一股幸福的风吹过了自己的心，苏明心情也很好。出游回来，两个人交往开始增多，公开成为一对男女朋友。晓萌觉得很开心，但是随着两个人的相处变得平淡，却没有了刚刚认识时的激动感觉。晓萌在日记里写到，这就是我大学里的爱情吗？我们能永远在一起吗？

导　言

在古希腊的传说中，最初人是一个球形，有四条胳膊，四条腿，四只眼睛，四只耳朵，两张面孔，所有身体的构造都是现在人的两倍。他们具有十分强大的力量，可以与诸神抗争。众神之父宙斯为了消除隐患，想出来一个削减人力量的办法，将人从中间分成了两半。人被分成两半之后，已经不再具备与神比试的能力，全部的精力和心思都放在寻找自己的另一半上，找到的人也不愿意再与神争斗，陷入对自己另一半的爱恋和不舍当中。这个传说告诉我们，原来爱情就是追求自我完整的过程，因为缺失了另外一部分，所以要苦苦的追寻。有一些人幸运地找到了，与所爱的人长相厮守，生命不再寂寞；有些人以为自己找到了，却又因为种种原因再一次的失去，饱受痛苦的煎熬；有些人一次次在彼此的生命里擦肩而过，像两条平行线不能交叉，独自品尝着生活的甘苦。那么到底什么是爱情呢？究竟是什么力量让人们为之痴迷并苦苦追寻，千百年来留下那么多或凄美动人或荡气回肠的故事呢？又是什么原因让我们彼此不能抗拒，渴望陪伴在各自生命旅途之中直到终老呢？许多人也在不停的寻找这份答案。

爱是人类思想的一枝奇葩，在爱中充满了甜蜜和幸福，也遍布着荆棘和伤害，因为爱，能让我们更加深切地体会到生活的意义，能激发我们的创造力，滋养我们的生命，甚至在人生最艰难的时刻，能够帮助我们渡过难关。历史上有很多这样的例子，人在极端困难的时候可以依靠别人的爱或者爱的希望而生存下去。奥地利心理学家、精神病学家维克多·弗兰克和家人曾经有过一段被囚禁在纳粹集中营的生活，他在集中营里写过这样一段话："他们当中那些想念着所爱的人并保留一线希望的人渡过了难关，而那些放弃与爱人团聚希望的人死去了。"正因为心中有爱，维克多才得以渡过了在集中营的艰难岁月，用强大的信念领悟到自己生命的意义，并在心理学上做出了杰出的贡献。可见，爱可以超越很多物质和精神而存在，成为我们生命最重要的组成部分。

在年轻的大学生中间，爱情同样是一个备受关注的话题。很多人听到过这样一个说法，即爱情是大学的一门必修课，很多同学对此都深有体会。但这门课程却并没有想象当中那么容易，不少人在其中遇到了各种各样的问题，诸如暗恋、单恋、失恋，品尝甜蜜爱情的同时也体会到了爱情带来的痛楚。那么究竟应该如何认识和看待我们的爱情，大学生活里的恋爱又有哪些需要注意的问题，遇到恋爱中的困惑又要如何调整和处理呢？本章就要为大家解答这些问题。

爱的自我评估

请用非常符合、基本符合、完全不符合三个标准来判断下列描述与你自己实际情况相符合的程度。

1. 我的父母表现出了健康的爱情方式
2. 我对恋爱充满了渴望
3. 我需要有人出现在我的爱情生活当中
4. 我需要有人分享我的快乐、忧伤、梦想和疑惑
5. 我对自己充满了喜爱和欣赏
6. 我担心别人不会接受我
7. 我能够通过有效的方式向我爱的人表露心意
8. 我在恋爱关系中能够体验到幸福和快乐
9. 我在爱情中受到创伤或挫败后，不愿意再信任爱情
10. 我能够意识到恋爱对我同时具有消极和积极两方面影响

通过自我评估，可以发现自己对于爱情是否持有积极的态度，评估自己看待爱情的客观性，以及是否拥有足够的爱和被爱的能力。

第一节　大学生异性交往

一、大学生异性交往的基础——对爱情的正确理解

爱情是大学校园里一道独特的风景线，对于爱情的渴望成为大学生当中较为普遍的心理状态。随着大学生身心发展的成熟，其对于爱情的理解也在不断深入。但是随之而来，许多人也遇到了各类恋爱问题的困扰，影响了自己学习、生活和心理的健康发展。对于爱情这种深刻、复杂又独具魅力的情感体验，很多大学生都在追问，究竟什么是爱，如何判断自己是否得到了真爱呢？本章希望通过对爱情的科学解释和对大学生异性交往的分析，为大家解开谜团。

（一）神秘爱情的科学解码

有人这样描述爱情：爱情是生理活动和心理活动的统一，自然性和社会性的统一，体

现着人深刻的社会性，它通过一定的社会形式把人的自然属性和社会属性联结在一起，从而引起两性精神最深沉的冲动。还有人这样诠释爱情：爱情是男女双方基于一定的客观物质条件和共同的人生理想，在各自内心中形成的对对方最真挚的倾慕，并渴望对方成为自己终身伴侣的最强烈、稳定、专一的感情。从这些描述中我们看到，虽然人们对于爱情内涵的表述各不相同，但同样都涉及了生理、心理和社会三个方面。爱情产生和发展的心理机能及实质，首先便体现在其自然属性，即人生理的成熟与发展上，即爱情首先是基于性生理的成熟，男女两性之间产生性吸引，从而产生的互相结合的强烈愿望，进而以男女两性之间的共同信念、理想、追求和优良的道德品质为基石，得到愉悦身心的美好体验，并发展为受社会道德、法律规范制约，涉及繁衍后代的社会功能的两性行为。所以，爱情与性是紧紧联系在一起的。大学生正处在性生理和性心理发展的高峰期，引导其正确认识和处理异性交往中的问题，首先要分析其两性生理、心理及社会化发展的特点。

1. 大学生性生理的发育

爱情是人的生理成熟到一定阶段时才会产生的体验，性生理的发育是爱情产生的最基本原动力。在校大学生的平均年龄一般在20岁左右，开始有了性意识的觉醒，强烈意识到两性差别，开始关注自己身体的变化，关心与性有关的问题，对异性以及异性关系也开始表现出强烈的兴趣，进入了人们通常所说的“情窦初开”阶段。

大学生性意识的成熟一般有以下标准：

（1）能够正确理解两性关系；

（2）能够产生正常的两性交往需要，建立自己的爱情观；

（3）能够自觉理智地控制性冲动；

（4）能够认识到两性交往的最终结果，是进入正常的婚姻状态。

性生理和性意识的成熟为大学生恋爱提供了生理基础，他们开始渴望友谊，向往异性交往，向往爱情，因此当代大学生中恋爱已成为普遍现象。

2. 大学生性心理的发展

性心理是围绕性欲望、性冲动、性行为、性满足而产生的认知、情感、需要和体验等心理活动。青春期性机能的迅速发展和成熟，引起了大学生性心理的重大变化，突出表现为含有性因素的刺激反应增多、对有关性的问题反应比较敏感，体验比较深刻等方面。

一方面，青年大学生有了性的萌动，随之性观念开始树立，性心理逐渐成熟，突出表现在：①对性知识产生浓厚的兴趣，渴望了解有关异性方面的知识，通过学校提供的“生理卫生”教材、“心理健康教育”课程、媒体、书籍等多种渠道，逐步建立起科学的性观念。②开始出现对性刺激的敏感反应，异性俊美的容貌、柔和的声音、温馨的肌香以及对外生殖器官的刺激都会引起其性冲动，并得到性快感，开始主动接触和寻求异性。③在与异性的接触中，逐渐地认识到两性差别及关系，对异性产生好感、思慕、爱恋和妒忌等态度，并开始自觉或不自觉地思考一些两性关系的问题，积极参与与异性的竞争，对理想异性产生想象，等等。

但与此同时，由于大学生性教育的缺乏和滞后和社会、家庭教育的消极影响，也导致有些大学生在性心理发展上遇到了许多困扰，产生一些不容忽视的心理问题，使他们陷入不能自拔又孤独无助的境地。大学生常见的性心理困扰主要表现在以下几个方面：①随着第二性征的出现，一些大学生对自己的体征出现焦虑心理。男同学表现为对自己的生殖器官、身高、肌肉发育等方面的不满意，女同学表现为对自己乳房大小、肥胖问题、青春痘等问题的关注，在异性面前产生自卑感和难堪感，影响了正常的人际交往、学习和生活。②随着大学生性生理和性心理的成熟，出现了诸如仰慕异性、渴望与异性相处甚至性幻想、性梦等各种性心理活动的现象。一些大学生因此而产生不道德感和不洁感，导致上课精力不集中，焦虑紧张，严重时导致神经衰弱，给身心健康带来了负面影响。③由于对性生理的成熟缺乏正确认识，一些大学生因为遗精和月经等问题，出现了羞愧厌恶、恐慌担忧、焦虑不安等心理困扰，导致神经衰弱、失眠、头晕、头痛、耳鸣等生理症状，这些症状又在一定程度上加剧了心理负担，个别大学生因此产生较为严重的心理障碍。特别是许多女大学生随着月经的周期性变化，出现严重身体不适和烦闷、抑郁、焦虑、易怒等经前紧张综合症的情况，严重影响了自己的学习和生活。④由于自制力差、缺乏正确引导，一些大学生因为手淫等自慰性行为而产生紧张不安、自责、担忧、羞愧和焦虑等心理困扰；一些大学生因为发生婚前性行为导致了焦虑、不安、失贞甚至恐惧心理，给内心造成了阴影；还有少数大学生出现同性恋、露阴癖、异装癖、恋物癖等性变态行为，让内心充满着矛盾，时常自责、焦虑、不安、恐惧，担心自己的变态行为被人发现和耻笑，导致了性格上的怯懦、卑微、缺乏自信等。

随着大学生性心理的逐渐成熟，只要正确认识和理解自身生理和心理的变化，正确认识和处理与异性的关系，树立科学的性观念，上述一些问题都能够合理解决，使自己的身心得到健康的成长。

3. 大学生社会意识的成熟

性是爱情产生的生理基础和自然前提，是构成爱情心理结构的主要组成部分，大学生追求爱情，渴望恋爱是性生理成熟基础上的性心理需要。但是单纯的生理和心理条件还不能构成爱情的全部，爱情的形成还与人的社会性的发展有着密切的关系。爱情成为人类永恒的话题，被千百年来所讴歌，也是基于爱情的社会性。

爱情的社会性主要体现在，爱情是理性和有目的的人类交往活动。我们可以从三个方面来认识这一问题，首先，作为一种社会现象，人能够在一定的劳动和社会关系中，权衡和调整自己的恋爱行为，爱情的力量可以促使人预见、认识和按一定目的调整自己的爱情行动，使自己获得个人幸福。其次，爱情中伴随着男女之间特殊的审美感和羞耻感。爱情中的审美不仅表现为外表的吸引，更是一种深沉的发自内心地对美的鉴赏和迷醉。与审美感相对应的是，人们在爱情表达方式与性行为的选择上还伴随有羞耻感，特别是在单相思与失恋中，更体现了人的羞耻感。最后，人在爱情中往往还表现出了自我牺牲精神与巨大的道德力量，爱情引导一对男女去建立牢固的共同生活，去建立婚姻和家庭形式的关系之后，精神力量便成为爱情中永恒与不竭的动力源，维系着平凡的生活。正是因为这些社会性的存在，才使复杂的两性关系具有更为高尚的精神。

很多心理学家也从不同方面阐释过爱情的社会性。法国著名社会学家斯宾塞在《心理学原理》中将恋爱界定为生理上的性冲动、美的感觉、亲爱、钦佩与尊敬、喜欢受人赞许的心理、自尊、所有权的感觉、因人我之间隔阂的消除而取得一种扩大的行动自由、各种情绪作用的高涨与兴奋等九个因素的集合体。这个界定方式正说明了爱情是人的社会性的成熟。

大学生社会意识的成熟也是促使其产生恋爱行为的重要原因。入学前后环境的变化，对大学生恋爱有着重要的影响。入学前虽有对异性的向往，但由于学业的压力和老师、家长的干涉，青春的骚动被压抑着不敢释放。入学后由于学校没有禁令，家长无法直接干涉，处在自由状态下的异性，在共同的学习生活中频繁交往，相互了解，为大学生的恋爱提供了客观环境。大学生在异性交往的过程中，由于相貌姿态的喜爱，思想意识的一致，理想信念的相投，性格气质的相容，兴趣爱好的相近等因素发生心理共鸣，达到精神上的交融与和谐，使双方产生一种特殊的兴奋、愉悦、倾慕、眷恋之情，进而产生真挚的爱情，用对方的长处来弥补自己的不足，用自己的优点来影响对方克服缺点，双方共同努力从而达到共同进步，使爱情得到完善和升华，也是爱情社会化的体现。

当然，爱情的社会性也对大学生的恋爱认知和恋爱行为提出了要求，大学生要以社会认可的方式追求异性，与其确定和发展恋爱关系，形成正常的性情感和性意志，最终建立一个以爱情为基础的和睦家庭，并能自觉按照社会道德规范、风俗习惯、身份特点和法律要求，来控制自己的性冲动和性行为。这是一个人个体成熟的主要标志，也是大学生需要牢固树立的观念。

（二）爱情的经典理论

现在，我们就可以揭开爱情的神秘面纱。综上所述，爱情的本质是由爱情的生理、心理、社会三个要素相互作用构成的。所以心理学上将爱情定义为建立在生理、心理和社会综合需要基础之上的、使人能获得强烈的生理和心理享受的稳定而持久的情感。迄今为止，多位心理学家也从各自不同的角度阐释了对爱情的理解，我们有必要对大师们的经典理论做一大体了解，来进一步认识爱情的本质。

1. 爱情三因素理论

爱情的三因素理论由美国耶鲁大学的斯腾伯格教授提出，他认为人类的爱情基本上由三种成分所组成：动机、情绪和认知。这三种成分对应着爱情应包含的三要素：亲密、激情、承诺。理想的爱情应该是这三者的完美结合。

动机成分：动机含有内发的性驱力，包括异性之间身体容貌等特征的彼此吸引，而产生的相互喜欢、亲近的感觉。以动机为主产生的两性关系要素为亲密，是爱情的情感成分。理解亲密感有一点需要特别注意，虽然亲密感是爱情的基础，在亲密感产生之初，人需要冲破自身去与人产生亲密感，但是又会因为担心太过亲近而失去自我，而在发展过程中渐渐远离，产生亲密感与自主之间的平衡行动。

情绪成分：情绪表现为由刺激引起的喜、怒、哀、惧等身心激动状态。以情绪为主的两性关系要素为激情，是爱情中令人兴奋激动的成分。在两性关系开始的阶段，激情通常是最强烈的，通常表现为对方时有时无的反应，会引起自己患得患失的心情，而激发起持续不断的热情。

认知成分：认知是对情绪和动机的控制因素，是爱情中的理智层面，以认知为主的两性关系要素为承诺，指愿意与对方相爱，并且保持长期、稳定的关系。承诺包括短期与长期两种，短期是指决定去爱一个人，长期则是承诺要维系这份爱。在大学生的爱情当中，这是重要的一点要素，双方的短期承诺表现明显，但是却缺乏步入婚姻的长期承诺，所以在爱情关系调控当中，需要以认知来加以调控。

这三个要素分别代表了爱情三角形的三个顶点，任意改变三角形的一边，就会形成不同的爱情三角，爱情关系中的亲密、激情和承诺随着时间的变化，所占分量的比例也会改变，在爱情初期激情具有重大作用，但随着时间的推移，亲密必须不断加强，并加入承诺的约束，以促使关系稳定。三角形的形状也会因为这三种元素的增减而随之改变，三角形的面积即代表爱的含量，含量越多证明爱情的品质愈高，两人的爱情三角重叠的部分越多，则代表双方对爱情关系的满意度也越高。

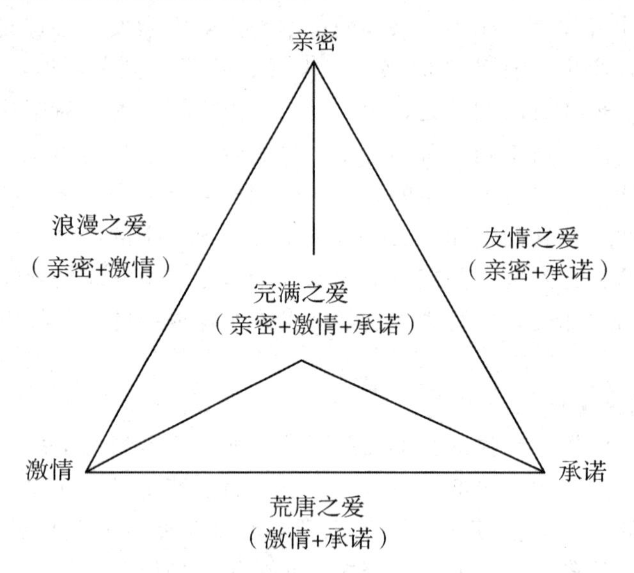

图 8-1　斯腾伯格爱情三因素理论

2. 爱情依附理论

爱情依附理论将爱情与童年依恋联系起来进行研究。这一理论最早由英国精神分析师鲍尔比提出，他把习性学引入发展心理学的视野中，认为婴幼儿时期与主要照顾者建立的最原始的依附关系，会使个体形成一个持久且稳定的人格特质，这项特质会衍生为后来与依附对象的情感连接，在个体与异性建立亲密关系时自然流露出来。美国心理学家安斯沃斯进一步将依附关系区分为逃避依附、安全依附与焦虑/矛盾依附三种类型，这三种类型的差异表现在依附关系的互动中。美国心理学家 Hazan 和 Shaver 发现爱情关系中的许多特征与幼儿依附照顾者的行为非常相似，因此他们将安斯沃斯的三种依附类型套用于爱情关系上，分出了爱情的三种类型：

（1）安全依附型。在这一类爱情关系上，个体容易和他人亲近，可以自在地依赖他人，也愿意让他人依赖。与伴侣关系良好，对伴侣的信任度较高，愿意在沮丧或生病时向伴侣求助。在爱情关系中能够感受到较多的信任、亲密、承诺与满意感。

（2）逃避依附型。这一类爱情关系中的个体对伴侣持怀疑态度，在亲密关系中常感到不自在，对关系不信任、无法给予承诺，与伴侣保持距离，尽量避免和逃避与他人建立深刻的爱情关系。更倾向于依赖自己。

（3）焦虑/矛盾型。这一类型的爱情关系中，个体常显现出极端的情绪反应，忌妒感受强烈，想亲近伴侣又担心伴侣会离开自己。沮丧或生病时会求助于伴侣，却往往不满意伴侣的回应，让伴侣感到他们太过依赖或严苛。付出后也期待对方给予相同的回馈，希望与伴侣是互惠关系。在爱情关系中信任与满意度都较低，爱情关系倾向不稳定。

Hazan 和 Shaver 研究发现，三种不同的爱情依附类型在人际互动中会产生重大的影响。当然，这三种爱情依附类型并不是固定不变的，会受到各种因素的影响，例如焦虑依附型者与安全依附型者交往，将有助于焦虑依附型者爱情关系的稳定等。

3. 爱情阶段理论

美国心理学家 Murstein 通过探讨亲密关系的发展过程，提出了 SVR 理论。认为亲密关系的发展依据双方接触次数的多少分为刺激、价值和角色三阶段。

刺激阶段：通常双方第一次的接触即属于刺激阶段。在这个阶段中，双方彼此间被外在条件互相吸引。

价值阶段：通常双方第二次至第七次的接触属于价值阶段。在这个阶段中，彼此情感上的依附主要建立在价值观和信念相似的基础上。

角色阶段：通常双方第八次以后的接触开始进入角色阶段。在这个阶段中，彼此对对方的承诺，主要建立在个体是否能成功地扮演好在此关系中对方对自己所要求的角色上。

虽然 Murstein 认为亲密关系包含刺激、价值、角色三阶段，但在亲密关系的每个阶段中，这三种因素对亲密关系都会产生影响，只是所占影响程度的比重不同。整体来看，刺激因素在开始阶段占较高的比重，随着接触次数的增加而小幅度上升最后趋于平稳；价值因素在开始阶段比重较低，关系发展至价值阶段的时候，比重会迅速提高，最后也会趋于平稳，但比重高于刺激因素平稳后的比重；角色因素虽然在开始阶段比重最低，但是到了角色阶段则会超越其他两个因素，而且，随着关系的继续发展，比重会不断地上升。

二、大学生异性交往的过程——差异和融合

随着身心成熟和社会化的发展，大学生异性交往开始增多，并在异性交往的过程中产生了各种困惑。有的同学见了喜欢的异性就会有脸红心跳的感觉，有的同学见了异性却特别反感，有的同学则在异性交往中伴随着不安。产生这些心理困惑都是很正常的，在这一部分，我们来了解关于大学生异性交往的基本知识。大学生异性交往有广义和狭义之分。广义的异性交往是指异性之间进行的以爱情和友谊为目的的交往。我们阐述的是狭义的大学生异性交往，主要是指以爱情为主要目的的交往。

（一）大学生两性心理特征的差异

正是由于两性心理特征的差异，大学生才能在异性交往中满足各自的需要，通过两性之间的互相吸引和取长补短实现双方的价值。大学生两性差异表现在多个方面。

1. 个体能力倾向的差异

一般来讲，女生在文字、记忆、逻辑思维、速度知觉和操作的正确性等方面的能力上要强于男生，而男生在数理、抽象思维及思考的深度和广度方面、空间知觉及机械能力上要优于女生。

2. 人际交往方式的差异

女生在异性交往中比较合群，喜欢与有共同的兴趣爱好的人大面积交往，交往活动集中在亲密朋友或亲属之间，沟通方式也充满了感情色彩。而男生在人际交往中则喜欢与稳定的亲密朋友交往，对人际交往敏感性差，沟通方式也比较强硬、粗放。

3. 异性交往动机的差异

通常女生更倾向于情感交流，情感重于理智，在情绪反应上比较敏感，喜欢被动接受情感。男生则倾向于成就动机，具有较强的攻击性，喜欢扮演主动追求者的角色。

（二）大学生异性交往的发展

1. 异性交往四阶段

美国心理学家赫洛克将青春期异性交往的心理发展分为了四个时期。

图 8-2　异性关系的四个阶段

（1）对异性的反感期。当自己身上发生青春发育期的生理变化时，对性有了初步认识，产生了对性的不安、害羞和反感心理，认为恋爱是不纯洁的表现，对异性采取冷漠排斥的态度。

（2）向往成熟异性的牛犊恋期。这种向往被称为英雄崇拜，从性意识觉醒的角度讲，又称“牛犊恋”。这种对于成熟异性的崇拜能够在一定程度上补偿青春期的不安心情。

（3）接近异性的狂热期。这个时期容易将年龄相当的异性作为向往的对象，在各种集体活动中，会努力设法引起异性对自己的注意。

（4）浪漫恋爱期。在这一时期开始将爱慕之情集中于一个异性，对其他异性的关心显著减少。喜欢与自己中意的对象单独在一起，不喜欢参加集体活动，对于两个人更稳定的结婚关系充满遐想。

2. 浪漫恋情四阶段

依据这一理论，大学生已经开始进入异性交往过程中的浪漫恋爱期，大学生除了与异性教师、异性同学、异性亲友之间的正常交往以外，开始更多以各种主动的方式接近特定目标的异性，希望引起对方的注意与好感；如得到积极回应，即进入浪漫恋爱期。我们将大学生恋爱期的异性交往也分为以下四个阶段。

（1）理想对象想象阶段。在这一阶段，大学生往往根据自身喜好和价值标准，在头脑中勾勒出理想的恋爱对象，同时也受到小说、电视剧、电影等媒体的影响，将恋爱对象理想化，并在生活中寻找具有类似特征的异性，主动去接近和表示好感。

（2）初恋阶段。初恋开始于大学生找到自己心目中的理想对象时，一般会经历被所追求的对象吸引住、关注自己在对方心中的形象、进入求爱阶段、完全沉浸其中等过程，最后确定恋爱关系。初恋是人第一次初涉爱河，往往具有单纯、强烈、持久的特点，会留下一生中最美好的记忆。

（3）热恋阶段。热恋阶段是大学生两性关系最为密切的阶段，这一阶段双方往往陷入深刻的眷恋之情当中，感情支配一切，看不到对方的任何缺点，甚至在性冲动中发生越轨行为而导致意外的后果。

（4）感情平静阶段。经过甜蜜的热恋期，双方互相增进了解，开始理性认识对方的优缺点，并对这份感情做出准确的判断，在肯定双方的交往之后，恋爱进入感情平静阶段。在这一阶段，恋爱双方既爱慕对方的长处与优点，又可以容忍对方的缺点与不足，达到了内心的融合，为最终进入现实的婚姻和家庭阶段打下基础。

补充阅读8－1

读解“谈”“恋”“爱”三部曲

谈恋爱三个字并不只是代表一种恋爱行为，还生动而概括地描绘了爱情发展的全过程。1. 爱情的第一步是谈，双方从对方的话语中捕捉到爱的信息，通过谈话表达自我，沟通内心，增进互相的了解。2. 爱情的第二步是恋，经过了最初的语言交流，交谈已经远远不能满足两个人情感交流的需要，双方身体任何部分的接触都能传达出更多情意，双方已经进入彼此依恋的阶段，在一起沉默的时刻也充满了幸福感。3. 爱情的第三步是爱。这时，双方已经冷静下来，不再有热恋时的激动和昏昏然的感觉，甚至还会有小的争吵，但是这时候两个人才真正密切地联系在了一起，彼此将对方当成自己最可信赖和共度一生的人，这时候，才真正收获了爱情。

三、大学生异性交往的结果——功能和影响

作为社会人，需要在与他人相互依赖、共同生活的过程中得到生存和发展，这一点在大学生中同样适用，随着性生理发育高峰期的出现，大学生逐渐产生异性之间接近的愿望，很自然地开始关注、倾慕甚至追求异性。但是，大学生异性交往却是一把双刃剑，异性之间单纯美好的情感关系能够推动个人的成长，并得到幸福的人生体验，促使人不断进步，实现自身的价值。而消极负面的情感关系会给大学生带来难以愈合的身心伤害，成为阻碍其成长的绊脚石。

（一）异性交往对大学生心理成长的积极意义

1. 有助于提高大学生的学习以及工作效率

心理学研究表明，有异性在场可以有效地提高活动效率。在对大学生进行的情感调查

中，大多数人反映同异性一起工作、学习时会感到更愉快，积极性会更高，并伴有一种难以言传的愉悦感。这种积极的情感对人的整个心理活动具有巨大的心理效应，并能够刺激思维活动的敏捷性，激发出大学生内在的积极性和创造性。同时，异性之间在交往中互相合作、促进和影响，也可以发挥各自的优势，提高学习和工作效率。

2. 有助于促进大学生心理发展的成熟健全

异性交往是大学生日益强烈的性冲动重要的释放途径。通过交往过程中的异性接触，可以使大学生不再感觉到性的压抑紧张，形成健康科学的性意识，保持内心的平衡。同时，通过双方人格的深层接触，大学生的自我概念受到对方的影响而发展，能够真正懂得如何在保持自身独立性的前提下调整自身缺陷以适应对方，对自身性格的完善和社会情感的发展都有着重大意义。在恋爱中培养的交际能力也能够为今后的社会适应打下基础。

3. 有助于帮助大学生获得幸福完整的生命体验

爱是大学生学会对自己负责并开放生命的最好渠道，能够为其开启心灵的大门。在异性交往中，大学生可以获得完整的自身成长体验，情感能力得到培养、磨炼、充实和发展，促进自身生命质量的提升，使自身得到更好的发展，变得更强大、更聪慧，使人的本质得到更精致的锤炼，变得更纯正、更完美。任何情感体验都是大学生生命成长中必不可少的一部分，有助于形成个体完善的认知结构、情感结构、心理结构，形成积极完善的生命状态。

4. 有利于弥补和愈合大学生成长经历中的伤痛

异性交往中的美好爱情体验能够帮助大学生愈合在成长经历中所遭受过的创伤。亲密关系的建立与维护对于个人创伤体验来讲，是最好的疗伤机会。从深度心理学的角度来看，天下最好的治疗者就是自己的爱人。在恋爱中，无条件地被人接纳并在对方心中居于首位，可以使自我价值感得到恢复，并得到深层的心理满足。很多在成年经历中经受过缺失和创伤的大学生，在恋爱中完成了完整自我的补偿，人格开始更加独立和成熟。

（二）异性交往对大学生心理发展的消极影响

异性交往虽然有其积极的意义，但异性关系处理不当也会危害到大学生的心理健康，给大学生造成难以愈合的伤害，影响其学习和生活的正常进行。

1. 紧张情绪带来的心理失调

过度的兴奋和悲痛都会加剧心理紧张，处在热恋中的大学生很容易会为一些小事高兴或烦恼，引起高度的心理紧张，产生心理失调的严重后果。异性双方陷入热恋当中，也极易导致无心学习，学习成绩下降，

2. 恋爱挫折带来的心理打击

大学生异性交往具有不稳定性，爱情的甜蜜无疑会给他们的内心带来美妙的体验，但是遭受恋爱挫折也是在所难免的事情。遭受恋爱挫折的大学生，如果没有正常的自我调控能力，又得不到恰当的心理指导，就会在巨大的心理打击下，每天失魂落魄，饱受折磨，失去人生信念，甚至走上绝路。

3. 不良事件带来的心理伤害

婚前性行为的增加、怀孕流产事件的不良处理都会给大学生身心造成难以愈合的伤痛，使他们在学习和生活中背负沉重的心理压力，严重时还可能导致心理的崩溃，出现自杀、暴力等危机状况，并给其他同学也造成消极的心理影响。

【自我探索】

1. 准确判断喜欢和被喜欢的状态

自己被人喜欢的标准，看你符合哪几项？

(1) 对方经常找借口和你在一起，愿意和你一起呆上很长时间。

(2) 对方对你及你家中的情况很感兴趣，喜欢听你讲自己的经历。

(3) 对方关注你细小的变化，如情绪的变化、发型的改变。

(4) 对方有意向你提一些与爱情有关的问题，并试探你是否喜欢某个人。

(5) 对方对你说过的话都能记在心上。

(6) 对方有着和你相同的兴趣爱好。

(7) 对方经常向别人打听你的情况。

(8) 对方很乐意将你介绍给他的朋友和家人。

(9) 对方看到你和别的异性在一起会表现出失落。

(10) 对方收到你爱的信息时能够给予及时、明确的反馈。

通过下列问题，看自己是否真的喜欢上了某个人？

(1) 你是否想经常与这个人在一起？

(2) 当你们即将见面时，你是否显得特别兴奋？

(3) 如果一段时间没有相见，你是否若有所失？

(4) 你是否特别希望引起对方的注意？

(5) 当你与对方交谈时，是否会意识不到周围其他人的存在？

(6) 每次见面后，你是否都会觉得生活更加美好？

(7) 你是否特别关注对方对你的评价？

(8) 如果你遇到高兴的事是否首先想与对方分享？

(9) 你是否不愿意他与别的异性表现出亲密？

(10) 你是否觉得对方是你见过的最完美的异性？

(11) 你是否关心对方的爱好、经历等？

(12) 你是否愿意感动对方？

2. 回答下面的问题，看看自己最需要的是什么

(1) 你认为你吸引别人的主要特质是什么？通过什么方法可以使你变成更加可爱的人？

(2) 哪些特质能够吸引你的喜欢？什么阻碍了你接受对方？

3. 回答下面的问题，思考自己在恋爱中要有哪些改变

(1) 你是如何表达你对别人的爱的？

(2) 你是如何让别人知道你对爱的需求的？

(3) 想象一下你向别人表达爱意的场合和方式？

(4) 列举出爱对于你的生活产生了哪些积极意义？

第二节　大学生恋爱观

弗洛姆认为，爱是一门需要学习的艺术。对于高校大学生来讲，在大学生涯中正确认识爱情，树立健康的恋爱观，也是一门必修的功课。美好的爱情能促使人更健康地发展，相反，消极的情感会给人的成长带来阻碍。大学生正处世界观、人生观尚未完全成熟的阶段，如何树立正确的恋爱观，就成为一个值得重视的问题。

恋爱观是人们对待恋爱与爱情的基本观点和态度，是人的价值观在爱情问题上的具体体现，回答了为什么恋爱，选择什么样的恋爱对象以及怎样追求爱情等问题，正确的恋爱观会引导人们走向健康和美好的生活。大学生的恋爱与社会上青年人的恋爱不同，多数大学生的恋情是在特定的时间、特定的阶段、特定的环境中产生的不带有功利色彩的单纯情感，对于这种既脆弱又普遍，既美好又危险的情感方式，需要用理性和真诚去浇灌，才能使其更加积极和成熟。

一、大学生恋爱观的现状

（一）大学生恋爱观的特点

随着社会的发展和人们思想观念的更新，加上大学生自身行为和心理特点的影响，大学生的恋爱观呈现出多元化、感性化、潮流化几方面的特征。

1. 恋爱动机呈现多元发展

恋爱动机是产生恋爱行为的内部动力，决定人们的恋爱目标以及恋爱方式的选择。由于当代社会价值观多元化的影响，当代大学生的恋爱动机呈现出多元化特点，统计起来分别为：

(1) 选择人生伴侣，为将来成家立业、为社会服务、实现自身价值打基础。

(2) 满足个人生理、心理需要。

(3) 打发无聊的课余时间，调剂紧张的学习生活。

(4) 贪慕虚荣，缓解个人经济压力。

(5) 希望通过恋爱来学习处理人际关系。

(6) 不甘落后，模仿他人。

2. 恋爱行为缺少理性约束

由于大学管理相对比较松散，和大学生普遍个性发展的不成熟，导致在其恋爱行为中往往随心所欲，出现许多不文明和不合理的现象，恋爱过程受感性的控制，缺少理性的规范。

(1) 恋爱行为不文明，公开在校园、食堂、教室等公共场所谈情说爱、搂抱亲吻。

(2) 恋爱占据了学习生活的大部分时间，沉迷于恋爱影响到正常的学习。

(3) 恋爱道德观淡漠，思想开放，盲目追求虚荣满足，恋爱对象复杂化，涉足多角恋爱甚至婚外恋，尝试婚前性行为，甚至与社会不良青年谈恋爱，影响校园的正常秩序。

（4）对待爱情态度轻率，恋爱重过程轻结果，强调爱的体验，逃避承担责任，把爱情与婚姻相脱离，只追求浪漫享受，不考虑后果和影响。

（5）恋爱中充满了理想化，经不起现实生活的考验，导致出现许多不符合实际的盲目恋爱，更没有足够的承受能力面对失恋，失恋后难以摆脱感情危机，导致心理失衡。

3. 恋爱方式明显追赶潮流

日新月异的现代科技和前卫思潮使大学生的恋爱方式也变得多种多样，当代大学生更希望通过爱情得到自我价值的体现，在恋爱方式上也开始脱离旧有的模式，利用网络聊天、移动电话、手机短信等多种手段，实现恋爱过程的快速度、高效率。特别是网恋，成为大学生恋爱中流行的新生事物。网恋满足了大学生追求浪漫、喜欢自我表现、追赶时尚的心理，网恋的轻率、速成严重影响了大学生正确恋爱观的树立，也影响了正常的人际情感交流，对大学生成长产生了极大的不良影响。

（二）大学生中流行的恋爱观

1. 爱情是一种成长

恋爱双方有着共同的人生追求、兴趣爱好、价值观念，在恋爱的过程中，可以使双方得到更多的成长，两个人比翼双飞，互相鼓励和帮助。这类大学生基本上具备成熟的人格，有正确的恋爱观，能够以理性引导爱情，正确处理恋爱与学习、感情与爱情、情爱与性爱的关系，并将爱情转化成双方成长的动力。

2. 爱情是一种需要

现在的大学生多是独生子女，远离父母、朋友来异地求学，面对陌生的环境、陌生的人群，很容易产生无助感和孤独感，强烈希望他人理解，期望与他人交流思想、情感，需要借助爱情来摆脱空虚寂寞。

3. 爱情是一种体验

希望在恋爱中得到一种生活体验，追求爱情的浪漫感觉，花前月下的浪漫爱情对他们有着强烈的吸引力。在缠绵悱恻的爱情体验中迷失自我，沉浸在二人世界里，忽略学业和正常的同学交往，这类恋爱的目的与走向婚姻格格不入，只是在寻找情感的即时满足，在恋爱中“不求天长地久，只求曾经拥有”，缺乏责任心。

4. 爱情是一种时尚

恋爱成为一种时尚，当周围许多同学有了异性朋友时，在从众心理的驱使下，为了不落后于其他同学，证明自己的魅力和能力，满足虚荣心，陷入互相攀比的恋爱。这类大学生的恋爱往往带有很大的随意性，缺乏认真的态度和良好的目的。

5. 爱情是一种手段

爱情的目的是为了实用，在爱情中首要考虑的就是对方的家庭条件和发展前途，为了工作、经济改善等实用性目的确定恋爱关系，而将彼此间的爱慕推到其后，这类大学生将爱情作为了现实目标的交换手段，是属于充满功利世俗的爱情观。

补充阅读8—2

恋爱观和法律意识

恋爱是一对男女之间基于一定的客观物质基础和共同生活理想，在各自内心形成的真挚情感，以对方成为自己生活的伴侣为目标。爱情的本质是责任和奉献。以互爱为前提的真爱能使人获得力量和幸福，最终构建起幸福的家庭。我国相关法律中对婚恋也做出了明确的规定。在大学生恋爱观中，需要树立法律意识和法制观念，了解相关的法律常识。新的婚姻法增加了关于禁止重婚的规定，在总则中规定夫妻应当相互忠实、相互扶助。在法律责任中，重婚追究其刑事责任，因一方重婚而导致离婚的，无过失的一方有权请求损害赔偿。国家法律加大了对重婚的处罚，目的就是规范婚姻关系。这就要求大学生在恋爱阶段就树立道德和法律意识，自觉抵制一些错误思想，避免过激行为，认识到规范和约束自己的行为不仅仅是道德的要求，同时也是法律的要求。

二、健康恋爱观的树立

观念引导行为，恋爱观实际是人生观和价值观的反映，有什么样的人生观和价值观，就有什么样的恋爱观，并引导恋爱向着什么样的方向发展。由于大学生的人生观不够稳定，学习基础不够牢固，他们迫切渴望爱情，却往往不能正确理解恋爱的含义。在恋爱中出现一些错误认识和不恰当的恋爱行为，影响到学业的发展，给身心带来伤害。所以，树立健康恋爱观是培养健康恋爱行为的基础和必要条件。

（一）健康爱情具备哪些特征

1. 高尚性和互爱性

爱情是一种高层次的精神享受，是以互爱为基础相互倾慕和欣赏，追求合理的爱情是一种高尚的人生追求。

2. 专一性和排他性

爱情是专一、排他的。不允许有第三方或者多方的涉入，三角恋或多角恋以及频繁更换恋爱对象的行为是对爱情不负责任的表现，会对他人造成情感的伤害。

3. 稳定性和持久性

健康的爱情决不是一时的感情冲动，而是一种天长地久的情感，能够经得起时间和困难的考验。朝三暮四的所谓爱情并不是真正的爱情。

（二）如何树立健康的恋爱观

一般来说，树立健康的恋爱观应该从以下一些方面着手。

1. 摆正爱情在大学生活中的位置

鲁迅先生曾告诫青年人，不能只为了爱而将别的人生要义全盘疏忽了。要认识到，爱情是人生价值的重要组成部分，但不是人生价值的全部体现。虽然有人说在大学生活中没有爱情的存在是不完美的，但爱情远远不是大学生活的重心。大学阶段最主要的目的是学习知识和技能，良好的知识结构和能力素质才是将来立足社会、事业成功的基础，也是将来爱情婚姻美满幸福的保证。所以，要摆正爱情在大学生活中的位置，把主要的时间和精力放到学习上，正确处理恋爱与学业的关系，珍惜青春，把握青春，让爱情成为促进自身成长进步的强大动力，在大学生涯中得到真正的收获。

2. 提倡志同道合共同进步的爱情

大学生在选择自己恋人的标准上，应该排除当前社会上不良倾向的影响，以具有共同的价值追求、生活目标为标准，以达到双方的情感相容，在学业和成长中共同进步。这要求大学生在恋爱对象选择和恋爱过程中一方面要关注各自价值取向、性格志趣的一致，还要能够宽容对方与自己的差异，注重考察对方的人品、情操，在交往中互相鼓励，共同进步，给学习生活带来活力。

3. 培养爱情中的道德感和责任感

爱情不仅是一种权利，更是一种责任和义务，责任和奉献是获得崇高爱情的基础。对于大学生来讲，一旦确立了恋爱的关系，就要懂得承担恋爱关系中的各种责任，学会以高度负责的态度对待恋爱。一位教育家这样教导儿子："要记住，爱情首先意味着对你的爱情的命运、前途承担责任。"大学生在恋爱时，必须遵守恋爱道德，认识到爱情是神圣不容亵渎的情感，是一种相互的给予，所作所为都必须为对方负责，相互尊重和理解、彼此忠诚和信任，行为端正文明，这也是恋爱道德最突出的表现。

4. 学会正确处理和应对恋爱挫折

莎士比亚曾说过："爱是一种甜蜜的痛苦，真诚的爱情不是走一条平坦的道路。"在恋爱中遭遇挫折是常有的事，大学生要以理智的态度来看待求爱失败、分手、失恋等恋爱中遇到的挫折。在处理爱情挫折的问题上，正确的态度是做到失恋不失德，失恋不失态，失恋不失志。当爱情遭受挫折后，应当以理性客观的态度，积极乐观的心态，妥善地处理两个人的关系，在挫折中激发向上的动力，使自己变得更加成熟。

大学生的恋爱就像是娇嫩的花朵一样，散发着迷人的芬芳，给人带来许多美好的体验，但是并不是所有大学生的爱情都是美好的。恋爱的过程中，经常会伴随各种矛盾冲突，遇到各种泥泞坎坷，它给大学生活带来丰富色彩的同时，也会刺伤到这些年轻而脆弱的心灵。下一节中，我们就来介绍如何处理和调适恋爱中遇到的问题。

【自我成长】

我的爱情寻宝图

1. 回答下面的问题，测试一下你在恋爱中的态度

(1) 你恋爱的目的是？

A. 体验恋爱感觉　　　　B. 为婚姻作准备

(2) 你赞同的恋爱方式是？

A. 一见钟情　　　　B. 相亲　　　　C. 慢慢培养

(3) 当父母干涉你的恋爱时，你会？

A. 顺从　　　　B. 坚持　　　　C. 待定

(4) 恋爱会影响学习吗？

A. 会　　　　B. 不会　　　　C. 不确定

(5) 当恋爱和友情发生冲突时，你会选哪样?

A. 爱情　　B. 友情　　C. 待定

(6) 你会卷入三角恋爱吗?

A. 会　　B. 不会　　C. 视情况而定

(7) 你认为男女间有纯粹的友情吗?

A. 有　　B. 没有

(8) 你的理想结婚年龄是?

A. 20～23　　B. 24～26　　C. 26～30

(9) 你最重视对方的哪些方面?

A. 外表　　B. 内涵　　C. 家庭背景　　D. 人际关系

2. 分析影响你上述态度的因素，并思考这些因素究竟对你产生了哪些影响?

家庭________________

学校________________

人际交往________________

书籍________________

电视________________

网络________________

3. 你认为应该通过哪些方式改善你对爱情的认识?

第三节　大学生恋爱挫折与调适

许多大学生在恋爱问题上都有这样的经验，谈恋爱不是一件容易的事，往往会遇到一些困境，单恋时的焦灼无助、失恋后的痛苦纠结、爱情关系戛然而止的失落彷徨，都让大学生们承担了难以言说的痛苦。

一、大学生恋爱中常见的问题及调适

8—2

小松的“情窦初开”

小松是那种性格内向、不善言谈、不爱交际的学生，也没有什么朋友，但是学习成绩一直很好，让他自己感到些许欣慰。刚上大学时，他过着单纯快乐的生活，但大一的第二学期，他经历了一次重大的挫折，用他自己的话来说，那是“有生以来最大的打击”，因为他如痴如醉地迷恋上了同班的一位女生，但鼓足勇气表白后却遭到了断然回绝。

小松说，“她是个活泼可爱，性情温柔的女孩儿，不知道从什么时候开始，我的心就开始为她跳动。看不到她时，就觉得怅然若失，见到她心里就充满了喜

悦和激动。有一天我终于控制不住向她表白了心迹，却没想到她直接拒绝了我。我的心里很不是滋味，现在不敢去上课，害怕看见她，又做不到不去想她，也学习不下去，成绩直线下降。”

其实小松与这位女同学并没有过多的交往，也没有什么了解，只是在自己的想象中，完成了一次无望的单恋，导致了烦恼和痛苦。陀斯妥耶夫斯基有一句名言，“人们经常只知爱慕，而不明白爱的真谛。”小松的根本问题就在于只考虑自身的需要，而没有设身处地替对方着想，更缺乏必要的反省，思考这份爱到底有多少真实性，自己到底爱对方什么？爱情是一种复杂的、高级的感情，是两个人在互相了解基础上的情投意合，许多大学生到了渴望爱情的年龄，却不明白爱的真谛，为自己增加了烦恼和痛苦，影响了正常的学习生活。

图 8-3 单方恋爱

(一) 单方恋爱与恋爱错觉

单方恋爱俗称单相思，包括暗恋和单恋两种。当一方对另一方产生倾慕的情感，自己陷入爱恋当中，又没有让对方知道便是暗恋；而向对方表白后没有得到对方的回应或接受，陷入一厢情愿的爱恋则成为单恋。有人说暗恋和单恋都是非常美好的，因为在这种情感中，人们往往充满奉献精神，为爱而痴狂。但是一旦陷入暗恋或单恋的漩涡不能自拔，却会发展成严重的心理障碍。性格内向、敏感的大学生常常会出现这种状况，当他们爱上某个人时，强烈希望得到对方的爱，对方做出的任何一点亲切友好的反应都会被他们想象成爱的暗示，而失去正常的知觉判断和理性选择，做出某些失常的举止，甚至干扰所恋对象的学习和生活，更严重者出现行为偏激，给自己和对方都造成伤害。

出现暗恋或者单恋的原因有很多，有些大学生由于性格原因，难以适应正常的异性交往，便容易在想象当中获得爱和被爱的满足感。另一些大学生由于恋爱观的偏差，在单恋中经常给自己错误的心理暗示，认为不求回报不顾一切的爱才是伟大和无私的，也容易陷入这种自己营造的虚幻感受中。还有一些大学生在与异性交往的过程中，把对方的言行举止纳入自己的主观想象当中，误把异性的好感和友谊当做了爱情，导致自己深陷其中。

陷入单恋和恋爱错觉中的大学生，虽然会体验到爱的自我满足，但是也更多品尝到了情感的痛苦，进而出现自我否定、自卑自弃等消极后果，那么怎么处理这种情况呢?

1. 客观冷静的评估自己的情感

一旦发觉自己爱上了对方，首先要冷静思考自己这段感情的真实性，自己是否把潜意识中的理想恋爱对象投射到了这个人身上，对方是真的有所回应，还是善意拒绝或回避，双方是否适合，这段感情是否值得发展等等。

2. 正确认识爱情，避免恋爱错觉

学会准确地观察和分析对方的言行，有些情况下，对方只是对自己产生了好感，或者将两个人的交往当成了友谊，或者对自己的某些不幸遭遇产生了同情，或者只是感激自己对他的付出。这些情感都很容易被误解成爱情，而让自己产生信息传递上的误解，心理上受求证效应的误导，而产生恋爱错觉。这就需要理性分析，客观求证，避免一厢情愿地陷入自己编织的幻觉里。

3. 积极调整心态走出单恋漩涡

如果陷入单恋或恋爱错觉中，自己付出了真情，却发现对方并无此意，就会受到严重的心理打击。所以一旦发现自己不能自拔，就要积极调整心态，及时悬崖勒马。一方面可以积极扩大自己的交际范围，多交朋友，多参加课外活动，用丰富多彩的生活来冲淡和转移单恋的情绪；另一方面也可以勇敢地争取对方的爱情，不断提升自己的品质和修养，吸引对方的注意，等待真正爱情的降临。

（二）三角或多角恋爱

三角或多角恋是一种比单恋更为复杂的畸形恋爱关系，指的是一个人在爱情领域中与两个或两个以上的异性建立了多重关系。在大学校园中，三角或多角恋爱也是常见的恋爱关系，由于爱情本身的排他性、冲动性特点，加上年轻大学生易冲动、理智性差，这种恋爱关系潜伏着极大的危险性，极易使恋爱中的一方或多方处于痛苦和无奈之中，并产生感情纠纷，甚至激化矛盾而导致难以收拾的恶果。著名教育家陶行知先生便说过："爱之酒，甜而苦。两人喝，是甘露。三人喝，本如醋。随便喝，毒中毒。"

导致三角或多角恋的原因主要有以下几个方面：

一是大学生信念感和意志力差，择偶标准未成型。许多大学生择偶前没有一个明确的标准，与多位异性保持亲密关系，但又不知道哪一位更适合自己，便在其中周旋徘徊，最终导致三角或多角恋的出现。二是受社会上一些错误思想的影响，没有树立正确的恋爱观，将爱情视作游戏，喜欢不同类型的异性，又都不想放弃，在多位亲密异性当中摇摆不定，难以取舍，发展成三角恋或多角恋。三是由于一些大学生虚荣心强，以追求者众多为荣，或者由于对方的拼命纠缠不懂得拒绝，认为是自己的魅力非凡，导致了脚踏两只船或者脚踏多只船的现象。另外，一些大学生受到感情伤害后不懂得调整，也容易产生报复心理而对别人和自己的感情不负责任，出现三角或多角恋。

对于三角和多角恋的现象，最重要的是端正自己的爱情观，正确面对，妥善处理。

1. 学会拒绝

作为被追求者来讲，要学会拒绝。在谈恋爱的过程中，如果自己明明有了恋爱对象，又被别人热烈追求，一定要理智地分析自己的感情，懂得明确拒绝或取舍，绝不能犹豫不定，左右摇摆。但也应该注意拒绝的艺术，做到既拒绝了对方，又不伤害对方的自尊。更要牢牢把握自己，注意培养良好的心理品质和行为方式，不要把选择爱情的神圣权利当成感情游戏的筹码。

2. 学会放弃

作为爱情的竞争者来讲，应该以宽容和理解的态度，处理自己的感情危机。优秀的异性有多位追求者是正常的事情，对方需要比较选择也无可非议。这时候就应当抓住机遇表现自己的思想、才能和风度、气质，以争取理想的爱情。如果在竞争中落于下风，也不要纠缠不休，而应正视现实，合理归因，争取早一点从中解脱。

（三）恋爱关系的否定

当大学生们全心全意沉浸在美好的爱情当中时，是对生活充满了感恩和憧憬的，自己也充满了幸福感、价值感和自信感。可想而知，如果一旦这份感情中止或失去，就会给他们带来多么严重的创伤。恋爱关系的否定有两种形式，一种是恋爱双方都不满意于这种关系，彼此协商同意分手，另一种就是一方否认或中止恋爱关系，提出分手，而另一方被动接受却仍然沉湎于爱情当中，陷入失恋情绪当中。

一般来讲，恋爱关系的否定都会给人带来挫败感，特别是失恋，可以说是大学生最严重的心理挫折之一，会引起一系列的心理反应。如感到难堪、羞辱、自卑、心灰意冷，或者陷入失落、悲伤、孤独、虚无、渺茫、绝望的情绪不能自拔。如果不能及时转移或排解，将会导致失恋者产生抑郁、轻生等等严重心理障碍，更有甚者还会失去理智，产生报复心理，造成毁灭性的结局。那么，该如何处理失恋的伤痛呢？

1. 积极自我调整

首先要冷静分析失恋的原因，失恋并不是因为自己不好，而是由于很多因素共同造成的结果，要正确认识，勇敢地面对现实，用理智战胜情感。可以通过适当的情绪调节、宣泄和转移，来减轻痛苦。例如全身心投入到学习生活当中去，把失恋的痛苦化作奋发向上的动力，塑造一个全新的自我。或者换一个经常上自习和活动的环境，将注意力转移到其他课余爱好中去，扩大人际交往圈，多参加社团活动，出去旅游。甚至可以找个没人的地方痛哭一场，这样有助于消除失恋带来的心理压力，及时恢复心理平衡。写日记排遣痛苦、自我梳理也是一个很有效果的方法。

2. 寻求支持和帮助

大学生可以有多种渠道及时疏导心中的郁闷。例如寻求亲人、老师、同学、朋友的帮助，找自己身边的人把痛苦情绪适当地倾诉和发泄出来，得到他们的理解、关心和心理支持，或者进行心理咨询。当遇到失恋的困扰，自己和他人帮助都难以解决时，可以通过学校或校外专业咨询人员的帮助和鼓励，使自己重新建立起心理平衡，走出失恋的困境。

有人这样形容失恋后的内心写照，就是大恸之后，终于心头一片空白，你不再爱也不再恨，不再恼怒，也不再悲哀，你心头渐渐滋生出怜悯，怜悯曾经沉溺的你，更怜悯你爱过的那人，怜悯那份慵懒，还有那份虚弱。这时，爱一个人就成了一段经历，这段经历曾经甘美如饴，却终于惨痛无比，这段经历渐渐沉淀为一级台阶——你站到台阶上，重新恢复了高度。这个重新恢复高度的过程就是在失恋中自我成长的过程。

要认识到，失恋只是一种选择的结果，还能给人再次恋爱的机会，要学会在失恋中学习，在失恋中成长。人对失恋的应对方式反映了一个人心理成熟水平和恋爱观。一个人能够理智地从失恋中解脱出来，就当之无愧地可以被视为生活的强者。当一扇幸福之门关闭的同时，一定会有另一扇幸福之门欣然打开。当感情受挫时，一味地勉强对方、愤怒仇恨、自我贬低，只会给双方造成身心伤害，甚至酿成悲剧；如果以尊重的态度接纳对方的选择，恰当地回应感情挫折情境，调整和提升自己的品质，就会从失恋中汲取宝贵的经验，耐心等待和迎接新的爱情和生活。在这时候，失恋便是爱的最好礼物，教会了人们更加理解自己和理解对方，教会了人们懂得爱的意义，教会了人们成长。

补充阅读8—3

调整失恋心理的“一字”成语

一刀两断：感情就像一团死结，解不开的就必须剪断。动作越快越利落，受伤就越轻。时间能抚慰一切，就像做手术，几个星期后，你的伤口就能愈合，万万不要为了一个人而躺下来等死。

一脚踢开：感情破裂后纠缠是无济于事的，只能延长痛苦。假如你仍然觉得对方完美，请仔细看看对方究竟完美到什么地步，把他性格中让人不能接受的地方列出来，把没有他能活得更好的理由记录下来。痛苦时就将他的罪状再看一遍，坚定地将他一脚踢出你的世界。

一次梦醒：不要以为失恋是没有面子的事，失恋没什么大不了的，不合适在一起当然要分开，应该为自己的决定感到欣慰。同时，你要坚信前一场恋爱只是一场梦，失恋才是梦醒。

一去无踪：假如他已经用事实表明了态度，就根本不值得你花精力去改变什么。马上承认你们的关系已经结束。如果继续交往，就好比泥足深陷，不能自拔。要有敢于舍弃的胸怀。

一往无惧：你要告诉自己一个真相，恐惧感是人在恋爱中的正常心理状态。在一起的时候会怕失去，当失恋的火山爆发之后，就需要在精神上放松再放松，因为已经再没有什么可担忧的了。

二、大学生应如何经营爱情

（一）懂得喜爱和欣赏自己

在爱情中，每一个人都希望能够找到与自己匹配的对象。就像人感冒了，需要服用感冒药；发烧了，需要服用退烧药。而感冒药和退烧药本身并没有孰优孰劣，品质都是一样的，选择不同只是个人的需要不同。人也是一样，每一个人都是珍贵而无可替代的，暂时不被选择不代表自己没有价值。懂得喜爱和欣赏自己，才能够吸引他人的注意，寻找到属于自己的爱情。

弗洛姆指出，当一个人爱他人之前，首先要学会的是爱自己，“人对自己生命、幸福、成长、自由的确定，同样根植于其爱的能力，也就是说根植于关心、尊重、责任和认识。如果一个人有能力产生爱，他也就爱他自己，如果他仅爱其他人，他就根本不能爱。”经营爱情的第一步就是要懂得爱自己，有一颗自尊自爱的心，一个对自己充满信心，充满欣赏，由衷关怀自己生命的人，往往更容易得到他人的肯定和喜爱。爱自己意味着尊重自己的感受和选择，关心自己的生活和成长，努力使自己成为想要成为的人。自己的爱是充沛的，才能将自己拥有和体验过的东西给予别人，然后得到别人的爱，进而增强接受他人爱的能力。

（二）跨越爱和被爱的障碍

成熟的爱情以自爱为基础，要知道自己需要怎样的爱，并且具有给予爱的能力和拒绝爱的能力。但是在爱和被爱中，往往存在着许多障碍，就如同一条河要最终流入大海，必定要翻越崇山峻岭，千回百转，才能最终汇入海洋，实现更大的价值。所以，要鼓励自己进行自我探索和爱的探索，学习给予爱和接受爱，并在爱和被爱中有效沟通。

爱和被爱的障碍包括对爱的误解、自我怀疑、对爱的恐惧、爱的价值感缺失等方面。有的大学生由于一些媒体的不良引导、社会观念的消极影响和不恰当的教育，在恋爱中存在误解，认为爱是索取而不是付出，或者认为爱是功利交换，还有一些大学生因为成长环境造成的伤害，认为自己并不可爱，认为爱是一件充满危险和不安的事情，对于生命没有任何积极价值，还会面临被拒绝和被伤害的风险，这些都导致了在爱和被爱中的障碍。面对这些障碍，就要加速自我的心理成熟，培养独立的人格，正确认识自我，悦纳自己，发展自己，对自己充满信心和勇气，一方面学会体贴、关怀、尊重他人，另一方面能够欣然接受他人的关怀和爱护，在真实互动中推动双方共同的成长。

（三）培养爱的能力与责任

爱的能力是指和他人建立亲密关系的能力，包括表达爱的能力、接受爱的能力、拒绝爱的能力、鉴别爱的能力、解决冲突的能力、保持爱情的能力等等方面，在表达爱的时候，你是否有足够的勇气和恰当的方式呢？在接受爱的时候，你又是否能感到喜悦并合理判断呢？你懂得用智慧和果断去接受并不认可的爱吗？你能够鉴别真正的爱情和处理在爱情中遇到的问题，并让你们的爱长久保持下去吗？这些都是大学生在恋爱中需要考虑的问题。

简单地说，要以正确的标准，及时准确地对求爱信息作出判断分析，作出恰当的回应。在收到自己不愿意接受的爱的信号时，还需要具备拒绝爱的能力。拒绝爱的时候要尊重他人和尊重自己，掌握恰当、适度的方式，果断明确地表达，避免让人难堪。在爱情的发展过程中，还要有意识地增强自己的人格魅力，不断丰富和充实自己，增强相互的吸引力，并保持自己独特的个性，提高处理各种问题的能力。同时，在发表爱的宣言的时候，更要反问自己，我能够承担爱的责任吗？我能够对爱忠诚吗？我能面对现实中的种种问题吗？只有始终葆有积极进步的心态和坚定的责任感，才能使爱情保持新鲜长久。

（四）学会在爱中自我成长

在爱情的亲密关系中，大学生可以得到多方面的成长。从自我意识的角度来讲，恋爱可以使大学生逐步建立完整的自我意识，在恋爱交往的过程中对方可以像一面镜子时刻映射着自我形象，并鞭策对方不断完善自我，自我意识能够在这个过程中不断完善。从人际交往能力发展的角度看，恋爱中两人需要处理深层交往中的一系列问题，这也会大大提高大学生的交往能力，帮助其理解生活中将遇到的形形色色的问题，为日后适应社会打下良好的基础。一次真诚和有品质的恋爱可以使人极富生命力，完成精神的洗礼和心智的收获，让自己和对方都朝着各自更加希望的方向发展。如果把爱情比作一棵植物，那么这棵植物的生长不仅需要阳光、雨露的滋养，泥土的哺育，更需要种子自己的力量。这些阳光、雨露、泥土就是我们得到的爱，而种子则代表着自己的积极能量。只有不断提高自身的力量，学会在爱中向上增长，并不断把根扎向更深的泥土中，才能够让爱情这棵植物成长得愈加茁壮，开出美丽的花朵。

【自我探索】

1. 我的爱情大阅兵

在这个自我成长活动中，我们来对自己的爱情做一个全面的检阅，请用最真实的感受来回答下列问题，不要和别人商量，倾听自己内心深处的声音。

（1）我的爱情风向标

步骤一：列出你理想的爱情所包含的十个最重要元素

步骤二：分别列出你对理想恋爱对象的五个最期待优点和五个最难容忍缺点

（2）我的爱情进行时

步骤一：总结你现在的爱情中已经实现了哪些理想的元素

步骤二：总结你现在的恋爱对象具有哪些上述的优缺点

（3）我的爱情规划图

步骤一：你认为在你的恋爱关系中需要做出哪些改进

步骤二：你希望在未来的爱情中得到哪些收获

2. 发现可爱的自我

完成下面的句子：

人们喜欢我是因为我______________________________

人们喜欢我是因为我______________________________

……

3. 寻找失恋十大好处

完成下列句子：

因为我失恋了，所以我______________________________

因为我失恋了，所以我______________________________

……

【思考时间】

1. 通过本章的学习，你对爱情有了一个新的认识吗？

2. 你都了解了哪些关于爱情的经典理论？

3. 你是否能判断一份感情是不是爱情呢？

4. 在与异性交往应该注意些什么？你的恋爱观有了哪些改变？

5. 当遇到爱情中的挫折和障碍，你能够用合理恰当的方式解决吗？

6. 你又将如何规划你未来的爱情生活呢？

第九章

阳光总在风雨后
——大学生挫折及危机心理

不因幸运而故步自封，不因厄运而一蹶不振。真正的强者，善于从顺境中发现阴影，从逆境中寻觅光亮，时时校准自己前进的目标。

——易卜生

9—1

在大海上航行的船没有不带伤的

英国劳埃德保险公司曾从拍卖市场买下一艘船，这艘船于1894年下水，在大西洋上曾138次遭遇冰山，116次触礁，13次起火，207次被风暴扭断桅杆，然而它从未沉没过。

劳埃德保险公司基于这艘船不可思议的经历及在保费方面所带来的可观收益，最后决定把它从荷兰买回来捐给国家，停泊在英国萨伦港的国家船舶博物馆里。

不过，最终使这艘船名扬天下的却是一名来此观光的律师。当时，他刚打输了一场官司，委托人也于不久前自杀了。尽管这不是他的第一次失败辩护，也不是他遇到的第一例自杀事件。然而，当再次遇到这样的事情，他仍有一种负罪感，他不知该怎样安慰这些在生意场上遭受了不幸的人。

而当他在萨伦船舶博物馆看到这艘船时，忽然有一种想法，为什么不让他们来参观参观这艘船呢？于是，他就把这艘船的历史抄下来连同船的照片一起挂在他的律师事务所里，每次为商界的委托人辩护之后，不论结果输赢与否，他都建议他们去看看这艘船。它使我们知道：在大海上航行的船没有不带伤的。

“在大海上航行的船没有不带伤的。”当你看到这句话的时候，是否也被它所触动呢？一艘轮船，若没有经历过波涛的洗礼，又怎能愈发显出它的珍贵之处；一位失败的律师，若没有经历过人生的挫折，又怎能愈发显出他的成功。试想一下，当初如果那位律师因为负罪感而放弃了，那么，今天又会有多少人会了解到，在英国萨伦港的国家船舶博物馆里有着这样一件充满奇迹的“宝物”呢！

导　言

同学们，从上面这个故事，你体会到了什么？在辽阔的海面上，不仅有旖旎的风光、温柔的海风、翱翔的海鸟，更有险滩激流、暗礁涌动和狂风暴雨，而我们每一个人都是这汪洋中的一条船，只有历尽沧桑方可到达彼岸。伤痛、挫折、失败对于任何人来讲都是不可避免的，如果说有什么不同的话，那就是面临同样的打击、同样的艰难困苦，有些船沉没了，而有些船依然乘风破浪、昂首前行。

在这一章里，我们将和大家共同探讨关于“挫折”的问题。特别是对于刚刚步入大学的同学们，你们就像是一个年轻的舵手，刚刚开始尝试着驾驶自己的生命之船。在今后的航程中，还有很多的艰难险阻需要面对、需要处理，能不能把握航向、能不能应对危险、能不能胜利达到理想的彼岸就要看你有没有信心、有没有技术、有没有经验和智慧。而现在我们要共同学习和思考的问题的就是，应对挫折的信心、技术和智慧从哪里来？

本章将介绍以下内容：如何认识挫折？如何积极面对挫折？如何有效应对挫折？危机及其应对方法。

第一节 了解挫折

一、生活中的挫折事件

在我们还没有给挫折下定义之前，让我们先试着静下心来想一想："出生以来，有哪些事情是我最难忘的、最让我感到痛苦的?"那么，我们相信，你一定会或多或少说出几件令他难忘和痛心的事情。而这些事情通常就是我们所说的挫折事件。

1967年，美国华盛顿大学医学院的精神病学专家Holmes和Rahe通过对5000多人进行社会调查和实验所获得的资料编制了《社会再适应评定量表》。量表中列出了43种生活事件，每种生活事件标以不同的生活变化单位（life change units，LCU)，用以检测事件对个体的心理刺激强度。其中配偶死亡事件的心理刺激强度最高，为100LCU，表示个人去重新适应时所需要付出的努力也最大，与健康的关系也最为密切。其他有关事件LCU量值按次递减，如结婚为50，微小违规最低为11。利用这个量表可以检测一个人在某一段时间内所经历的各种生活事件，并以生活变化单位LCU来度量。

虽然，从这些事件的内容来看，有些内容是积极的，但也是同样会给人们带来压力的事件，比如"个人取得显著成就"、"结婚"等。除此之外的大部分事件是负面的，是会让人产生挫败感和感觉痛苦的事件。而这些事件就在我们的身边，就在我们的每一个人身上或多或少地发生着，而且这些事件将贯穿人的一生。

表9-1 社会再适应评定量表[①]

序号	变化事件	LCU	序号	变化事件	LCU
1	配偶死亡	100	23	子女离家	29
2	离婚	73	24	姻亲纠纷	29
3	夫妇分居	65	25	个人取得显著成就	28
4	被监禁	63	26	配偶参加或停止工作	26
5	亲密家庭成员丧亡	63	27	入学或毕业	26
6	个人受伤或患病	53	28	生活条件变化	25
7	结婚	50	29	个人习惯的改变（衣着、习俗、交际等）	24
8	被解雇	47	30	与上级矛盾	23
9	婚姻调节	45	31	工作时间或条件变化	20

① Holmes TH & Rahe RH. The social Readjustment Rating Scale. J. Psychosom. Res. 1967, 11:213—218

续表

序号	变化事件	LCU	序号	变化事件	LCU
10	退休	45	32	迁居	20
11	家庭成员健康变化	44	33	转学	20
12	妊娠	40	34	消遣娱乐的变化	19
13	性功能障碍	39	35	宗教活动的变化（远多于或少于正常）	19
14	增加新的家庭成员（出生、过继、老人迁入）	39	36	社会活动的变化	18
15	业务上的再调整	39	37	少量负债	17
16	好友丧亡	38	38	睡眠习惯变异	16
17	经济状态的变化	37	39	生活在一起的家庭人数变化	15
18	改行	36	40	饮食习惯变异	15
19	夫妻多次吵架	35	41	度假	13
20	中等负债	31	42	过节	12
21	取消赎回抵押品	30	43	微小的违法行为（如违章穿马路）	11
22	所担负工作责任方面的变化	29			

有人对大学生在学校学习生活中可能遇到的挫折事件进行了初步统计，统计结果发现，大学生遇到的挫折事件主要集中在这样几个方面：

第一，学习困难。在大学里我们看到，有一些在中学阶段学习成绩非常优异的学生，来到大学后竟然出现了学习上的不适应和学习状态不佳的情况，成绩下降甚至挂科。而这种事情的发生往往会给这些同学带来极大的挫败感，甚至失去自信。如果这些同学恰恰是中学时代学习上的佼佼者，父母和老师都对他寄以极大的期待，那么学习上的打击对他们的影响可能就会更大一些。

第二，人际关系不适。大学阶段，同学的构成较之中学更为复杂，大家来自四面八方，有着不同的社会经历、生活背景、情趣爱好、习惯以及价值观，因此在一个完全陌生的环境中建立起良好的人际关系，对于第一次走出家门，独自处理各种问题的大学生来讲，的确是一种挑战。因而，在人际关系方面遇到问题是同学们在大学阶段常见的挫折事件。

第三，两性情感纠葛。进入大学阶段，很多同学都开始了自己的爱情体验，据初步统计，到大学毕业，有近50%的同学会有恋爱经历。然而由于大学阶段同学们对爱情、婚姻、家庭的理解还不够全面、深入，因而在感情上遇到挫折，也是常见的情况。

第四，家庭经济困难。对于来自于贫困家庭的大学生，经济上的压力，不仅给他们带来了生活上的困难，更给他们带来了心理上的巨大压力，甚至给他们在与同学们交往方面带来了障碍。

第五，就业压力。面对当前的严峻的就业形势，很多大学生从一入学就开始考虑找工作的事情，例如社会需要什么样的人？我该做哪些准备？等等。面对充满激烈竞争的社会，不少大学生产生了一定程度的心理恐慌。这一问题也将成为大学生面对的又一个挫折。

以上只是简单列举了大学阶段可能遇到的几个比较普遍的问题，具体到每位同学，可能还会遇到各自具体的困难和问题。所以，我们说遇到挫折是不可避免的，任何人的一生都不可能一帆风顺（当然，如若果真存在绝对顺利的一生，那也就失去了生命色彩，也就成了单调乏味的一生）。这里，我们首先对挫折进行理性的认识和分析。

二、什么是挫折

（一）挫折的定义及其形成机制

挫折包含两种含义，一是指个体在从事有目的的活动过程中遇到阻碍的情况；二是指由于个体所从事的有目的的活动遭受阻碍，使其需要和动机不能获得满足所引起的紧张的内心感受和情绪状态。前者指的是挫折情境，后者指的是挫折反应，或者叫做挫折体验、挫折感。

从以上的定义可以看出，挫折由这样几个要素构成：

第一，需求和动机。挫折的产生一定以需要和动机的不满足为前提。也就是说，只有在个体出于某种需要和动机而去从事有目的的活动的时候，才会有遇到挫折的可能，如果个体无欲无求，便不会有什么挫折。由此可见，挫折与一个人的需求和动机是紧密联系的。

第二，挫折情境、挫折认知和挫折反应。挫折情境是个体活动的一种特殊环境，即阻碍人们实现目标、满足需求的情境和事物。挫折反应是个体由于挫折情境而产生的心理感受和情绪状态等。挫折认知是个体对挫折情境的认识和归因。

挫折情境是挫折反应的前提条件，挫折认知是挫折反应的调节因素。挫折的产生必然由挫折情境而引起，但并不是遇到同样的挫折情境一定会引起同样的挫折反应。换言之，即便面临的挫折情境相同，由于个体对挫折的认知不同，也会产生不同的挫折反应。这一点我们将在下一节具体阐述。

综上所述，挫折的形成机制可以通过下图进行表示。图中用序号标明了遇到挫折情境时可能出现的四种情况：①个体在动机的驱使下，没有遇到阻碍和干扰，顺利地实现了既定目标；②个体的行动虽然遇到了阻碍和干扰，但予以克服，实现了既定目标；③个体的行动遇到了阻碍和干扰，且无法克服，经过对挫折情境的客观认识，重新确立了目标；④个体的行动遇到了阻碍和干扰，且无法克服，对挫折情境的不合理归因进而产生了失落的、苦闷的、焦虑的情绪，这种反应就是挫折反应，而只有这种情况，才被称为挫折。

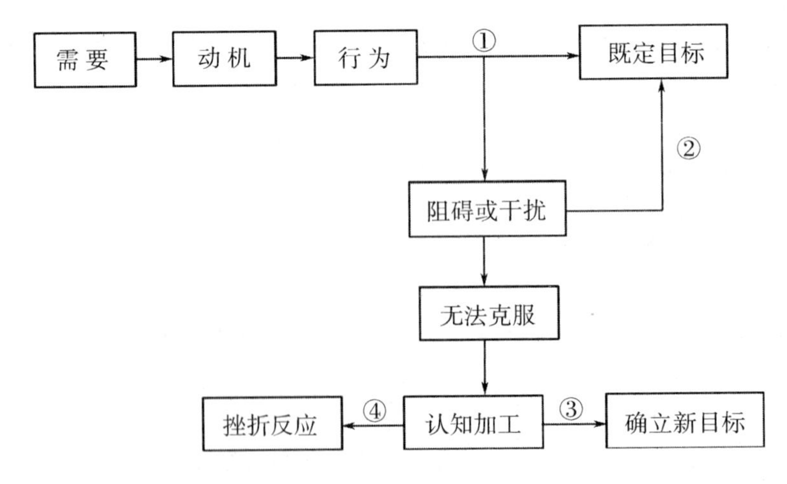

图 9-1　挫折形成机制示意图

9－2

小李同学在大学期间一直学习成绩优异，且酷爱所学专业，刻苦学习，准备考研（有明确的考研动机和行动）。

第一种情况：小李顺利通过研究生考试，愿望达成、目标实现。

第二种情况：就在此时，父亲意外身亡，家里失去了经济来源，使小李考研遇到了阻碍。小李忍住丧父的悲痛，失去父亲后的家庭责任感进一步增强了小李考验的动力，勤工俭学，攒够了上学所需费用，并考取研究生，实现愿望。

第三种情况：小李根据家中情况，放弃考研，回家照顾病弱的母亲，并准备学习与其专业相关的养殖技术（确立新目标）。

第四种情况：小李深感自己的不幸、命运的不公，陷入悲痛难以自拔，最终考研失败，感觉前途渺茫（挫折反应和体验）。

三、受挫后的反应

挫折一旦形成后，会给个体带来生理、心理上的影响，同时个体也会进行有意识或无意识的行为应对。正如美国作家罗威尔所言："人生不幸之事犹如一把刀，它既可以为我们所用，又可以把我们割伤。"挫折对人心理健康的影响，以及人们的应对行为既有积极的一面，也有消极的一面。

（一）受挫后的生理反应

个体受挫后，生理上的反应一般包括血压升高、心跳加快、呼吸急促、胃液分泌减少、失眠等。此时，机体内部的自我调节机制将会最大限度地调动机体的潜在能力，以维持超常状态下的正常生命活动，有效地应付外界环境的变化。医学研究表明：心律失常、支气管哮喘、消化道溃疡、类风湿性关节炎、偏头痛、失眠等疾病多与受挫后的生理反应有关。

（二）受挫后的心理反应

受挫后，人们一般会产生的情绪反应有紧张焦虑、心神不宁、困惑不已、寝食难安，还有人会产生难以名状的愤怒情绪。如果上述情绪长期积累，得不到合理的宣泄，以致于达到无法控制的程度，或者是个体遭受到的打击非常突然，其程度远远超出了其自身所能承受的范围，有些人就可能进入非理性的冲动状态，心理严重失衡、意识紊乱、行为失控，甚至做出伤害攻击他人或者自伤的行为。心理学上，将这一现象称为心理危机。曾经引起强烈社会反响的马加爵事件就是心理危机现象的一个典型案例，而一些大学生自杀事件也是心理危机造成的严重后果。

心理学研究表明，伴随着挫折事件的发生、发展和消退，人的心理变化一般要经过这样几个阶段：

冲击期，发生在危机事件发生后不久或当时，感到震惊、恐慌、不知所措。

防御期，表现为想恢复心理上的平衡，控制焦虑和情绪紊乱，恢复受损害的认知功能。但不知如何做，会出现否认、"合理化"等。

解决期，积极采取各种方法接受现实，寻求各种资源，努力设法解决问题，减轻焦虑、增加自信，恢复社会功能。

成长期，经历了危机，人变得更成熟，获得应对危机的技巧。但也有人消极应对而出现种种心理不健康行为。

（三）受挫后的行为反应

每个人在遭受挫折和失败时，都会有意识或无意识地去尝试摆脱困境、减轻不安、稳定情绪的努力，但由于每个人的自我调适能力、价值观、态度、性格等方面的不同，应对挫折的行为反应也会不同。从行为应对的效果而言，有积极行为反应和消极行为反应之别。

1. 消极的行为反应

消极行为反应是指失常的、失控的、没有合理目标导向的，甚至对自己、他人和社会造成一定程度危害的情绪性行为。主要有以下几种形式：

（1）攻击。当个体受挫后，常常会产生愤怒情绪和敌视心理。为了将心中的愤怒发泄出去，便可能出现攻击行为。根据攻击的目标不同，分为直接指向对象物的攻击和转向攻击。

直接指向对象物的攻击是个体直接将攻击目标指向给自己造成挫折的人或事物，表现为怒目而视、谩骂或殴打等暴力行为。一般来讲，平时有较强的自我优越感或者脾气鲁莽、冲动、缺乏生活经验的大学生更容易出现这种行为反应。例如频繁出现的校园情杀事件，大学生因感情纠葛，直接将怨恨发泄在自己的情敌身上，甚至夺人性命。

转向攻击是指将挫折情绪向自己或与挫折无关的其他人或事物发泄的行为。通常来讲，当个体察觉到自己没有能力去直接攻击给自己造成挫折的人时，就会通过转向攻击来发泄愤怒。如某学生因成绩不佳受到了家长的训斥，而他又对父母的权威有畏惧心理，那么他可能用力将家里的小猫踢开，或者猛力击打墙壁，或者欺负比自己弱小的同学。而那些缺乏自信、有悲观情绪的人则更容易将攻击对象指向自身，产生自责、自罪心理，甚至发生自杀行为。

攻击行为虽然在一定程度上发泄了内心的愤怒和挫败感，但由此带来的后果可能会带来更大的失败，甚至造成恶劣的后果和社会影响。

（2）逃避。逃避是个体没有勇气或者没有能力应对挫折情境时，通过回避现实困难来避免或减轻挫折带来的打击的行为反应。主要有压抑、否认和合理化、“白日梦”等表现形式。

压抑是个体把因挫折引起的痛苦情绪、记忆等从意识中排除抑制到无意识中。压抑之后，表面上看已经把挫折带来的痛苦忘记了，其实它隐藏在无意识中，依然影响着行为。适度的压抑可以令我们暂时忘却痛苦和烦恼，但过度的压抑需要耗费掉大量的心理能量，久之可能会造成心理疾病。

否认指的是拒绝感知和接受已经发生的现实。它不同于“说谎”，说谎是有意识的歪曲事实，而否认是无意中做出的。比如，在汶川地震中失去亲人的幸存者，有的会否认亲人已遇难的事实，依然做出亲人在世的言行举止，每天为亲人做好饭，摆好碗筷，不准别人谈论亲人的死亡等。

“合理化”又称文饰作用，指的是当人受到挫折后，为了避免精神上的痛苦和不安，为挫折创造一个可以接受的借口，为不可接受的行为开脱，从而维持内心的平衡状态。如果客观地分析这些理由和借口，我们发现它们往往是不合逻辑的或者不符合实际的，甚至是自欺欺人的。例如，有些学习不努力，成绩不够理想的学生说：“我才不为了得到那么一点奖学金，把自己变成个书呆子呢。”这就是典型的“吃不着葡萄说葡萄酸”的“酸葡萄”心理。再如，有的同学本想在演讲比赛中拿一等奖，但最终只得了三等奖，他会说：“三等奖也不错嘛，有很多人还拿不到呢”。这就是“如果吃不到甜葡萄，那么酸柠檬也是甜的”的“甜柠檬”心理。

“白日梦”即个体遭受挫折后，进入自己想象虚构的精神世界中应对挫折。如有些大学生因为感情挫折整日酗酒或者沉迷于网络，把幻想当成逃避现实的手段。

以上四种方式都能够使个体在一定程度上暂时缓解挫折带来的焦虑情绪，但是过度使用，会使个体不能正视现实，也就进一步妨碍了个体采取积极措施来应对挫折，从而不能使问题得到根本性的解决，甚至陷入更为复杂的困境中。

(3) 自哀自怜、冷漠退缩。个体遭受挫折，特别是屡次遭受挫折之后，可能就会产生一种无助感，对自身的评价降低、哀叹自己的命运不济、离群索居或者对外界环境失去兴趣。其表现形式有冷漠、退行。

冷漠是对挫折情境无动于衷、漠不关心的行为反应，它往往是由于个体长期处于挫折情境中，且无力改变现状，因而对未来不抱希望，自暴自弃。这是一种更为复杂的、更值得关注的挫折反应。

退行是指一个人在遇到困难和挫折的时候放弃自身比较成熟的应对技巧和方式，而使用早期年龄阶段的那种比较幼稚的方式去应付困难，以此来满足当前的欲望、减轻焦虑，获得他人的同情和照顾。比如，有的大学生在遭到异性朋友情感的拒绝后，哭闹、喋喋不休、反复向人哭诉等，这都是退行的表现。

事实上，退行具有一定的心理调节作用，比如夫妻恩爱，彼此撒娇以寻求心理的安慰；父子嬉戏，父亲在地上爬，这些暂时的退行行为是正常的，有时也是可行的，但一个成年人经常用退行的方式应对挫折，则是一种退缩的表现，久之就成了心理问题了。

(4) 固执。固执也被称作固着，指个体在遭受挫折后不去分析原因、总结经验教训，而是反复进行某种无效的动作。固执行为有呆板性、无效性和强制性的特点，行为者既不能停止这种无效行为，也不能用更有效的方式代替这种行为。

2. 积极的行为反应

积极的反应行为是指在受挫后，不失常态的、有控制的、转向摆脱挫折情境为目标的理性行为。主要包括补偿、升华等形式：

补偿是指个体在实现目标的过程中，因主客观条件限制而无法达成时，设法以新的目标代替原来的目标，以新的成功体验弥补原来失败的痛苦，以达到“失之东隅，收之桑榆”的目的。例如，一个相貌平平的女孩，无法在容貌上与其他漂亮女孩相比，就通过发奋学习，在学术研究上取得较大的成就，从而赢得了凭借容貌所不能赢得的声望，这就是补偿作用。

升华指的是个体在某件事上受到阻碍后，把其能量与愿望以另外的、能被社会接受的建设性的方式表达出来。比如，歌德等伟大的作家、音乐家等艺术家因为在爱情上受到挫折，将精力放在艺术创作上，为人类的艺术殿堂献上了瑰丽的珍宝。司马迁遭受凌辱、身陷囹圄，而撰写了史学巨著《史记》。华罗庚因家境贫寒而辍学，又因疾病而留下残疾，但他自强不息，自学成才，终因在数学方面的骄人成绩被清华大学聘请工作。“不幸是一所最好的大学”，许多人都是从这所大学走出，迈向了成功之路。

四、挫折的性质

综合本节内容，我们可以把挫折的性质做如下归纳：

（一）从挫折的形成机制看，挫折的普遍存在是一种客观的社会心理现象，挫折具有客观必然性

从挫折的定义和它的形成机制我们可以知道，挫折的形成是由于人的主观意志由于受到了客观情况的阻碍而未能达成，而这种未能达成的结果是不可避免的。因为主观意志（即行动目标）的实现，即需要有客观环境条件作保证，又需要个体的主观努力，二者缺一不可。否则，不可能实现愿望、达到目标。例如，上面小李同学的案例中，小李顺利考研既需要他有良好的学习基础和家庭经济条件作保障（客观环境条件），又需要他个人的主观努力，如刻苦学习充分复习，遇到生活变故调整心态，找到应对困难的措施，并实施克服困难的行动——打工挣钱，积攒学费和生活费。

尤其需要说明的是，由于人的认识能力是有限的，而客观环境的变化又是经常的，所以设定的目标不符合实际，或者在行动计划实施的过程中遇到了这样那样的阻碍，这些情况都是难以避免的。而每个人对挫折的承受力和应对能力又是千差万别的，因此挫折的存在是客观的、不以人的意志为转移的。

（二）从挫折后的行为反应和对人的影响上看，挫折具有两重性

挫折一方面使人感到痛苦、失望、一蹶不振，甚至引起消极的对抗行为，导致矛盾激化，还有可能使意志薄弱者精神崩溃，走上不归路。另一方面挫折又给人以教益，使犯错误者猛醒，认识错误、接受教训，改变思路；挫折也能砥砺人的意志，使人变得更加成熟、坚强；挫折还能激励人奋进，从逆境中崛起。

从挫折的性质我们知道，挫折的产生虽然是不可避免的，但挫折对我们人生的影响是可以由自己来决定和控制的。那么，同学们，当你面对挫折，你是选择就此沉沦呢？还是选择顽强拼搏、战胜困难呢？你将怎样走出困境、争取成功呢？这些内容我们将在下一节与同学们继续探讨。

【自我探索】

你遇到过挫折吗？回忆你印象最深刻的一次挫折经历，给你一些提示线索：

时间＿＿＿＿＿＿＿＿＿＿＿＿＿＿＿＿＿＿＿＿

挫折经过＿＿＿＿＿＿＿＿＿＿＿＿＿＿＿＿＿＿＿＿

挫折之后的感受＿＿＿＿＿＿＿＿＿＿＿＿＿＿＿＿＿＿＿＿

挫折后做了些什么＿＿＿＿＿＿＿＿＿＿＿＿＿＿＿＿＿＿＿＿

对挫折原因的自我分析＿＿＿＿＿＿＿＿＿＿＿＿＿＿＿＿＿＿＿＿

你觉得这次挫折给你的生活带来什么改变＿＿＿＿＿＿＿＿＿＿＿＿＿＿＿＿

用一句话概括你对挫折的认识＿＿＿＿＿＿＿＿＿＿＿＿＿＿＿＿＿＿

第二节　积极面对挫折　有效应对挫折

案例分析　9—3

井里的驴子

一头驴子不小心落在了枯井里，它大声嘶鸣着、哀嚎着，期待着人们的救援。驴子的主人焦急万分，召集乡邻出谋划策。但大家实在想不出什么好办法，倒是人们觉得反正驴子已经老了，枯井迟早要填上，不如干脆把井填上算了，这样也免除了驴子的痛苦。于是大家开始向井里填土。

当泥土落在驴子背上，驴子更恐怖了，它显然明白了人们的意图。这时，驴子突然安静了下来。一件令人惊奇的事情发生了，当每一锹泥土砸在驴子的背上，它都奋力抖落泥土，将泥土踩在脚下，把自己垫高一点。人们不断地向井里铲土，驴子就不断地抖落背上的泥土，把自己垫高一些。

就这样，驴子慢慢升到了井口，在人们惊奇的目光中，潇潇洒洒地走出了枯井。年迈的驴子靠自己的智慧，挽救了自己的生命。

这里讲了一个落入枯井的驴子的故事，当它身陷绝境的时候，没有放弃求生的欲望、没有抱怨命运的不公、没有憎恨主人的无情，而是把人们用来埋葬它生命的泥土当成了拯救自己的垫脚石。

任何人的一生中，都不可能避免遭受挫折，重要的是当面临挫折情境时，你用怎样的态度对待，又用怎样的措施应对，是让挫折压垮，还是把挫折当作通向成功的铺路石，都在于你的选择。因此我们说，以积极的态度面对挫折、以有效的措施应对挫折，是走出困境的最佳选择。

一、积极面对挫折

（一）ABC理论与挫折认知

如果想搞清楚怎样的态度是面对挫折的积极态度，那就要先看一看面对挫折，人们通常会有哪些非理性的认知。艾利斯提出的“ABC理论”，他以A（activating events）代表个体所遭遇的事件，C（consequences）代表在事件发生后个体的情绪和行为反应。在A与C之间还有一个中介因素，这就是对事件的认知、评价和信念B（beliefs）。

艾利斯认为，由于人们容易把一些理性的信念过度概括化、绝对化，于是就会形成一些非理性的信念，例如“取得好成绩是成功的表现”这样一个理性信念，经过过度概括，可能就变成了“我必须每次考试都取得好成绩，否则就不能取得成功”。

归纳人们的非理性信念，一般可以分为以下四类：

第一，糟糕可怕型。例如：失败对于我来讲，是一件糟糕透顶的事情。

第二，不可忍受型。例如：如果失败了，我就不活了，因为我实在忍受不了。

第三，过度概括型。例如：如果这次失败了，我就永远没有希望了。

第四，自我贬低型。例如：我失败了，我太笨了。

图 9-2　鸡蛋、鹅卵石和皮球的遭遇反映了人们对待挫折的不同态度

艾利斯的 ABC 理论告诉我们，并非挫折事件直接引起了挫折反应，对挫折的认知不同、对待挫折的态度不同，受挫后的行为反应也会不同，进而结果就会不同。而恰恰是对待挫折的非理性信念影响了人们对挫折的客观评价，让人产生了极度的烦恼。

（二）如何积极地面对挫折

所谓以积极的态度面对挫折，就是要逐步形成和培养对挫折的理性认知，抛弃自己固有的非理性信念，这样我们才能够在困难面前百折不挠、愈挫愈勇。

1. 挫折是上帝赠送的一件丑陋的礼物，需要我们欣然接纳

任何人的生命历程都不可能是一帆风顺的，遭遇挫折是不可避免的正常的事情，它是上帝赠送给每一个人的礼物，在你呱呱坠地的那一刻起，挫折就伴随你降临人世。尽管这是一个有些丑陋的、总是给人带来痛苦和不安的礼物，但我们无法拒绝、无法逃避，因为只要我们选择生活的绚丽多彩，只要我们还在追求美好的东西，我们就要有勇气踏上这条荆棘丛生的道路，去接纳路上的坎坷。

无须再把挫折看做是一件倒霉的事情，因为这份礼物每个人都曾得到过，如果你认为自己现在过得还不如别人那样好，那可能是因为你经历的挫折还不够多。每一个成功者的身后都会有一长串艰辛的脚印，欣然接纳挫折是迈向成功的起点。

2. 挫折是一座蕴含宝藏的矿山，需要我们仔细开采

在愚蠢的人眼里，挫折就像是充斥着不幸的废墟，不是要把它深深埋葬就是要把它拒

之门外。而在智慧的人眼里，挫折是一座蕴含宝藏的矿山，总可以挖掘出最有价值的东西。

首先，挫折可以增长人的智慧。善待挫折的人，懂得从挫折中总结教训，注重分析失败的原因，从而使自己对事物有了更为深入的了解，这就是人们常说的“吃一堑、长一智”。

其次，挫折可以锻炼人的意志力，提高人的挫折承受力。一般来讲，人的意志力和挫折承受力与其过去的生活经验有关，越是遭受挫折比较小的，其承受力就越低。一个从小条件优越、受到家人过度保护的、生活顺利的人，他对挫折的敏感度就会比较高，受到一点不顺心的事情（比如和恋人生气、被同学误解、竞赛失利）可能就会受不了，甚至失去对自己的理性控制。相反，一个经过挫折磨炼的人，则会以一种更加稳定、沉着的态度应对面前所发生的事情。

第三，挫折可以提供成功的机会。“塞翁失马，焉知非福”，失败和成功都不是绝对的，二者是可以相互转化的，而能够在失败中发现成功机会的人，必定是一个进取的人、一个坚持的人。

3. 挫折是一只神奇异兽，需要我们掌握驾驭它的本领

每当挫折来临，人们常被莫名的紧张、焦虑和恐惧所困扰，而对事件的发生束手无策，或者是变成了被非理性情绪驱遣的动物，任由事态肆意发展。其实，可以把挫折比喻为一只神奇的异兽，并非不可驯服，而是我们没有找到驾驭它的方法。换言之，挫折是不可避免的，但我们可以掌握应对挫折事件的方法，从而引导挫折事件向有利的方向发展。以马加爵事件为例，虽然在与同学们的关系方面遇到挫折是不可避免的，但我们可以采取有效的沟通方式加以解决，而马加爵的极端行为，只能使事态更加恶化，乃至酿成惨祸。

总之，要做到以积极的态度面对挫折，就要摒弃那些对挫折非理性的认知，要认识到挫折是生活的一部分，它并不像人们想象的那么可怕，经历挫折并不是一件倒霉的事情。我们要以一种平和的心态接纳挫折的存在，要学会在挫折中总结经验、吸取教训，要学会用自己的意志力和智慧，有效地处理各种挫折事件，努力在挫折中发现机遇，从而使自己在挫折中成长为一个成熟健康的人。

二、有效应对挫折

如前所述，摆脱挫折所带来的困境，不仅要有对挫折的理性认知，更要有切实可行的方法。在大学阶段，每位同学可能遇到的挫折情境都是不同的，但应对挫折的策略却是可以在总结成功与失败的经验教训的基础上归纳出来的，这些应对挫折的策略可以为我们今后处理挫折事件提供参考。

（一）不逃避、不自责，客观分析、正确归因

人们在遭遇挫折的时候，往往会出现一些消极的情绪或行为反应。有些人垂头丧气、有些人怒不可遏、有些人退缩冷漠、有些人逃避现实。虽然这些暂时的手段一定程度地缓解了挫折给人们带来的内心压力，但却不能彻底地让遭受挫折的人从困境中挣脱出来。遭遇挫折后，最首要的也是最关键的一步是，要勇于面对挫折、不逃避、不自责，客观地分析挫折产生的原因。

接纳自己所面临的困境，是走出困境的前提条件。在接纳困境的前提下，我们还要对

造成挫折的原因进行客观的分析，即进行正确的归因。所谓归因，就是对行为的原因进行解释。是否能对挫折形成的原因给予客观正确的归因，将关系到一个人在遭受挫折后所采取的行为应对策略。同时，正确地归因能激发人们前进的动力，增强战胜挫折的勇气和决心；归因不当，会打击积极性，挫伤自信心和勇气。因此，这里我们给大家介绍美国心理学家维纳的归因理论，以供同学们参考。

美国心理学家维纳把行为的原因从内因——外因和暂时——稳定这两个维度上分为四个方面。所谓内因——外因，是指原因来源于个体的内部还是个体之外的环境；所谓暂时——稳定，是指行为的原因是一个暂时的因素，还是稳定的因素。当人们对行为进行归因时，可能会提出很多具体的原因，但这些原因都可以归结到这四个方面中来。

例如，小王同学在演讲比赛没有取得名次，那么在归因时，就会有以下几种可能：因为他不够努力、准备不充分；因为他语言表演能力低，形象欠佳；由于平时给老师同学们的印象不深，现场支持率低；因为机遇不好，几个强大的竞争对手都和他分在了一个预赛小组。那么我们可以把上述原因纳入维纳的二维归因模型中，就可以得到下面的表格：

表 9-2　维纳的归因模型（以演讲比赛失败为例）

	暂时	稳定
内因	不够努力准备不充分	语言表演能力低形象欠佳
外因	机遇不好，几个强大的竞争对手都和他在同一预赛小组	平时给老师同学们的印象不深现场支持率低

维纳认为，不同的归因倾向会给人的心理和行为带来不同的影响。倾向于做内归因的人，会认为行为的结果是由于自身的原因造成的，自己可以控制、主宰事情的发展方向。倾向于做外归因的人，会认为行为的结果是由外部原因造成的，自己无法控制，只能听天由命。

维纳还认为，对成功和失败的原因的稳定性归因，可以影响对成功的期望和预测，进而影响成就动机。如果把成功的原因归结为稳定的因素，如个人有很好的能力，那么对今后的任务会抱有成功的期望，进而增强成就动机水平；如果把成功归因于不稳定因素，比如别人的帮助或运气好，则会对下次任务感到没把握，成就动机也不会提高。如果把失败归因于稳定因素，如自己的能力低，则会对今后成功不抱希望；如果把失败归因于不稳定因素，如努力不够，则会对今后成功持较高的期望。

此外，如果把成功归因于内部因素，则会认为成功是有价值的、是愉快的，成就动机水平增强；如果将成功归因于外部因素，是因为别人的帮助或者运气好，则成功的重要性就会降低，成就动机水平就会下降。如果把失败归因于内部因素，则会对自信心造成打击，成就动机大大降低；如果把失败归因于外部因素，就会产生自我原谅，消极情绪就会减少。

（二）主动寻求社会支持

社会支持是指个体与社会各方面包括亲属、朋友、同事、伙伴以及家庭和社会组织在精神和物质上的联系程度，还包括主观体验到的或情绪上的支持，即个体体验到在社会中被尊重、被支持、被理解和满意的程度。心理学研究结果显示，在同样的压力情境下，那些受到来自家人或朋友较多支持的人比很少获得类似支持的人心理的承受能力更强、身心也更健康。从另一方面也说明，当一个人面临挫折情境时，如果能够主动地寻求社会支持，则更有助于积极地应对挫折情境。

因此，当同学们产生挫折心理后，需要及时寻找社会支持对象，将内心的愤怒、焦虑、沮丧等不良情绪向别人倾诉，从而减轻心理压力。社会支持力量的来源可以是最信赖的朋友、家人、同事、同学或者是专业的心理咨询工作者。

目前，有很多同学对心理咨询还不够了解，认为只有心理不正常的人才去寻求心理咨询，担心主动寻求心理咨询会被他人误解。其实，心理疾病和心理问题是两个概念，凡是在认知、情绪、情感和行为方面的不适应，都属于心理问题，心理问题是在正常人中普遍存在的。心理咨询就是面对正常人通过专业的心理咨询技术而进行的缓解压力、排除障碍、完善人格的帮助。因此，当遇到挫折而无法解脱时，主动寻求心理援助，是大学生增强挫折耐受力、环境适应能力和促进身心健康发展的良好途径。

(三) 及时调整目标，制定切实可行的目标和行动计划

前面曾经提到，一个人的主观需要和现实条件之间总是有一定距离的，因此在向目标前进的过程中，需要根据实际情况来调整既定的目标。特别是在遇到挫折后，我们更应该审视目标的可行性。在制定和调整目标时需要做到以下几点：

首先，制定目标要从实际出发，而不能单纯从自己的主观想象、需要出发。也就是说，既要清楚自己的需要和主观愿望，又要考虑自身的能力和现实环境条件中实现的可能性，两者结合起来考虑，才能制定一个切实可行的、有实现可能的目标。从目标实现的难度来讲，既不要太难，也不要太容易，当人们面对一个几乎不可能实现的目标时，成就动机就会明显下降。而太简单的目标，又不具有挑战性，即便实现了，也不会给人以成就感。而一个难度适中的目标，才能够最大限度地调动人的潜能，给人以成就感的满足。

其次，目标要有层次性和阶段性。层次性是从目标的构成来讲，把一个宏观的、大的目标分解为几个小的、具体的目标，阶段性是从实现的进度来讲，分为近期目标和远期目标。这样制定出来的目标才能够真正地引领人们的行动。

(四) 积极的自我暗示

希腊神话中有这样一则故事：塞浦路斯一位王子皮革马利翁用象牙雕刻了一位美女，雕刻时他倾注了自己的全部心血和感情，雕成后每天捧在手中，用深情的目光注视着她，时间久了，有一天这女子竟然有了生命。受这个故事的启发，1968 年，美国心理学家罗伯·罗森塔尔和雷诺尔·贾可布森进行了一项著名的实验，取得了出乎意料的效应。他们把这种效应称为“皮革马利翁效应”，人们也称之为“罗森塔尔效应”。在实验中，他们随意抽取一组一年级学生，尔后告诉这些学生的老师，这些学生经过特别的测验被鉴定为“新近开的花朵”，具有在不久的将来产生“学业冲刺”的无穷潜力。以后，师生们在各方面对他们另眼相看，他们也不知不觉受到感染，自尊心、自信心倍增，分外努力。结果发现，当教师期待这些学生表现出较高水平的智慧进步时，他们果然在一段时间后取得比对照组学生高得多的智商分数。研究者解释说：这些学生的进步，主要是师生期待的结果，即该效应就是由对教育对象的尊重、信任、热爱和对其更高的人际期待而产生的神奇功能。

“皮革马利翁效应”表明：一个人对另一个人的智慧成就的预言，会提升另一个人的智慧成就。而积极的自我暗示就是自己对自己所取得成就的肯定和预言。通过积极的自我

暗示来，可以使积极的、肯定的思维模式代替原来否定的思维模式，从而坚定信念，增强信心。积极的自我暗示可以有以下形式：

言语暗示，如抄录、朗读、背诵一些具有积极、肯定意义的自我激励的句子来勉励自己；

环境暗示，如在心情烦躁时听一听曲调舒缓的音乐，情绪低落时整理一下房间，让环境焕然一新；

动作和行为暗示，如紧张不安时可以做扩胸深呼吸，心情烦闷时约朋友一起去郊游；

形象暗示，即通过对自己衣着服饰、外在形象的修饰、装扮来给自己以积极的暗示。如剪短头发可以让人感觉年轻干练，换一种服饰风格，可以给人焕然一新的感觉，从而使自己从消沉的情绪中振作起来。

总之，自我暗示的力量是强大的。当一个人遇到挫折一蹶不振时，运用积极的自我暗示来提醒自己："我要振作、我一定能够做到、我不会被失败击垮"，就可以有效地增强自信、振作精神。

（五）关注问题解决，排除不良情绪的干扰

当遇到挫折情景时，有些人将注意力集中在问题解决上面，关注于寻找摆脱困境的具体方法和途径。而有些人更加关注成功和失败给自己带来的影响和后果，由于担心失败造成的不良后果，所以往往会产生诸多不良情绪，如紧张、焦虑等，这样就会在一定程度上分散了解决问题的注意力。

心理学的研究结果显示，那些关注于问题解决的人，能够更充分地调动自身潜能，以应对当前的挫折情境，也更容易在困境中打开新的局面，完成扭转乾坤的壮举。

（六）有意识培养自己的健康人格，增强抵御挫折的心理能力

一个人的抗挫折能力不是脱离他的人格特征而独立存在的，具备健康的人格特征是抵御挫折的心理基础。因此，从人的成长过程来看，有效应对挫折的过程，也是一个人的人格不断完善的过程。从增强抗挫折能力的角度讲，大学生应注重以下人格特征的培养。

自信，自信是一种积极的自我评价，只有自信的人才能够相信自己将在不断的追求中赢得成功。

勇敢，勇敢是敢于面对一切艰难险阻，它是战胜困难的前提。一个不敢正视困难的人，一个在困难面前退却的人，将永远不可能获得胜利。

坚韧，坚韧是百折不挠，愈挫愈勇，坚韧的人能够承受无数次失败的打击，直到取得最后的成功。

自制力，自制力是对自己的情绪、行为的约束能力，一个有自制力的人是一个在挫折面前能够保持理智和冷静的人，它是用智慧解决问题的前提。

黑格尔曾经说过，挫折是上帝用来教会人们生存道理的道具。如果你怠慢它，他就会拂袖而去，你将永远不知道自己失败的秘密。如果你拥抱它，跟它真诚地交流，它就会给你丰厚的回报，给你的人生带来创造性的变迁。

所以我们说，挫折是人生前进的里程碑。我们要做人生的攀登者，充满必胜的信念和激情，将挫折甩到我们的身后，让它成为我们成功的垫脚石。

【自我探索】

1. 测测你的抗挫折能力

请根据下面的一些陈述，并结合自己的情况，判断一下与自己符合的程度。如果符合，请用 A 做标记，不符合请用 C 做标记，不确定请用 B 做标记。

(1) 我不难相信别的同学或朋友，也很容易跟他们建立友谊。

(2) 学校新规定的颁布和实施是顺理成章的、势在必行的。

(3) 每次在学习、生活和工作中遇到挫折和失败，都会使我长时间感到沮丧。

(4) 在我的生活费用不高时，照样手头能感到宽裕。

(5) 我对生活中某些团体有贡献（如家庭、学校、社区、工作单位等）。

(6) 我在进入大学后路途坎坷。

(7) 我对自己在学习、工作中实现既定目标的进度感到满意。

(8) 对职业发展来说，明智比运气更重要。

(9) 运气的来临归功于往日的努力。

(10) 如果锲而不舍，最终会创出新的天地。

(11) 接连遇到几件不愉快的事，我一次比一次感到苦恼。

(12) 对我来说，适应新环境是不难的，比如转学、调工作、搬家。

(13) 与性情不同的人一起工作、生活是活受罪。

(14) 奖学金原定有我，公布名单却换了别人，此时我能坦然以对。

(15) 朋友带来一个令人讨厌的人，我感到气愤。

评分说明：

第 1、4、5、6、7、8、9、10、12、14 题，选 A 得 3 分，选 B 得 2 分，选 C 得 1 分；第 2、3、11、13、15 题，选 A 得 1 分，选 B 得 2 分，选 C 得 3 分。然后将每题的得分相加，看一下你的得分所反映出来的抗挫折能力的水平。

25 分以下，你的抗挫折能力比较低。当你面对挫折，会丧失奋斗的力量和解决难题的决心，因而会对你的职业发展带来负面影响。通常碰到不如意的事情，你会埋怨推脱，抱怨后心情更加沮丧，而问题依旧没有得到解决。建议你给自己的生活多一点难度和挑战，或者参加一些这方面的心理训练，以增强自己克服困难的能力。

26～38 分，你的抗挫折能力中等。你可以处理一些一般的逆境，在面对较大的改变时，你往往需要较长的时间和较多的努力，当遇到极大困难时，你可能会乱了阵脚。因此，在面对人生的不顺利境遇时，你还是需要做好思想准备。

39 分以上，你的抗挫折能力是比较高的。你拥有坚持和乐观的人生态度，能比较自如地应对生活和工作中的困难，并敢于迎接挫折的挑战。你通常没时间抱怨，因为你总是忙着解决问题，而且你善于把逆境转化为职业发展的机会。但是不要在奋斗中忽略了身体健康。

2. 案例分析

阅读以下案例，然后分小组讨论，回答问题：

(1) 简要归纳该同学所遇到的挫折情境。

(2) 用 ABC 理论分析该同学存在哪些非理性信念？

(3) 用维纳的归因理论分析该同学是怎样对自己的遭遇归因的？你认为造成该同学目

前问题的原因是什么？

(4) 如果你是这位同学，你认为该如何让自己从孤独苦闷中走出来？

案例呈现[①]**：**

我现在已经是武汉一所大学的本科生了，刚刚升入大学，一切都是陌生而新鲜的，但是，每当想起往事，我心中就疼得滴血。

从小学到初二，我一直在我忧无虑的环境中度过，父母关心我，亲友老师爱护我，学习成绩好，同学们也羡慕，一切都非常美好。可是，在初三，我遇到了一位非常严厉的班主任，他很爱发脾气打人。班上成绩差的他不管，成绩好的同学他几乎都打过。他打人的样子是我见过的最凶残的，拳打脚踢。有一次因为一点小事，他对我大打出手，从教室前面一直打到教室后面，从那一刻开始，我的心都碎了。我跟父母说，但他们不理解我，反而说是我的问题。后来我就不爱上课了，经常迟到、逃学、心情低落、精神萎靡，对学习也失去了兴趣，晚上失眠，甚至想辍学。父母见到我这个样子，还不断逼我去上学，我每次逃学，他们都找我，然后把我送到学校。有时候我心情恶劣，在家乱扔东西，他们就打我，我的心被一点一点撕裂了。

到了高中，本来以为换个环境我会忘记过去，可我做不到。我开始讨厌父母，高中三年，我回家的次数很少，即使过年，也不愿意回家，而是躲在亲戚家。因为一回家，看到父母和我的房间，心中的伤疤就又被触动了。我恨他们，对他们态度不好。亲戚们一起骂我，说："父母辛辛苦苦供你读书，你却这样对待他们?!"指责我不懂得尊敬师长。整个高中三年我都是在痛苦和压抑中度过的。我本来从小性格活泼开朗，可是经过了这些，我渐渐开始孤僻了，不跟人接触，对学习没有兴趣，整夜失眠。为了治疗失眠，父母也曾找过很多医生，可一点效果都没有。家里实在太穷了，为了治我的病，家里已经花了很多钱。

2003年的高考，对我又是一个打击，儿时的伙伴，身边的同学本来都没有我优秀，可他们都考上了很好的大学，而我只考取了一所三类大学。我害怕听到亲戚朋友对我的议论，更害怕别人看我的眼神。我开始逃避，不跟任何人接触。来到这所大学，我仍然十分苦闷，我想忘记过去，可是做不到。我依然恨我的父母，没有办法忘记伤心的往事，我觉得这些都是他们造成的，我没有办法摆脱痛苦的煎熬，我该怎么办？

第三节　危机及其应对

苦难对天才是一块垫脚石，对能干的人是一笔财富，对弱者是万丈深渊。

——巴尔扎克

一、什么是心理危机

社会飞速发展，带来了经济发展和科技进步，它的快节奏、高风险、强竞争在激发和

---

① 李子勋．陪孩子长大［M］．北京：中国广播电视出版社，2006：188－189．

调动人的潜能的同时，也给很多人带来了沉重的心理压力，大学生这一群体尤其如此。在巨大的压力下，一些相对脆弱的学生就难免陷入心理危机，出现过激行为。那么什么是心理危机呢？

心理危机指人所处的紧急状态。当个体遭遇重大问题或变化使个体感到难以解决、难以把握时，平衡就会被打破，正常的生活受到干扰，内心的紧张不断积蓄，继而出现无所适从甚至思维和行为的紊乱，进入一种失衡状态，这就是危机状态。危机意味着平衡稳定的破坏，引起混乱、不安。危机出现是因为个体意识到某一事件和情景超过了自己的应付能力，而不是个体经历的事件本身。

二、心理危机经历的阶段

心理学研究发现，人们对危机的心理反应通常经历四个阶段：

冲击期，发生在危机事件发生后不久或当时，感到震惊、恐慌、不知所措。如突然听到家乡“H1N1”甲型流感患者骤增的消息后，大多数人会表现出恐惧和焦虑。

防御期，表现为想恢复心理上的平衡，控制焦虑和情绪紊乱，恢复受损害的认知功能。但不知如何做，会出现否认、“合理化”等。

解决期，积极采取各种方法接受现实，寻求各种资源，努力设法解决问题，减轻焦虑、增加自信，恢复社会功能。

成长期，经历了危机，人变得更成熟，获得应对危机的技巧。但也有人消极应对而出现种种心理不健康行为。

三、心理危机的反应

当个体面对危机时会产生一系列身心反应，一般危机反应会维持 6～8 周。危机反应主要表现在生理上、情绪上、认知上和行为上。生理方面：肠胃不适、腹泻、食欲下降、头痛、疲乏、失眠、做噩梦、容易惊吓、感觉呼吸困难或窒息、哽塞感、肌肉紧张等。情绪方面：常出现害怕、焦虑、恐惧、怀疑、不信任、沮丧、忧郁、悲伤、易怒，绝望、无助、麻木、否认、孤独、紧张、不安，愤怒、烦躁、自责、过分敏感或警觉、无法放松、持续担忧、担心家人健康，害怕染病，害怕死去等。认知方面：常出现注意力不集中、缺乏自信、无法做决定，健忘、效能降低、不能把思想从危机事件上转移等。行为方面：呈现反复洗手、反复消毒、社交退缩、逃避与疏离，不敢出门、害怕见人、暴饮暴食、容易自责或怪罪他人、不易信任他人等。

个体危机反应的严重程度并不一定与事件的强度成正比，也就是说个体对危机的反应有很大差异，即相同的刺激引起的反应是不同的。比如对待 H1N1，有的人平静坦然，镇定自若，善于应付；有的人无所适从，惶惶不可终日。危机反应程度到底受哪些因素影响呢？个体的个性特点、对事件的认知和解释、社会支持状况、以前的危机经历、个人的健康状况、干预危机的信息获得渠道和可信程度、危机的可预期性和可控制性、个人适应能力、所处环境等都会影响危机反应。

四、引起危机的常见原因及应对状态

引起危机的常见原因有急性残疾或急性严重疾病；恋爱关系破裂；突然失去亲人（如

父母、配偶或子女）或朋友，如亲人或朋友突然死亡或关系破裂；失去爱物；破产或重大财产或住房损失；重要考试失败；晋升失败；严重自然灾害，如火灾、洪水、地震等。

（一）心理危机的特征

1. 突发性

心理危机常常是令大学生意想不到的，而且具有不可控性和随机性。

2. 应激性

心理危机的出现就像是急性疾病的发作，它要求大学生立即紧急应对，而不管本人主观上是否愿意或是否有能力承受。

3. 痛苦性

心理危机给大学生带来的体验是非常痛苦的，会让他们不知所措、痛苦万分，甚至最终选择某些极端的方式来解决问题。

4. 危险性

心理危机中的危险可能危及大学生的身体健康、学习精神、日常生活等，严重的甚至还可能危及大学生本人或其他人的生命安全。

5. 机遇性

“危机”中危险与机遇同时存在，假如可以成功地把握住危机情境或者得到及时有效的干预，那大学生就能够渡过心理难关、恢复心理平衡，同时促进其心理的成熟与发展，这就是机遇。

6. 时限性

一般情况下危机的急性期在一至两个月左右，如果不能得到及时解决的话，就有可能导致精神疾病发作或出现自杀、攻击他人等危险行为。

（二）心理危机的应对阶段

每个人对严重事件都会有所反应，但不同的人对同一性质事件的反应强度及持续时间不同。一般的应对过程可分为三阶段：

第一阶段　立即反应，当事者表现麻木、否认或不相信；

第二阶段　完全反应，感到激动、焦虑、痛苦和愤怒，也可有罪恶感、退缩或抑郁；

第三阶段　消除阶段，接受事实并为将来作好计划。危机过程持续不会太久，如亲人或朋友突然死亡的居丧反应一般在6个月内消失，否则应视为病态。

心理危机是一种正常的生活经历，并非疾病或病理过程。每个人在人生的不同阶段都会经历危机。由于处理危机的方法不同，后果也不同。一般有四种结局：第一种是顺利渡过危机，并学会了处理危机的方法策略，提高了心理健康水平；第二种是渡过了危机但留下心理创伤，影响今后的社会适应；第三种是经不住强烈的刺激而自伤自毁；第四种是未能渡过危机而出现严重心理障碍。

对于大部分的人来说，危机反应无论在程度上或者是时间方面，都不会带来生活上永久或者是极端的影响。他们需要的只是有时间去恢复对现状和生活的信心，加上亲友间的体谅和支持，能逐步恢复。但是，如果心理危机过强，持续时间过长，会降低人体的免疫力，出现非常时期的非理性行为。对个人而言，轻则危害个人健康，增加患病的可能，重则出现攻击性和精神损害；对社会而言，会引发更大范围的社会秩序混乱，冲击和妨碍正常的社会生活。如听信传言，出现超市抢购，哄抬物价，犯罪增加等。其结果不仅增加了有效防御和控制灾害的困难，还在无形之中成为自己和别人新的恐慌源。

五、心理危机干预

（一）心理危机干预的主要目的

第一，防止过激行为，如自杀、自伤，或攻击行为等。

第二，促进交流与沟通，鼓励当事者充分表达自己的思想和情感，鼓励其自信心和正确的自我评价，提供适当建议，促使问题解决。

第三，提供适当医疗帮助，处理昏厥、情感休克或激惹状态。

（二）心理危机干预的原则

首先，迅速确定要干预的问题，强调以目前的问题为主，并立即采取相应措施。

其次，必须有其家人或朋友参加危机干预。

第三，鼓励自信，不要让当事者产生依赖心。

第四，把心理危机作为心理问题处理，而不要作为疾病进行处理。

六、大学生如何应对危机

（一）大学生可能遇到的危机

首先，生活危机。我们的生活常常会遭遇一些困难，如我们未能及时将这些困难解决，潜移默化，这些困难就会一并爆发成为危机。

其次，感情危机。在大学生对感情还不成熟的情况下，我们会遇到各种各样的情感问题。尤其是恋爱关系的被动破裂对大学生的影响往往非常深刻。比如大学毕业，面临分别，我们该如何做出选择，是放弃未来还是放弃感情，都是我们所难以抉择的，在这时，相爱的两人就难以避免出现感情危机。

第三，重要考试失败。如高考失败、考研失败等对学生的冲击力较大。

第四，破产或重大经济损失。

第五，亲人死亡的悲伤反应（居丧反应）。

第六，就业危机。就业危机是最普遍的危机。尤其是 2008 年全球金融危机，造成的动荡不仅冲击了国家各个行业的经济效益。也为我们大学生就业问题增加了更大的难度。一方面，我们该如何在这种危机下找到适合自己的工作、自己喜爱的工作。另一方面，如何适应我们并不喜欢的工作。这都将成为一种危机。

（二）应该怎样正视危机

首先，将危机转化成动力。在金融动荡的情况下，你是会被危机所打垮还是不断尝试找到属于自己的生活呢？作为一个大学生，我们应该正视危机，将危机看成是一种考验，这不仅是在考验我们的心理素质，也是在考验我们的人生价值观。比如说，我们在找工作时，如何才能突显出我们与众不同的地方。

其次，将危机看成是一场考试。我们的一生中会经历很多的考验，我们必须将危机也当作是一道考试的题目。在看到这个题目时我们就应该想到解题的步骤，井然有序地进行，这才是人生的真理。

第三，把危机转化为提升心理素质的契机。有些人在逆境中失败了，有些人在逆境中成功了，适者生存的意义就在于此吧！一个拥有良好心理素质的人，在面对危机时，会找到危机的出口。而另一个心理素质不佳的人，则会在危机爆发时自暴自弃。由此看来，危机对我们来说，也是一种心理素质的考验。

第四，寻求社会支持。如果通过自己的力量不能较快地从危机中走出来，就需要寻求社会支持，如找亲朋好友、老师同学沟通，或者寻求心理咨询老师的帮助等。

有人说，挫折是人人有份的“快餐”，也就是说，在学习和生活中，我们随时都可能遇到各种困难失败，乃至遭受不幸。总之，在人生的道路上，我们会遇到各种各样的挫折和磨难。作为大学生，我们应该随时准备迎接挑战，每一次的挫折和危机都会促进我们成长。所以，我们必须认真面对，永远保持良好的心理素质以及足够的勇气和信心。

【自我探索】

自我理解的促进

1. 我现在担心的事情是：
2. 将来我最担心的一件事情是：
3. 我最不愿意做的一件事情是：
4. 当前我不可回避的一件事情是：
5. 对我来说因担心失败而困惑的事情是：
6. 人际关系中我最困惑的自身的问题是：
7. 我最感到自我嫌弃的是：
8. 我最棘手的人是：
9. 我最恐怖的事情是：
10. 对我来讲最不愿意想起的一件过去发生的事情是：
11. “我不做就好了”，这样后悔的事情是：
12. 他人所看到的我的缺点可能是：
13. 难以称心如愿的一件事情是：
14. 可能的话，我想改掉的自身缺点是：
15. 想一想，我现在最困惑的问题是：

【思考时间】

1. 通过本章的学习，你对挫折和危机有了一个新的认识吗？
2. 你都了解了哪些关于挫折和危机的经典理论？你能正确地认识大学生面临挫折和危机时的正常反应吗？
3. 如何正确、有效地应对挫折和危机？如何提高自己应对挫折和危机的能力？

第十章

让我欢喜让我忧
——大学生与互联网

电脑与网络就像火一样，是人类的好帮手，也是个坏主子。

——戈登伯格（美国心理学家）

导 言

随着信息时代的到来，互联网正以势不可挡之势风靡全世界，也风靡中国。而且这种发展趋势还在继续。走在时尚前沿、求知欲旺盛、精力充沛、思想开放的大学生更是互联网的忠实用户。就像一首歌中所唱，大学生对互联网是“我爱你就像老鼠爱大米”。

互联网给大学生的信息获取带来了极大的便利，有利于大学生的学习、生活、人际沟通、娱乐休闲、压力释放，对提高效率、开阔眼界、提升生活质量有很大的帮助。

但是，虽然在年龄上已步入成年人行列，在心理上大学生还处于“心理性断乳”期，辨别能力还不完善，有时对网络上一些不良诱惑的抵制力差。因此，我们常常可以见到一些因为过度上网而荒废了学业、影响了人际关系、损害了身体的大学生。有的因为痴迷于网恋而痛苦彷徨，有的因为沉迷于游戏的虚幻世界而难以适应现实世界，有的大学生因为过度上网被学校辞退，有的大学生甚至因为上网而引发犯罪行为，不一而足。那么，互联网到底是天使还是魔鬼，是地狱还是天堂？

本章主要探讨如下问题：互联网与大学生的关系；互联网给大学生带来的利与弊；网络成瘾的预防及应对。

第一节 互联网——迷人的虚拟世界

互联网作为新兴媒体，在大学生的学习和生活中占据了非常重要的位置，任何一位不甘被拒之于新技术与新潮流之外的大学生都不可能离开网络。一些大学生通过对网络技术的掌握而进入 IT 行业；还有一些大学生通过网上电子商务进行创业，为自己掘得了第一桶金；也有的同学通过网络社区找到了性情相投的朋友，觅得了知音，找到了自己的归属；还有的大学生通过网络传播有价值的信息，找到了自己的价值所在；有更多的大学生从网上查到了所需要的资料，解决了对知识的饥渴；也有的大学生通过网络找到了适合自己的休闲方式，缓解了压力……

一、网络的特点

（一）便利性——全天不打烊

互联网允许 24 小时接入，没有时间限制，不论何时，只要你愿意就可以在网上冲浪。不仅如此，你不用走出家门一步，就可以查到海量的信息，真是秀才不出门，尽知天下事。

（二）互动性——你来我往好轻松

在网上，你可以享受你的话语权，对网上看到的信息进行评论，发表你的高见，发出你的呼声，增加你的影响力。而在传统媒体上这种机会却微乎其微。

（三）即时、高效——零等待

你在网上发表的信息、图像、声音可以立即传送到世界各地，几乎是零等待。

（四）虚拟性——虚拟VS真实

互联网一方面反映了现实世界的客观景象，另一方面又是现实世界的极大拓展。在现实世界中得不到的东西，你都可以从网络上找到。但不管你在网上多么惬意，它永远代替不了现实世界。

（五）匿名性、隐蔽性——没人知道你是一条狗

在互联网的环境中，人们隐去了相貌、年龄、穿着、身份、地位等现实特征，甚至可以改变自己的现实身份，如性别等，可以忽略现实生活中不尽如人意的地方，在互联网上，人们还可以在一个更大范围的群体中直接进行交流，不必局限于有限的现实环境。美国画家斯坦纳曾经画了一幅画：有两只狗在网络中游走，一只狗得意地对另一只狗说："在网络中，没人知道你是一条狗。"因为网络的匿名性，哪怕对方是一条狗，你也不知道。一个老年男子可以化妆成一个小男孩和你交往，一个奇丑无比的人也可以化妆成美女。这种匿名性既保护了人们的隐私，也带来了一定的安全隐患。

（六）无界性——一点遨游全世界

在网络上，可以真正实现无国界等地域的限制，只要轻轻一点，你就可以看到地球那一面的世界。

（七）自由性——如鸟在天空飞翔，如鱼在海中遨游

互联网能够跨越地域、时间、文化、政治的限制，使人们能够相互自由交流。在互联网世界里，人们生活的社区，不是以地域划分，而是以人们的兴趣所在，人们可以自由选择喜欢的社区、网络。人们在网上可以享有极大的自由，你可以选择登陆的网站（如果可以），你可以选择交友的对象，你可以发表你的观点，你可以选择参加一个社区，也可以选择离开，在这里，你的地盘你做主。

（八）平等性——王子和灰姑娘也可以直接对话

除了地域的限制，网络还可以打破民族、性别、年龄、阶层甚至信仰等的限制，只要你愿意，你可以和任何人互动。不管你是老妪还是妙龄。

（九）丰富性和开放性——海量以待

互联网是一个知识宝库，其信息容量是任何传统媒体所无法比拟的，各种各样的信息可以说是无所不包，无所不容。

（十）可控性——我的地盘我做主

人们可以利用自己的技巧在一些在线活动——尤其是网络游戏中，获得声望和地位，这给了人们一种控制感，这是人类的一种古老的梦想。而对于那些有社会疏离感而又精通计算机网络的人们，这种可控感尤其重要。

二、网络的心理功能

（一）满足大学生的求知需要

大学生有强烈的好奇心与求知需要，这也是他们能升入大学的重要原因。美国心理学家马斯洛指出，求知的需要位于人类需要层次的顶层，是达到自我实现的重要阶梯。大学生大多志向远大，追求自我实现的人生，对未来有着乐观而美好的期待与向往。因此，他们的求知欲更强于其他人群。

大学生在网络上寻求的知识主要有：专业知识类、自我成长类（如励志类、哲学类、心理

学类等）、兴趣爱好类、人际关系类、社会议题类（如新闻、体育、娱乐信息）、求职择业类等。

（二）满足大学生的放松需要

社会的变革及大学生就业难的社会现实，以及大学生本身的一些身心特点，使当代大学生的心理压力较大，他们需要一定的方式来排解心头的郁闷与烦恼、痛苦与彷徨。在网上听听音乐、看看电影、欣赏欣赏各种美妙的图片、玩一些小游戏等等，有利于大学生缓解压力、释放情绪。

（三）满足大学生的交友与认同、归属需要

埃里克森的发展理论认为，大学生正处于完成“亲密对孤独”这一发展任务的时期，他们有极强的认同需要，他们需要朋友的认同、恋人的亲密，网上交友是获得这种需要、排除孤独感、获得亲密感的重要方式之一。

（四）满足大学生的成就需要

成就需要是人类的重要需要之一，心理学家发现，成就动机的强弱往往能预示一个人将来成就的高低。大学生作为同龄人中的优秀群体，对成就需要有着更大的渴望与需求，成就感对他们的行为有着非常强的激励作用。而网络就是实现这种成就感的便捷场所。有的人在论坛里发表大量的帖子、有的人利用博客或播客来宣传自己的价值观等，一方面自赏，一方面也引得了他人的注意和赞叹。还有的大学生通过网络上的电子商务平台或利用网络这一媒体，建立了自己的创业基地，获得了自信、成就感的满足和经济上的回报。

三、大学生互联网使用中需注意的问题

（一）网上交友——避难所还是港湾？

许多大学生选择在网络上交朋友，有些大学生在网络中找到了志同道合的朋友甚至知音。网上交友可以突破空间的限制，扩大交友范围，而且交流起来方便省力。实际上，网络交友的匿名性、平等性才是吸引很多大学生的主要原因。不必告诉对方自己的真实姓名、身份、地位、金钱、容貌、学识、成长背景等，你可以自由填写自己的相关信息。不会因为你的容貌丑陋而失去魅力，不必因为你的个子矮小而自卑，不必因为你囊中羞涩而底气不足，不用担心由于一些小秘密的泄露而使自己尴尬。避免了许多外在因素的干扰，减少了不必要的心理负担，这种交往更能深入人的内心深处，交往的深度可能更高。这给渴望认同、渴望赞赏的大学生的心灵提供了温暖的甘泉。

但是，许多时候优点也就是缺点。网络的匿名性和虚拟性，既给大学生带来了方便，也带来了安全隐患。就像前面说的“在网上没人知道你是一条狗”。网上的交流主要是通过文字，文字交流不必像口头交流那样能得到即时的反馈，它有一定的延迟性。这种延迟性就给交流双方更多的思考时间，可以对交流的文字进行刻意的加工及包装，在表达时更具理性。这种理性超越了平日的口头语言，使双方有机会美化自己。因此，网络上的交往与现实中的交往有很大的区别，大学生只有分清虚拟和现实，才不会在回到现实的时候有更多的失望。除此之外，网络的匿名性给虚假信息的传播创造了绝佳的条件，一些不负责任的人会利用网络的匿名性有意或无意地欺骗他人。大学生由于涉世未深，社会经验缺乏，有时候对那些别有用心的人警惕性不高，这就给了那些欺骗者机会。

那么，哪些大学生更热衷于网上交友呢？研究发现，大概有两类人：第一种是那些猎

奇心较强、空虚的大学生，第二种是那些性格内向、孤僻、有社交障碍的大学生更可能对网上交友乐此不疲。在这里面，值得关注的是后者——因为性格内向而在现实生活中人际关系不良的大学生，倾向于到网络上去寻求补偿。他们在网上往往非常活跃，在网上找到了自己的归属感。而过度上网又减少了网下的交流时间，使得现实中的人际交往问题更加严重。由此形成一种恶性循环，久而久之，结果甚至会导致其人格的分裂。

因此，网上交友应是现实人际交往的良性延伸与拓展，而不应成为逃避现实生活中人际关系不良的避难所。

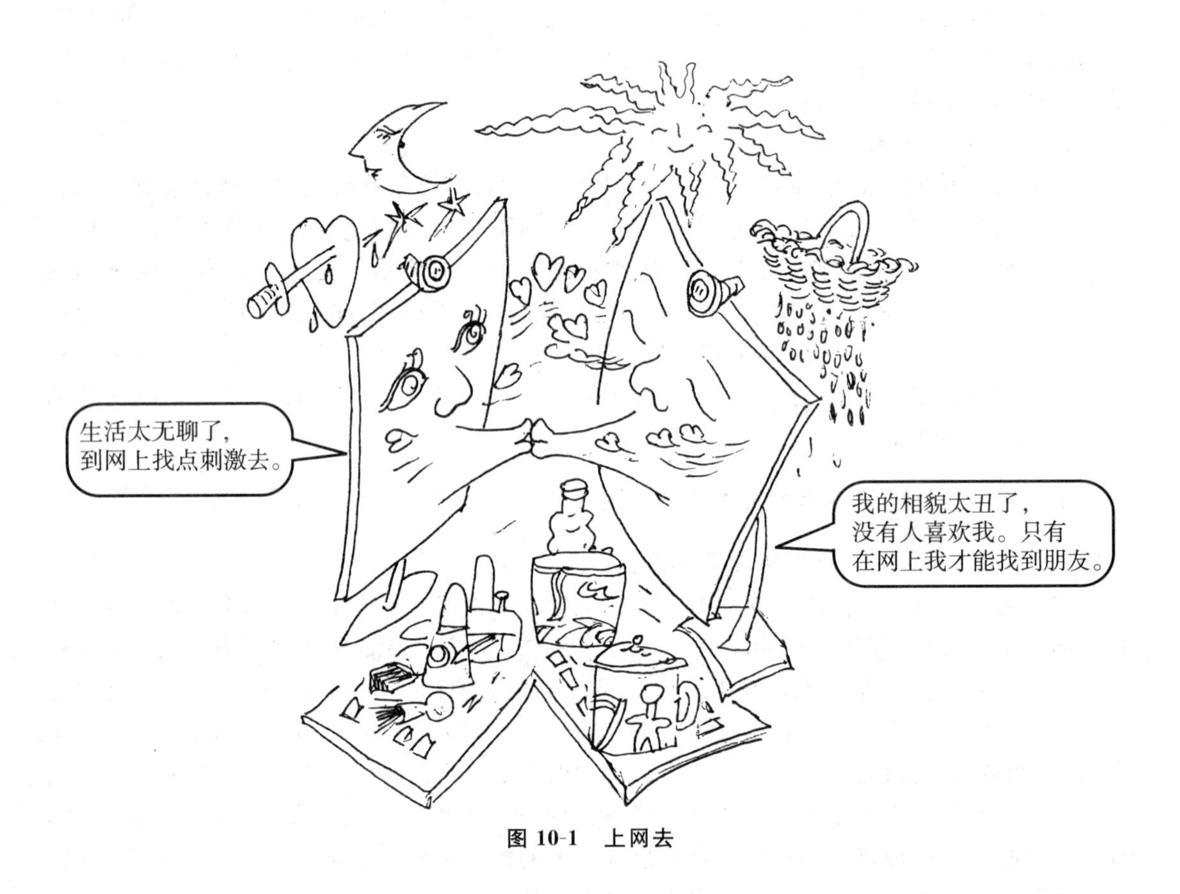

图 10-1　上网去

补充阅读 10－1

网上交友的注意事项

①在发布自己的信息前，要仔细审查那些交友网站是否健康、可靠，不要误入圈套。

②如果对方提起有性暗示的话语，要立即停止交往。

③不要将自己的个人资料如姓名、电话、就读大学等使对方很容易可以找到你的信息透露给对方，除非你确信对方是可靠的。

④在没有得到他人的同意前，不要把他人的相关信息透露给交友对象。也

不要将交友对象的信息轻易转告他人。

⑤对对方所宣称的信息的可靠性持保留态度，不要轻易相信。尤其当对方在很短的时间内就说喜欢你或爱你时，更需谨慎，切勿被这些甜言蜜语冲昏了头脑。

⑥不要谈钱的问题，不要借钱给对方或相信对方合伙做生意的托词，以免被一些不法分子利用。

⑦不要急于和网友见面。要等到在网上的交往比较充分，且对对方的可靠性有相当把握的时候才去见面。

⑧在见面前不要对对方抱有太高的期望，以免因落差太大而“见光死”。

⑨第一次和网友见面时不要选择晚上或偏僻的场所，更不要去网友家里（不管同性还是异性），要选择白天人多的公共场所，如饭店、商店、俱乐部等。最好有同学、家人或朋友的陪伴。如果无人陪伴，也要把你要见面的相关情况（最好以文字的形式）留给你信赖的人。或叮嘱你信赖的人在你与网友见面期间拨打你的手机以确保你的安全。

⑩切勿和网友发生性行为，尤其是认识时间不长的网友。

（二）网恋——让你欢喜让你忧

10－1

痛苦的网恋

一茗是某大学大二的一名学生。新学期开学后，同学发现原本成绩优良、活泼、乐观开朗的她显得萎靡不振，沉默寡言，上课时总是趴在自己的座位上，无精打采。原来，一茗网恋了。一开始，一茗像每一个深陷爱情的少女一样心中甜蜜无比，感觉自己是世界上最幸福的人。可是，过了一段时间，她跟网恋男友见了一面后发现，他竟然是黑社会分子！这个发现一下子击碎了一茗对爱情的美丽向往。她该怎么办？是继续和他交往还是一刀两断？如果跟他分手，他会不会威胁她？这让她感受到一种撕裂般的痛苦。

网上流传的一句话对网恋进行了很好的概括：“所谓网恋，就是一根电话线，两颗寂寞心，三更半夜里，四目不相见，十指来传情。”网恋在大学生中早已不是新鲜的名词，有许多大学生曾经有过网恋的经历。同学之间见了面，常调侃一句：“今天你网恋了吗？”某大学一个班里的七名女学生中其中有两名通过网恋找到了自己的人生伴侣，从虚拟走向了现实，最终走上了红地毯，从此“如王子与公主般过着幸福的生活”。

但是，也不乏因为网恋而对爱情绝望的人，还有的因为网恋而成为犯罪分子侵害的对象，甚至有的为此走上了不归路。

对于网恋，有支持者也有反对者。让我们来看一下双方各自的观点。

图 10-2 网恋——“美女”还是“野兽”

网恋支持者说：

（1）网恋可以节省大量的时间，只要在电脑前一坐或用手机上网就可以交流，省去了跑来跑去的时间；

（2）网恋一般不以貌取人，而是因为“谈得来”，彼此之间先有了交流的基础，有共同语言、共同的兴趣和爱好，有精神和心理上的共容，所以，将来的关系更可能稳固；

（3）网恋可以跨越地域的限制，只要有一根网线（如果你用无线上网的话，连网线都省了），理论上讲不管你在地球的哪一端都可能遇到。

网恋反对者说：

（1）因为网络的匿名性，使得网络上充满了虚假的信息，也许你爱上的只是“一条狗”，而他（她）对你的爱可能也是虚假的，当有一天你发现这一点时，很可能使原本敬畏爱情的你失去了对爱情的信任；

（2）由于网络的虚拟性，使得网恋也逃脱不了虚拟的阴影，网恋太过虚幻，与真实的感情不能相提并论，如果有一天移植到真实世界，很可能因为与之前对对方的想象相差太悬殊而“见光死”。

那么，网恋到底是“美女”还是“野兽”？客观上讲，网恋本身没有什么好与不好，重要的是你如何去看待它。如果每一个网恋的主角都能够坦诚地对待对方，网恋可能比普通的恋爱更醇香。但是，如果网恋其中的一方或双方都蓄意欺骗、玩弄感情或只是好奇、玩耍，那么，网恋又可能是一杯毒酒。

（三）网络游戏——收获还是失落

不同于女大学生热衷于发展网上关系，令男大学生更迷恋的是大型在线网络游戏。

网络游戏固然能带给玩家放松、娱乐，但因玩网络游戏尤其是攻击性的游戏而造成的恶性伤人、伤己事件时有发生，屡见不鲜。有的人因为将虚拟世界与现实世界的混淆，将虚拟世界中的血腥与暴力移植到现实世界，对他人造成严重的伤害；有的人因为过度沉迷于游戏中的虚拟世界而难以自拔，产生了对现实世界的失望与隔离，最终选择了“离开”现实世界，永远奔向了虚拟世界；有的人徘徊于“玩”与“不玩”的矛盾中不能自拔，最终永远放弃了努力、逃离了这种挣扎；还有的人因为过久地沉迷于游戏的世界，情绪非常容易被激惹，冲动之下举起了砍向慈爱的父亲的屠刀……

由于当前国内法律针对网络游戏的分级及限制几近空白，一些游戏开发者利用青少年的心理，引诱青少年通过升级、购买更高级别的武器装备而陷入永无止境、永无终结的虚拟世界中，难以自拔。别说是青少年，就是成年人，一旦接触到这些网络游戏也很难做到进出自如，也常常是玩起来就天昏地暗、“世若无人”。

因此，大学生一定要充分认识到网络游戏尤其是一些大型在线游戏可能给你带来的危害，对网络游戏多一些理性。

【自我探索】

1. 你曾经在互联网上交过朋友吗？你如何看待网上交友？你会将网上的友谊搬到现实中吗？

2. 你相信网恋吗？你如何看待网恋？

3. 你是一个游戏玩家吗？参与过网络游戏之后，你有什么和以前不同的想法、行为或其他变化？你如何看待网络游戏？

第二节 欲罢不能——大学生网络成瘾

大学生虽然在生理上已经成熟，但心理上还处于断乳期，他们的心智还有待于成熟和完善，对于互联网上的许多不良信息没有过强的抵抗力。不可回避的是，互联网在给大学生带来快捷便利、自由海量的同时，也带来了一定的负面影响。其中，影响面最大，影响程度最深的要数网络成瘾。

补充阅读 10－2①

1. 网络占据了整个思想与行为，表现为强烈的心理渴求与依赖。
2. 为获得满足感，不断增加上网的时间和投入程度，表现为耐受性增强。
3. 停止或减少上网会产生情绪低落、焦虑和易激惹等情绪，表现为戒断反应。
4. 睡眠节律紊乱，出现倦怠、视力减退、头痛头晕、食欲不振等躯体症状。
5. 将网络视为逃避问题？缓解痛苦的唯一途径。

① 应力，岳晓东．戒除网瘾八十问［M］．上海：上海人民出版社，2007：5.

6. 想控制或者停止迷恋网络的努力一再失败。
7. 对他人隐瞒网络迷恋的程度。
8. 因使用网络而放弃其他活动和爱好。
9. 导致学业、工作、家庭及人际关系等社会功能受损。

符合1~4项及第9项标准，并持续时间3个月以上的，可初步诊断为网络成瘾。

一、什么是网络成瘾

网络成瘾指的是难以控制的上网冲动及对网络的过度依赖，并导致家庭功能和社会功能的紊乱和损害。成瘾者在上网和不上网时的心理感受截然不同，上网时能得到极大的快感，而在不能上网时却感到极度的焦虑、烦躁等。

有的网络成瘾者因为长时间上网，在相当大程度上脱离了现实，因此特别容易诱发其他相关的身心症状，如焦虑、抑郁、强迫、人格改变及精神分裂等，从而在网络成瘾的基础上继发其他心理障碍。这种情况被称为网络成瘾综合征。

二、大学生网络成瘾的现状

综合各研究表明，我国大学生网络成瘾的比率在6%～13%之间，还有相当一部分大学生虽然还没有发展为网络成瘾，但有一定的成瘾倾向。

中国青少年网络协会2005年所做的一项针对全国30个省市青少年网民的调查表明，我国大学生网络成瘾者占同年龄段网民的13%～14%，另有13%左右青少年网民有网络成瘾倾向，其中男生比率明显高于女生。

研究者还发现，上网成瘾者上网的目的更倾向于娱乐性，尤其是在玩游戏和聊天交友方面的比例远高于非成瘾者，但在获取信息及学习方面的比例却远低于非成瘾者（如图10－3所示）。也就是说，上网目的是玩游戏或交友聊天的人更容易成瘾。

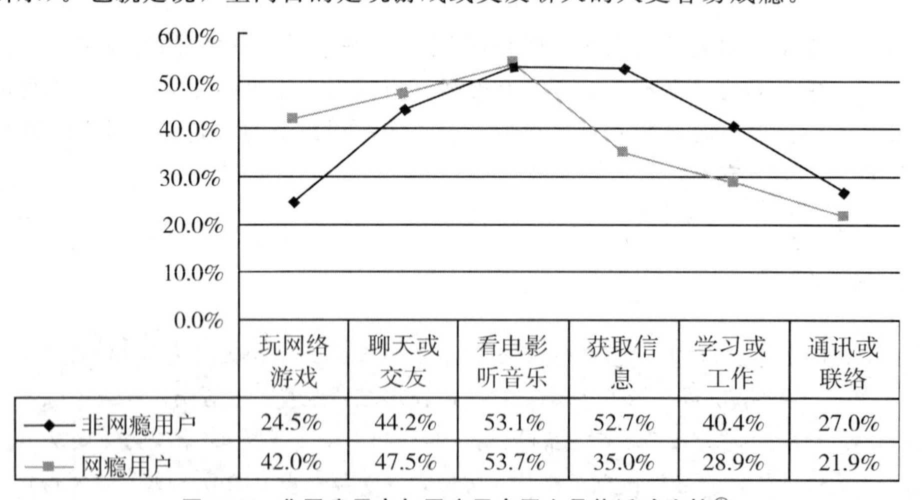

	玩网络游戏	聊天或交友	看电影听音乐	获取信息	学习或工作	通讯或联络
非网瘾用户	24.5%	44.2%	53.1%	52.7%	40.4%	27.0%
网瘾用户	42.0%	47.5%	53.7%	35.0%	28.9%	21.9%

图10-3 非网瘾用户与网瘾用户网上具体活动比较[①]

① 中国青少年网络成瘾协会．中国青少年网瘾数据报告［OL］．（2005）http://theory.people.com.cn/GB/49157/49166/3882411.html

三、网络成瘾的类型

（一）网络游戏成瘾

这类网络成瘾者把大量的时间、精力和钱财花在游戏中，并从游戏中获得成就感、发泄攻击欲。

（二）网络色情成瘾

这类网络成瘾者主要活动是游览、下载、观看色情作品。

（三）网络关系成瘾

这类网络成瘾者主要通过网上聊天形成网友关系，并把这类关系看得比现实的亲友、家庭关系更重。

（四）网络信息成瘾

这类成瘾者花费大量时间在网上查找和收集信息，而这些信息也许对当事人并没有实用价值。

四、大学生网络成瘾的原因

（一）互联网本身的迷人性

在第一节中我们探讨了互联网的特点，正是由于互联网本身所具有的匿名性、便利性、平等性、可控性等区别于其他媒体的鲜明特点，使得互联网本身就具有无比的魅力，它能够给人提供许许多多其他媒体或其他中介所不能提供的功能。目前法律对互联网的监管不力，对网上内容的审查几近空白。互联网上确实有一些功能、有一些站点对人具有很大的诱惑性，即便是成年人，一旦进入网络世界，也经常是流连忘返。何况大学生由于涉世未深，心智还没有成熟，对这种诱惑的抵抗力还很薄弱，互联网对于他们来说就像是另一个迷人的世界，使他们深陷其中难以自拔。

（二）社会环境因素的影响

社区基础设施及文化建设的滞后，使得大学生在成长的过程中没有学会如何去走向社会，学会如何把自已的精力用在建设性的社会活动中。他们不知道如何打发多余的时间、将自己的能量用在何方，没有形成为社会服务的习惯。互联网可以说是一个时间的黑洞，有多少时间都可以被吞噬。

除此之外，高校校园周围充斥着的网吧为了谋取高额利润，甚至不顾商业道德，采取一系列手段引诱大学生通宵达旦地上网，这就像给了大学生一个鲜艳夺目的毒苹果，给大学生提供了病态上网的机会，让大学生难以抵制互联网的种种诱惑。

除了大的社会环境外，大学生本人所处的社会支持环境也与网络成瘾密切相关。研究者发现，社会支持系统完善的大学生网络成瘾的可能性较小，而那些没有社会支持系统或社会支持系统不完善的大学生更易于网络成瘾。

（三）学校环境的影响

由于大学的教育方式和中学教育方式的差异，有些学生在升入大学后，不知道如何去适应大学的学习方式。而有些高校对学生入学适应的教育不够，使得一些大学生对大学的学习产生一种误解，认为大学老师管理较松，课下时间充足得甚至让人无所事事，有的是大把的时间。因此，他们把课余时间都用了网上。目前，课余时间上网在大学校园里几乎成为一种风尚或一种习惯。但此时，他们还没有学会自我管理，这样就加大了网络成瘾的可能性。

还有许多学校对大学生健康上网的教育不够，认为大学生理所当然地应该知道如何合理上网，很多大学生在接触网络前没有被告知如何健康上网，使得他们就像徒手上阵的战士，和网络一交手便做了俘虏。

（四）家庭环境的影响

家庭因素也是影响大学生网络成瘾的一个重要因素。心理学的研究发现，家庭功能不良、父母教养方式不当、家庭关系不和谐的大学生网络成瘾的可能性更大。有些家长没有尽到对孩子的教养责任，使得孩子的上网处于无监控状态。研究者还发现，家庭因素还可能通过影响孩子的心理间接影响网络成瘾。如果家庭功能不良或父母教养方式不当（如冷漠型、溺爱型、志制型），使得孩子出现各种各样的心理问题，而这些心理问题是导致孩子企图通过上网来解决或逃避对现实的不适应或不满的原因。一旦他们上网，体验到网络带给他们的快意，可能就难以摆脱了，结果越陷越深。还有的家长没有教会孩子自我管理的能力，使孩子养成了依赖别人来管理自己的习惯，孩子升入大学后，突然脱离了家长和老师的严密监管，就像脱缰的野马，不知奔向何方。陶然、应力（2007）对网络成瘾的家庭因素进行了总结，列出了网络成瘾青少年家庭所存在的问题①：

（1）父母的示范作用严重缺失。父母自身有心理问题，如抑郁、人际交往困难、情绪失调或酗酒、赌博、打麻将成瘾等，没有给子女一个好的示范，没有认识到“身教重于言教”的重要性。

（2）角色混乱、亲情淡漠。单亲家庭或夫妻关系不和，父母其中一方将子女当作另一方的替代，给孩子造成角色混乱，以及父母的社会角色与家庭角色转换不当，导致亲情感淡漠。

（3）教育理念存在分歧。家庭教育理念不一致，产生内部矛盾，没有统一的规则，会导致子女学会钻“家庭政策”的空子，或者使子女对不同的规则不知所措。

（4）夫妻关系不和谐。夫妻经常争吵、冷战或离异，给孩子带来压力。

（5）爱与交流表达欠缺。夫妻之间或亲子之间缺乏沟通或沟通不良，不能有效传达爱，亦不能让对方感受到爱，子女更多地感受到的往往是任务、批评、指责、否定。

（6）父亲功能严重缺失。父亲对子女的关心、教养不够，或者父亲没有足够的威信，榜样作用缺失，影响子女规则意识、勇气和自控力的培养。

（7）生活放任、学业苛刻。只重视学习成绩，忽视非智力因素、心理素质（如自控能力、人际交往能力、责任意识）的培养；或者是物质上无条件满足，而精神上没有给予子女尊重和理解；对子女的弱点不能宽容和接纳，给孩子过多的压力。

（8）认知绝对、行为偏执。父母通常不能用辩证的发展的眼光看待孩子的优缺点。批评时倾向于全盘否定，并伴随发泄自己的情绪。或者对孩子的行为只注重结果，不注重过程，忽视孩子所付出的努力及策略。

（9）对孩子的责任意识培养不足。父母包揽除学习之外的所有事情，让子女感觉除了学习什么都不必负责，因此没有树立起良好的责任意识，环境适应能力及生存能力薄弱。或者

---

① 应力，岳晓东．冲出黑暗峡谷——戒除网瘾八十问［M］．上海：上海人民出版社，2007：39.

父母对子女的自主能力培养不足，对孩子的自主能力缺乏信任，导致子女自主能力弱。

(10) 应对能力培养不足。父母对子女在社交上过度保护，甚至限制孩子与外界正常的接触，或家长自身的应对能力较差，并按部就班地按照教条的、死板的方式引导孩子，造成子女的应对能力、问题解决能力不足。

以上几条中，家庭沟通、家庭角色分工、家庭成员情感投入和父母对子女的行为控制几个方面与网络成瘾密切相关。也就是说，在这五个方面有问题的家庭其子女网络成瘾的可能性更大。

(五) 大学生的人格特点、心理状态与网络成瘾

我们可以看到，生活在同样的社会环境、校园环境或家庭环境中，并不是所有的大学生都会产生网络成瘾的问题。有些人通过网络促进了学习、交友，开阔了视野，提高了能力，甚至赢得了事业的成功。因此，网络成瘾与否，主要还是受当事人自身因素的影响。心理学的研究发现，相比于其他人，某些人可能更容易产生网络成瘾问题。这些人的特点如下。

(1) 自我觉察及自控力差。对自我的觉察能力、自省能力低，不能对自己的情绪及行为进行有效监控。

(2) 富于幻想，寻求即时满足。追求新奇，富于幻想，期望自己与众不同，常做白日梦。延迟满足能力差，缺乏忍耐性。

(3) 抑郁、悲观。抑郁可能是导致网络成瘾的一个主要因素。此外，一些与抑郁相关的人格特征，如低自尊、缺乏动机、寻求外界认可、害怕被拒绝等可能是促成网络成瘾发生的原因。研究者还发现，厌倦倾向、孤独、社交焦虑及自我封闭可能是导致网络成瘾的重要因素。

(4) 孤独。孤独的个体可能会由于更加需要友谊而沉溺于网络，当他们感到孤独、情绪低落或焦虑时，会更多地上网，互联网上与现实生活不同的人际交往模式是他们和志趣相投的人交往、调节负性情绪、寻求情感支持的一种方式。孤独者也可能会把互联网作为一个逃避的平台，试图减少压力、降低负性情绪。这就会形成一个恶性循环，孤独感高的人更容易受到网络某些特性的吸引，到网上去填补生活中的空虚，而孤独者在线时间过多会使现实环境中的人际交往减少，对他们的现实人际关系产生负面影响，使其社会互动进一步减少，从而加深孤独感。

(5) 易焦虑。焦虑尤其是社交焦虑是导致网络成瘾的重要因素。由于在现实的社交活动中易产生焦虑，因而使现实的人际关系受阻，这部分人可能会逃避现实的人际交往，而转向在网络上发展人际关系，网络上的人际交往又占用了过量的时间从而使现实中的人际关系更趋恶化。

(6) 低自尊。可能是网络为低自尊的人提供了一个较有安全感的交流环境，从而使这一类人可以实现更多的个人控制，较多地与陌生人互动，进行更轻松的在线社会行为。也可能存在一种相互作用，由于低自尊者社会技巧较差，且自信心低落，因此选择网络作为一种逃避的手段，寻求暂时的补偿。反过来，网络成瘾造成的一系列负面影响可能会使网络成瘾者产生失控感情和挫折感受，造成自尊心进一步下降。

(7) 刻板、具有完美主义倾向。思想或行为刻板，追求完美，上网时不管交友、玩游戏或查资料都要做到尽善尽美，因此将过多的时间消耗在网络上。

(8) 认知及行为扭曲。思维容易灾难化、绝对化、以偏概全，逆反心重，行为偏激。

（9）选择性责任偏差。对家庭、学业及现实生活缺乏责任感，但在网络活动中却表现出强烈的责任意识。

（10）时间感缺失。没有时间概念，较少考虑未来。

（11）自我挫败、心理防御强。耐挫力及抗逆力弱，面对困难更多地使用心理防御机制。

（12）目标缺失、行动力弱。没有明确的目标，或意志缺乏，不能有效地达到目标。或者行动力弱，虽然对自己的行为有一定的自知力，但行动力、执行力不够，不能有效地达到目标。

（13）依赖与独立两极化。有时过分依赖，有时又我行我素，常陷入两个极端，对自己的行为后果缺乏预见性。

研究发现，在上述个性特点中，自控力弱、社交焦虑、孤独是其中导致网络成瘾的最重要因素。因此，如果你有这方面的特点，又长时间接触互联网，就需要注意一下自己有没有网络成瘾的倾向。

（六）生活事件和社会支持的影响

网络成瘾者往往在其现实生活中经历了或正在经历着一些压力，比如，近期遭受了亲人变故、学习困难、人际关系困难、失恋等。此时，网络是他们感情发泄的一个重要的出路，也是让他们能暂时从眼前的困难和困扰中逃离出来的一个方式。他们更多地将网络用于寻找感情支持，与他人交谈，玩高度社会性的互动游戏。研究发现，轻成瘾者更多地将网络用于娱乐和休闲活动，而严重成瘾者则更多地将网络用于赌博和寻求在现实生活中无法满足的感情支持。主观上感觉社会支持较低的大学生可能期望通过网络获得更多的感情支持，因而无法上网时会产生更为强烈的挫折感。社会支持良好的大学生会较顺利地应对生活事件，其所带来的负面情绪会大大减少，故而网络成瘾的可能性就大大降低。

总之，由于各种原因，大学生成为网络成瘾的高危人群之一，需要引起大家的警戒。陶然、应力、岳晓东等经过大量的临床实践和研究，提出了网络成瘾之生成发展的“神经心理链假说”，我们根据实践观察，对该心理链进行了小小的调整（如图 10-4 所示）。

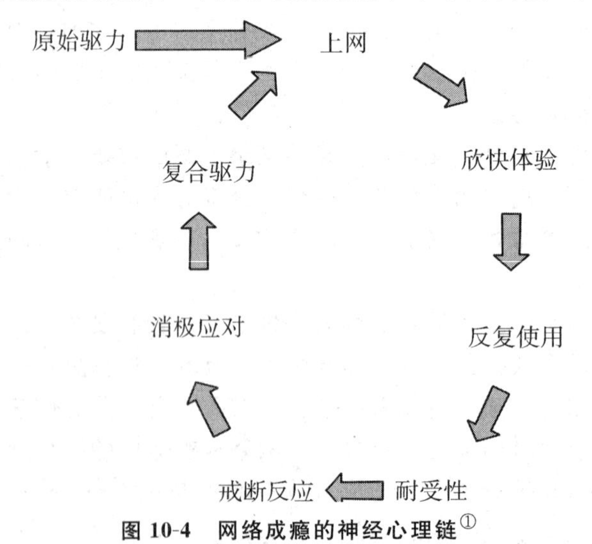

图 10-4　网络成瘾的神经心理链[①]

① 应力，岳晓东．冲出黑暗峡谷——戒除网瘾八十问［M］．上海：上海人民出版社，2007：32.

由于各种各样的原因——如好奇、学习需要、交友需要、逃避烦恼等，大学生接触到了网络，并在网络上获得某种便利、快乐或压力的释放，这种积极的、欣快的情绪多次和上网联系起来之后，就会形成一种条件反射：上网－愉快。这种条件反射一旦建立起来，上网和快乐就会形成一种稳固的关系。此时，当事人就会对网络出现一定的耐受性，也就是说，上网者必须增加上网时间才能获得同样的快感。而耐受性的提高，又继发对互联网的戒断反应，即一旦减少或停止上网就会产生烦躁不安、失眠、痛苦等反应，即不上网和烦躁不安也形成了一种稳固的关系。如果此时当事人不采取有效措施，反而用消极的方式来解决，一味地用上网来逃避现实生活中的不满、获得心理上的满足，久而久之就会产生对网络的依赖。等到当事人发现了网络成瘾的危害，想从中解脱出来时，已经难以自拔了。

【自我探索】

1. 请回顾人际关系测试中你的社交焦虑是否较高？如果是，而你上网时间又多，就要引起注意了。

2. 孤独感量表

下面有二十条文字，请仔细阅读每一条，把意思弄明白，然后根据你最近一个星期的实际感觉，在4种情况（A. 从不　　B. 很少　　C. 有时　　D. 一直）中选择一种。

（1）你常感到与周围人的关系和谐吗？（　　）

（2）你常感到缺少伙伴吗？（　　）

（3）你常感到没人可以信赖吗？（　　）

（4）你常感到寂寞吗？（　　）

（5）你常感到属于朋友们中的一员吗？（　　）

（6）你常感到与周围的人有许多共同点吗？（　　）

（7）你常感到与任何人都不亲密吗？（　　）

（8）你常感到你的兴趣与想法与周围的人不一样吗？（　　）

（9）你常感到想要与人来往、结交朋友吗？（　　）

（10）你常感到与人亲近吗（　　）

（11）你常感到被人冷落吗？（　　）

（12）你常感到你与别人来往毫无意义吗？（　　）

（13）你常感到没有人很了解你吗？（　　）

（14）你常感到与别人隔开了吗？（　　）

（15）你常感到当你愿意时就能找到伙伴吗？（　　）

（16）你常感到有人真正了解你吗？（　　）

（17）你常感到羞怯吗？（　　）

（18）你常感到有人围着你但并不关心你吗？（　　）

（19）你常感到有人愿意与你交谈吗？（　　）

（20）你常感到有人值得你信赖吗？（　　）

得分统计方法：A=1，B=2，C=3，D=4，其中1，5，6，9，10，15，16，19，20为反序计分也就是A=4，B=3，C=2，D=1，最后把所得分数加起来就是总分。

如果你的得分较高超过40分就需要注意了，如果超过60分就更加要注意上网的时间和内容了。

第三节 网络成瘾的预防及应对

一、网络成瘾的预防

网络成瘾的影响因素是多方面的，网络成瘾的预防需要社会、学校、家庭、个人的全方位努力，如社区文化的建设、学校教育和监管的改进、家庭的监管和关心等，作为上网的主体，大学生应是预防网络成瘾的关键。因此，大学生应对网络成瘾有一个清醒的认识，认识到它的两面性。要做互联网的奴隶还是主人，这由你——当代的大学生来决定。

补充阅读10—3

网络成瘾的危害

①时间的吞噬。

②金钱的浪费。

③对身心健康的伤害。使神经中枢持续处于兴奋状态，引起肾上腺素水平异常增高，体内神经递质分泌紊乱。最终使得机体免疫功能降低，导致个体生长发育迟缓，还可能引发心血管疾病、胃肠神经性疾病、头痛、焦虑症、抑郁症等，甚至可能导致猝死。久坐电脑前还容易引发脊椎病、颈椎病、肥胖、睡眠节律紊乱等。

④对认知的影响。网瘾者的大脑前额区域功能失调，而前额叶对人的创造性、理性和道德起支配作用，它的失调会直接影响情绪控制和创造力发挥。

⑤人格的异化。网瘾使人变得自恋、偏执、攻击性提高。

⑥使社会功能严重受损。网瘾使大学生学业荒废、人际交往受损，使当事人在现实世界中更加孤独。

⑦人生目标丧失。

网络成瘾并不是突然发生的，而是有一个发展的过程，经常上网的同学可以对自己的上网情况做一个自我测试、自我监督，及时调整自己的上网行为，对网络成瘾的预防有重要作用（请参考自我探索中的网络成瘾自我测试题）。

因为导致网络成瘾的原因不尽相同，应根据自己的情况进行有针对性的预防。

（1）了解互联网双面性、网络成瘾的危害，学习健康上网的知识。不涉足黄色网站、赌博网站等不健康站点。

（2）在上网前制订上网计划，如上网时间、上网内容等。严格在计划范围内上网，不超时。给自己一种时间提示，如设置闹铃。如果自控力较弱，可以请父母、老师、同学、朋友提醒自己按时下网。

(3) 关注一下自己的心理健康，有没有太多的压力、心理困扰或心理问题？比如，是否接纳自己？是否过多在意别人的评价？是否有抑郁倾向？是否有强烈的孤独感？有没有社交焦虑？自控力是否过弱？等等。如果有，要及时想办法解决。因为网络成瘾往往是心理问题的一种外化表现，它提示你：要关心自己的心理健康。所以，让自己处于一种身心健康状态，对于网络成瘾的预防至关重要。

(4) 最近有没有一些生活应激事件？如突发事件、亲人的丧失、家庭不和、重要的丧失（如丢失重要物品、失恋、人格尊严的丧失等）、学习成绩不良、人际关系际关系恶劣等。如果有，要及时想办法用建设性的方式应对这些生活事件，让其对自己的负面影响减至最低。更不要把网络作为逃避这些事件引起的负性情绪的港湾，“借网浇愁愁更愁”。

(5) 学会情绪管理（情绪管理方法详见第五章相关内容）。

(6) 培养自己的自控力。

(7) 学会建设性地解决问题，学会以问题为中心，不要给不健康上网找任何借口，不要将上网作为解决问题的唯一方式或将上网作为逃避问题的避风港，因为你下网后问题依然存在，甚至可能因为你错过了最佳的解决时机而使问题更严重。

(8) 用心建立、呵护自己的社会支持系统。平时多在现实生活中交朋友，与家人、同学多联系、多沟通、多谈心。

(9) 多参加课外活动、户外活动和社会实践活动，体验这些活动带给你的乐趣及成就感。

(10) 想象网络成瘾对你会带来哪些危害，想象越逼真越好。

总之，只要你对网络成瘾的危害有足够的重视，并采取积极的方法去预防，你就能离网络成瘾远一些，离健康上网近一些。

二、网络成瘾的戒除

如果你不小心已经网络成瘾，那该怎么办呢？心理学的研究发现，网络成瘾有一定的阶段性，也就是说，经过各种各样的努力，网络成瘾是可以戒除的。目前，心理学工作者经过不懈的努力，已经提出了一些戒除网络成瘾的方法。

网络成瘾的戒除方法主要有两类：一类是药物治疗，一类是心理治疗及行为治疗，或者是两种方式的综合运用。

心理治疗的方法及形式有以下几种。

(1) 个体治疗。这是针对网络成瘾者个人的治疗，主要用认知行为疗法。认知行为疗法是一组通过改变思维或信念和行为的方法来改变各种不良认知，达到消除不良情绪和行为的短程心理治疗方法。

(2) 家庭治疗。网络成瘾与家庭教养方式、家庭功能等的关系密切，将家庭成员纳入治疗体系，争取家庭成员对网络成瘾者的支持和帮助、监督，对于戒除网瘾有重要作用。

(3) 团体治疗。将有网络成瘾问题的人组成戒网小组，让他们互相帮助、互相支持、互相监督，是一种较好的戒除方法。

因此，如果你已经网络成瘾，通过自己的努力难以戒除，你可以到专业的心理治疗或心理咨询机构寻求帮助。

【自我探索】

网络成瘾自测题①

(1) 你是否常常有冲动、焦虑、恐惧、强迫等情绪体验。

(2) 你是否会经常头痛、头晕、食欲不振、睡眠不安、倦怠等。

(3) 如果有人在你上网时打扰你，你是否常常会叫喊、愤怒。

(4) 你是否感觉到网络迷恋前后的个性发生了很大的变化。

(5) 你是否常常想着先前的上网活动，期待下次上网时间。

(6) 你是否发现在网上逗留的时间比打算的时间要长。

(7) 你想控制上网的努力是否一再失败。

(8) 你的学业、工作及人际关系是否因为上网而遭到损害。

(9) 你是否会对家人、朋友隐瞒这种迷恋程度而撒谎。

(10) 你是否将上网当成了逃避问题或是减轻烦恼的主要手段。

(11) 你是否经常担心没有网络，生活就会变得烦闷、空虚。

(12) 你是否会经常感到沮丧，而一到网上，这种情绪就无影无踪。

(13) 你是否在下网后，常常出神地幻想自己网上的种种体验。

(14) 你是否更多地选择上网，而不是和家人、朋友在一起。

(15) 你是否抗拒性强、主动与人交流的欲望欠缺。

(16) 你是否经常否认网瘾问题的严重性。

(17) 你是否每天在网上休闲娱乐超过4个小时。

(18) 你是否经常在网上形成新的朋友关系。

(19) 你是否经常会不自觉地出现手指敲击键盘动作。

(20) 你是否缺乏明确的生活目标、自控力差。

如果在这20条题中，你的肯定回答如果超过了5条，你就要警惕了，你可能有网络成瘾的倾向。如果你有15条以上回答都是肯定的，那么，你就需要注意了，你可能已网络成瘾，需要专业的心理帮助。

【思考时间】

通过本章的学习，你对健康上网有了新的认识吗？你对自己以后的上网会有规划吗？

① 应力，岳晓东．冲出黑暗峡谷——戒除网瘾八十问［M］．上海：上海人民出版社，2007：8.

第十一章

为你的蓝图描上什么色彩
——大学生生涯规划心理

具有爱和工作能力是成熟的两个标志。

——弗洛伊德

11—1

我的工作在哪里？

刘勇是计算机专业学生。开始他想做一个软件工程师，因为这和他的专业更贴近。但是他从报纸上看到一个评论，说软件工程师是一个青春职业，和年龄有很大关系，35岁以后软件工程师就面临着被淘汰的可能性，工作会不太稳定。于是他想去卖包子，他认为他家楼下卖包子的生意很稳定。但这个决定遭到家里人的反对，最后刘勇放弃了卖包子的想法，决定去公司应聘了。他首先想的是去做销售，因为他了解到很多的公司高层领导都是从销售开始做起的。但是求职销售没有成功，他又回到IT业，想做IT培训老师，但是还是没有成功。整个过程下来以后，他找了很多工作，做了很多选择，但都没有成功，变得非常失望、焦虑，他觉得自己的能力不被社会所接受。人们在感到焦虑的时候会想办法排解这种情绪，于是他去上网、玩游戏，希望通过这样的方法暂时降低焦虑的情绪。最终，在毕业的时候为了逃避就业的压力，他决定考研，成为高校中的考研一族。

导　言

面对日益严峻的就业压力，各个高校的毕业生们可谓是彷徨踟蹰，不知如何定夺。一部分高校毕业生选择勇敢地踏上社会，积极就业甚至是创业。也有一部分毕业生选择继续攻读研究生。但是，你有没有认真考虑过自身的条件是否适合，考研的出发点又是什么？它是你生涯规划中的重要一步，还是你在面对就业压力下万般无奈作出的选择？作为一名普通的大学生，到底应该如何抉择才是对自己未来的负责？

本章主要探讨内容：

1. 了解什么是生涯规划
2. 如何进行大学生生涯规划
3. 大学生的目标管理和求职技巧

第一节　职业生涯规划概述

一、职业生涯

（一）什么是职业生涯

探讨职业生涯规划之前，首先让我们来了解一下什么是职业生涯。职业生涯是有关工作经历的过程或结果，包括了一个人从职业学习开始到职业劳动最后结束整个的人生职业工作经历。狭义的职业生涯限定于从事职业工作的这段生命时光。广义的职业生涯是从职业能力的获得、职业兴趣的培养、职业选择、就职，直到最后完全退出职业劳动这样一个完整的职业发展过程。我们这里采纳的是其广义概念。从中我们可以看出，职业生涯在人的一生中占据了相当大的比例，一个人职业生涯的发展是否顺利对其整个人生有着重要的意义，对其心理健康有着重要的影响。

（二）职业生涯阶段理论

职业心理学家舒伯（Super）将人的职业发展划分为成长、探索、建立、维持和衰退五个阶段。让我们共同思考一下自己的过去、现在与未来①。

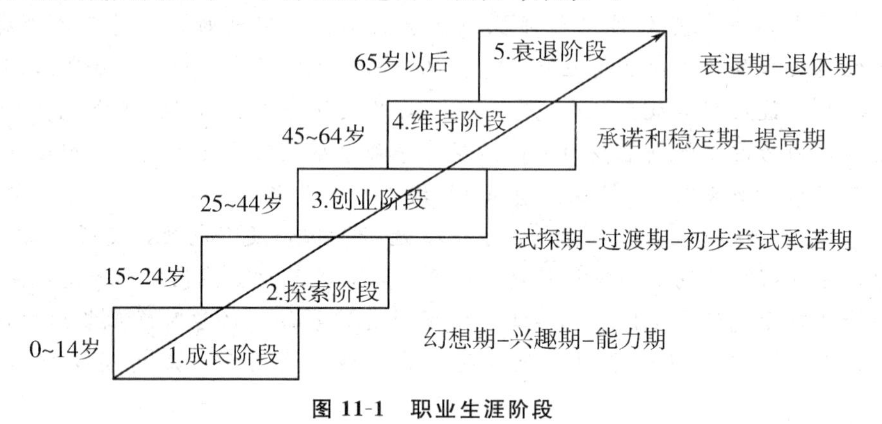

图 11-1 职业生涯阶段

1. 成长阶段（0～14 岁）

这一阶段主要根据儿童自我概念形成的特点，发展儿童的自我形象，发展他们对工作意义的认识以及对工作的正确态度。此阶段分为幻想期、兴趣期、能力期。幻想期（4～10 岁），以“需要”为主要因素，在幻想中，角色扮演起着重要作用；兴趣期（11～12 岁），对某一职业的兴趣是个体抱负和活动的主要决定因素；能力期（13～14 岁），以“能力”为主要因素，个体能力逐渐成为儿童活动的推动力。

2. 探索阶段（15～24 岁）

这一阶段青少年通过学校生活和社会实践，对自我能力及角色、职业进行探索。这个阶段可划分为试探期、过渡期和初步尝试承诺期三个时期。试探期（15～17 岁），考虑需要、兴趣、能力和机会，可能会做暂时决定，并在幻想、讨论、学业和工作中尝试；过渡期（18～21 岁），开始进行专业训练，更重视现实，并力图实现自我观念，将一般性职业选择变为特定的选择；初步尝试承诺期（22～24 岁），开始进行生涯初步确定并验证其成为长期职业的可能性，如果不合适则重复本阶段各时期进行调整。

3. 建立阶段（25～44 岁）

这一阶段的任务是根据人们的职业实践，协助进行自我和职业的统合，促进职业的稳定，即通过调整、稳固并力求上进。此阶段大致分为两个时期：承诺稳定期（25～30 岁），个体开始寻找安定的工作，如果工作不满意则力求调整；建立期（31～44 岁），个体致力于工作上的稳固，大部分人处于富有创造性的时期。

4. 维持阶段（45～65 岁）

这一阶段的任务是帮助人们维持现有的成就和地位。

---

① 宋专茂．职场心理案例集［M］．广州：暨南大学出版社，2005：10.

5. 衰退阶段（65 岁以上）

这一阶段的任务是根据个体心理状况与生理机能日益衰老的现状，逐渐离开工作岗位，协助个体发展新的角色，寻求新的生活方式替代和满足个人发展的需要。

二、什么是职业生涯规划

职业生涯规划就是每个人根据自身的条件，做最佳的职业发展安排和管理，以在工作中充分了解自我的能力，发挥自我的潜能，做最好的自己。生涯规划的核心是生涯成熟，它泛指一个人对自我的生涯规划、生涯决策、生涯信息的有效把握。生涯成熟由“规划”、“信息”、“决策”三个维度组成，三者之间互动循环，不断寻求新的平衡，形成一个动态的螺旋式上升的变化过程。

丘吉尔曾说过：“如果你的兴趣就是你的工作，那你真是幸运之人。”生活中人与人不同，其职业要求也多种多样。大学生要通过各种渠道了解、把握信息，同时对“自我”进行多层面的认识与调整，主动探索自我，提升自我，积极完善择业技能，最终实现个人生涯规划的职（业）、趣（兴趣）、能（力）匹配，达到生涯规划追求的目标。

三、职业生涯规划的意义

职业生涯将伴随人的大半生，大学生处在职业生涯发展的关键时期，如何拥有成功的职业生涯并实现美好人生，职业生涯规划对于大学生有着重要的意义：

第一，职业生涯规划可以发掘大学生的自我潜能，增强个人实力。

一份行之有效的职业生涯规划将会：

引导大学生正确认识自身的个性特质、现有与潜在的资源优势，帮助大学生重新对自己的价值进行定位并使其持续增值；

引导大学生对自己的综合优、劣势进行对比分析，使其树立明确的职业发展目标与职业理想；

引导大学生评估个人目标与现实之间的差距；

引导大学生前瞻与实际相结合的职业定位，搜索或发现新的或有潜力的职业机会；

引导大学生学会如何运用科学的方法并采取可行的步骤与措施，不断增强大学生的职业竞争力，最终实现自己的职业目标与理想。

第二，职业生涯规划可以增强大学生发展的目的性、计划性，提高成功的机会。

生涯发展要有计划、有目的，不可盲目地“撞大运”，很多时候我们的职业生涯受挫就是由于生涯规划没有做好。有句古语讲得好：凡事“预则立，不预则废”，好的计划是成功的开始。

第三，职业生涯规划可以提升大学生应对竞争的能力。

当今社会处在变革的时代，到处充满着激烈的竞争。社会发展日新月异，随着人类高科技的不断发展，尤其是我国加入 WTO 后，高校扩招，职业的竞争非常突出，要想在这场激烈的竞争中脱颖而出并立于不败之地，大学生们就必须做好职业的规划。对职业有更清晰的认识并明确职业目标之后，把求职活动付诸实践，在专业、素质、能力等各方面积极准备，做到心中有数，不打无准备之仗。

四、职业生涯规划的心理学理论

从帕森斯的特质因素理论到20世纪60年代前后大量涌现的各种生涯理论，心理学在职业生涯规划中愈加发挥着重要作用。这里就介绍几种在职业生涯规划中常用的心理学理论。

（一）特质因素理论

该理论是最早提出的职业辅导理论，它以个人的个性心理特质作为描述个别差异的重要指标，强调个人特质与职业选择的匹配关系。代表人物是帕森斯（F. Parsons）与威廉姆逊（E. G. Williamson）。

帕森斯（1909）认为只有当个人和职业互相配合时人们才能适应工作，并且使个人和社会同时得益。在选择职业的过程中涉及三个主要因素：对工作性质和环境的了解，对自我爱好和能力的认识，以及他们二者之间的协调与匹配，这就是“职业辅导的三大原则”。

原则一：了解自己，包括了解个人的智力、能力倾向、兴趣、资源、限制及其他特质。

原则二：了解各种职业成功的必备条件、优缺点、酬劳、机会及发展前途。

原则三：合理推论上述两类资料的关系。

威廉姆逊在帕森斯理论的基础上形成了一套独特的辅导方法，又被称为“指导学派”。威廉姆逊认为，经过心理测验后，指导咨询主要有以下三种方法。一是直接建议，即辅导者直接告诉个体最适当的选择或必须采取的计划与行动。二是说服，即辅导者以合乎逻辑的方式向个体提供他对心理测验结果所作的诊断与预测，让个体根据这些指导推断出自己应做的抉择。三是解释，即辅导者向个体说明各项资料的意义，让个体可以就每一项选择作系统化的分析、探讨，并依据心理测验的结果推测成功的可能性。威廉姆逊认为第三种方法是最完整且较能令人满意的方法。

（二）人格发展理论

人格发展理论主要强调儿童时期人格成长对职业选择的影响，其代表人物是罗伊。其理论可以分为两部分。

第一部分属于人格理论范畴，说明儿童时代的成长经验可以决定个人的职业选择行为。主要由两种人格理论观点整合而成：一种是墨菲的心理能量的渠道论，认为个体的每一种需求都会寻求一种独特的方式得到满足，而需求的满足形态及程度与个人早期经验息息相关，特别是个人早期的家庭气氛和父母教养态度，都会反映到个人所做的职业选择上。另一种是马斯洛的需要理论。罗伊吸收了马斯洛关于需要分层次的观点，并加上遗传因素，提出了这二者的交互作用可决定个人职业选择与职业行为的假设。

第二部分偏重职业分类系统。这部分理论的形成受到达利、吉尔福特、库德等人对职业兴趣因素分析研究结果的影响。把各种职业分为服务、商业交易、行政、科技、户外活动、科学、文化、艺术娱乐等8大职业组群，依其难易程度和责任要求高低分为高级、一般、半专业及管理与技术、半技术、非技术等6个等级，由此组成一个职业分类系统。

（三）心理动力理论

职业辅导中的心理动力理论起源于心理学上的精神分析论。心理动力理论一方面强调

人类职业选择有其潜意识的心理动机，另一方面强调职业行为的发展特性。

其代表人物是鲍丁。他认为：职业是用以满足个人需要的，如果个人有自由选择的机会，必定会选择以自我喜好的方式来寻求满足需要，而避免焦虑的职业。在选择过程中，每个人早期经验所形成的适应体系、需要等人格结构，是最重要的心理动力来源。他的职业辅导过程类似个人职业发展历程的缩影，分为三个阶段。

第一阶段：探索，尽量避免以肤浅的逻辑方式对个体问题进行表面性诊断，而强调对个人与职业间的动态关系作深入的探讨，特别是需求、心理防卫机制或早期经验等。

第二阶段：人格与职业的整合，将上一阶段探索时发现的理想与现实的差距进行分析，作人格与职业两个方面的改变、探索及整合。

第三阶段：改变，即一旦觉得他的人格应该有所改变，就可以进入改变阶段，从自我觉察与了解开始，适当改变计划，协助个体重组人格结构，发展合适的职业行为。

五、职业生涯规划包含的内容

（一）自我评价

自我评价就是大学生要全面、客观地认识自己。一个可靠、有效的职业生涯规划必须是在充分且正确认识自身条件的基础上做出的。大学生要做好自我评估，客观地面对自己、认识自己、剖析自己，包括自己的兴趣、特长、性格、学识等。即要弄清我想干什么、我能干什么、我该干什么、在众多的职业面前我会选择什么等问题。

图 11-2　我想干什么、我能干什么、我该干什么

（二）确立目标

确立目标是大学生制定职业生涯规划的关键。通常目标有短期目标、中期目标、长期目标和人生目标之分，长远目标需要大学生经过长期艰苦努力、不懈奋斗才有可能实现，大学生确立长远目标时要立足现实、慎重选择、全面考虑，使之既有现实性又有前瞻性。短期目标要求更具体，对大学生的影响也更直接，是长远目标的组成部分。

（三）环境评价

做好职业生涯规划，大学生还要充分认识与了解相关的环境，评估环境因素对自己职业生涯发展的影响；分析环境条件的特点、发展变化等情况，把握环境因素的优势与限制；了解本专业、本行业当前的地位、形势以及发展趋势。

（四）职业定位

职业定位就是要为职业目标与自己的潜能以及主客观条件谋求最佳匹配。良好的职业定位是以自己的最佳才能、最优性格、最大兴趣、最有利的环境等信息为依据的。大学生在进行职业定位过程中要充分考虑性格与职业的匹配、兴趣与职业的匹配、特长与职业的匹配、专业与职业的匹配等。

职业定位应注意：

①依据客观现实，考虑个人与社会、单位的关系；

②比较鉴别，比较职业的条件、要求、性质与自身条件的匹配情况，选择条件更合适、更符合自己特长、更感兴趣、经过努力能很快胜任、有发展前途的职业；

③扬长避短，看主要方面，不要追求十全十美的职业；

④审时度势，及时调整，要根据情况的变化及时调整择业目标，不能固执己见，一成不变。

（五）实施策略

没有行动，职业目标只能是一种梦想。大学生要制定实现职业生涯目标周详的行动方案，并用具体的行为来落实这一方案。

（六）评估与反馈

制定了职业生涯规划后，大学生还需要在实施中不断检验与分析，及时诊断生涯规划各个环节出现的问题，找出相应对策，对规划进行调整与完善。

六、职业倾向测量——霍兰德职业倾向测验量表

霍兰德职业倾向测验量表是美国著名职业指导专家霍兰德（Holland）编制的，该测验能帮助被试者发现和确定自己的职业兴趣和能力专长，从而科学的作出求职择业的决策。整个测验分为七部分。

①你心目中的理想职业（专业）。

②你所感兴趣的活动。

③你所擅长获胜的活动。

④你所喜欢的职业。

⑤你的能力类型简评。

⑥统计和确定你的职业倾向。

⑦你所看重的东西——职业价值观。

霍兰德的研究发现：不同的人有不同的人格特征，不同的人格特征适合从事不同的职业。霍兰德将其分为六种职业性向（类型）：现实型、研究型、艺术型、社会型、企业型和传统型，每一种职业性向适合于特定的若干职业。通过一系列测试，可以确定一个人的职业性向，之后就可参考选择对应的若干职业。人与职业配合得当，适配性就高，反之亦然。根据他的假设，适配性的高低，可以预测个人的职业满意程度、职业稳定性及职业成就。

表 11-1　人格类型与职业环境的适配（霍兰德 1973，1979）

形态	人格倾向	典型职业
现实型（R）	此种类型的人具有顺从、坦率、谦虚、自然、坚毅、实际、有礼、害羞、稳健、节俭的特征，其行为表现为： (1) 喜爱实用性的职业或情境，以从事所喜好的活动，避免社会性的职业或情境； (2) 用具体实际的能力解决工作及其他方面的问题，较缺乏人际关系方面的能力； (3) 重视具体的事物，如金钱、权力、地位等	一般工人、农民、土木工程师
研究型（I）	此种类型的人具有分析、谨慎、批评、好奇、独立、聪明、内向、条理、谦逊、精确、理性、保守的特征，其行为表现为： (1) 喜爱研究性的职业或情境，避免企业性的职业或情境； (2) 用研究的能力解决工作及其他方面的问题，即自觉、好学、自信，重视科学，但缺乏领导方面的才能	数学生物方面的工程师、科研人员
艺术型（A）	此种类型的人具有复杂、想象、冲动、独立、直觉、无秩序、情绪化、理想化、不顺从、有创意、富有表情、不重实际的特征，行为表现为： (1) 喜爱艺术性的职业或情境，避免传统性的职业或情境； (2) 富有表达能力和直觉、独立、具创意、不顺从、无次序等特征，拥有艺术与音乐方面的能力（包括表演、写作、语言），并重视审美的领域	诗人、艺术家
社会型（S）	此种类型的人具有合作、友善、慷慨、助人、仁慈、负责、圆滑、善社交、善解人意、说服他人、理想主义、富洞察力等特性，其行为表现为： (1) 喜爱社会型的职业或情境，避免实用型的职业或情境，并以社交方面的能力解决工作及其他方面的问题，但缺乏机械能力与科学能力； (2) 喜欢帮助别人、了解别人，有教导别人的能力，且重视社会与伦理的活动与问题	社会工作者、教师、辅导人员

续表

型态	人格倾向	典型职业
企业型（E）	此种类型的人具有冒险、野心、独断、冲动、乐观、自信、追求享受、精力充沛、善于社交、获取注意、知名度等特性，其行为表现为： （1）喜欢企业性的职业或环境，避免研究性质的职业或情境，能以企业方面的能力解决工作或其他方面的问题； （2）爱冲动、自信、善社交、知名度高、有领导与语言能力，缺乏科学能力，但重视政治与经济上的成就	推销员、政治家、企业经理
传统型（C）	此种类型的人具有顺从、谨慎、保守、自控、服从、规律、坚毅、实际稳重、有效率、但缺乏想象力等特性，其行为表现为： （1）喜欢传统性质的职业与情境，避免艺术性质的职业与情境，能以传统的能力来解决工作或其他方面的问题； （2）喜欢顺从、规律、有文书与数字能力，并重视商业与经济上的成就	出纳、会计、秘书

【自我探索】

取出五张白纸、一枝铅笔、一块橡皮。在每张纸的最上边分别写上以下五个问题。然后，静下心来，排除干扰，按照顺序，独立地仔细思考每一个问题。

1. 我是谁？

2. 我想做什么？

3. 我会做什么？

4. 环境支持或允许我做什么？

5. 我的职业与生活规划是什么？

回答的要点是：

关于“我是谁？”面对自己，对自己进行一次深刻的反思，真实地写出每一个想到的答案，包含优点和缺点，看看有没有遗漏，认为确实没有了，按重要性进行排序。

关于“我想干什么？”可将思绪回溯到孩童时代，从人生第一次萌发想干什么的念头开始，然后随着年龄的增长，回忆自己真心向往过的想干的事，检查自己每一个阶段职业发展的心理趋向，并一一地记录下来，认为没有遗漏了，就进行认真的排序。

关于“我能干什么？”则把确实证明的能力和自认为还可以开发出来的潜能（包括对事的兴趣、做事的韧力、临事的判断力以及知识结构是否全面、是否及时更新等）都一一列出来，写完后再想想有无遗漏，确实没有了，就进行认真的排序。

关于“环境支持或允许我干什么？”的回答则要稍做分析：环境，家庭、亲戚、朋友、本单位、本市、本省、本国和其他国家，自小向大，只要认为自己有可能借助的环境，都应在考虑范畴之内；在这些环境中，认真想想自己可能获得什么支持和允许，搞明白后一一写下来，再以重要性排列一下。

之后把前四张纸和第五张纸一字排开，然后认真比较第一至第四张纸上的答案，将内容相同或相近的答案用一条横线连起来，您会得到几条连线。不与其他连线相交、又处于最上面的线，就是您最应该去做的事情，您的职业生涯就应该以此为方向。建立个人发展计划书；并在此方向上以三年为单位，提出近期、中期与远期的目标；再在近期的目标中提出今年的目标；将今年的目标分解为每季度目标、每月目标、每周目标、每天目标。这样你就能成功回答“我的职业规划是什么?”

找到这五个问题的最高共同点，你就有了自己的职业生涯规划。这样，你每天睡前就可以对照自己的目标进行反省，总结当日成就与失误、经验与教训，修正明天的目标与方法，第二天醒过来后稍加温习就可以投入行动了！这样日积月累，没有不能实现的规划！

第二节　如何进行生涯规划

在职业生涯发展的道路上，重要的不是你现在所处的位置，而是迈出下一步的方向。

——引言

11－2

热爱她（工作），她会给你惊喜

李东现就任于某电子出版社。大学的时候，他学的是管理专业，但是他一直对计算机情有独钟，对 Photoshop 也是颇有研究。刚上大学，他就给自己的未来进行了规划，决定以后往自己喜欢的电子方面发展，大学期间他出版了一本关于计算机方面的书，毕业后他选择了那家出版社。

李东之所以能取得最后的成功，在于他在大学期间就早早地制定了自己的职业生涯规划。他正确地认识了自己，找到自己的出发点，为之付出自己的努力，并沿着这条道路走下去。

哈佛大学研究表明：只有4%的人能获得成功，秘诀就是及早明确职业生涯目标且始终坚持。个人职业生涯的有限性要求大学生要及时进行规划，“自信人生二百年，会当击水三千里”。

从心理发展的角度认识大学生的职业生涯发展，充分认识个体在不同阶段心理发展的特征，有利于帮助大学生把握职业生涯发展的规律，规划好他们的人生。构建大学生职业生涯规划的心理辅导体系是就业指导工作不可或缺的环节。大学生正处在生涯发展的关键时期，在注重大学生自身的心理因素的基础上提高大学生职业生涯规划的能力，了解当前社会发展规律与社会职业变化方向，促进其职业生涯规划健康、持续发展。

这一节，我们共同探讨大学生如何进行自己的职业生涯规划，面向未来迈出成功的一步。

一、做好你的职业生涯规划

（一）利特尔的个人计划研究

利特尔把个人计划定义为意欲实现个人目标的一系列的个人相关活动。个人计划可以包括从日常生活琐事如“洗衣服”，到终身信念如“解放人民”的范围。个人在任何时候都可能或多或少与个人计划有关。根据利特尔的观点，“对选择处理人们怎样在复杂生活中混日子这个重大问题的人格心理学家来说，个人计划是分析的自然单元。”

如何评价个人计划？利特尔认为可运用个人计划分析（personal projects analysis，简称 PPA）方法。这种方法的第一步是列出某人的个人计划，首要的是自我报告。被试者自由地列出任何自己认为有关的个人计划，多少由自己的喜好而定。典型情况是大学生列出大约 15 个计划。紧接着让他按多维度评价这些计划，这些维度包括重要性、愉悦性、困难程度、进展情况、积极影响、消极影响。目的是获得与每个人的计划相联系的意义、结构、压力、效能等相关信息，以及作为一个整体的个人计划系统：这些计划是值得的，还是毫无价值的？这些计划是有组织的，还是毫无秩序的？这些计划的要求超过了人应付它们的能力范围吗？大学生体验到与这些个人计划相关的进步，还想继续它们吗？

利特尔指出，生活满意度报告与计划等级之间的关系在压力方面低，在积极结果和控制方面高。根据他的观点，对生活的满意和不满意集中体现在与个人计划有关的压力和效能领域。在人们相信自己的计划可能会成功实现的程度上，计划结果是对生活满意度和沮丧情感最好的预测指标。

总之，利特尔对个人计划的研究强调人格机能的意向性和系统性方面。目前他正致力于研究与特定情境及人际背景有关的个人计划机能，并建立与其他人格变量之间的联系。

（二）埃蒙斯的个人奋斗研究[①]

埃蒙斯把个人奋斗定义为追求目标的一贯模式，目标追求代表个体通常尽力要做的事。个人奋斗指一个人希望在不同情境下实现的目标的典型类型。个人奋斗的例子有“使有吸引力的人注意我”，“得到尽可能多的快乐”，“为别人提供竭尽所能的帮助”和“避开任何可能的争吵”。在此重要的是指出个人奋斗既包括要尽力获得或经历的事，又包括要尽力避免的事。个人奋斗既可以是积极的，也可以是消极的，并且个体之间生活由积极奋斗或消极奋斗构成的程度是不同的。

埃蒙斯指出个人奋斗大量的明确特征。第一，它们对个体来说是个人特色的或独一无二的，特别对构成个人奋斗的目标和一个人表达个人奋斗的方式而言。尽管个人奋斗是个人特色的，但共同的或规律化的个人奋斗类别还是可以形成的。个人奋斗的第二个特征是包括认知的、情感的和（或）行为的成分，它们要么互相联系要么互相独立。第三，尽管个人奋斗是比较稳定的，但它们并不固定。一个人要做的事随情境的不同和生活的改变而变化。个人奋斗反映我们整整一生的持续发展。第四，个人奋斗中一个特定部分的实现并不意味着不再追求那一目标。一个人因在某一特定事件中成为一个好人而感到愉快，但仍寻求另外的机会做一个好人，一个人在一个特定的情境内外中避免了自尊受到打击，仍会在其他的情境中避免这样的打击。最后，大部分的个人奋斗被假定是有意识的，并可以自

---

① 张日冉，陈丽．大学生心理健康［M］．大连：大连理工大学出版社，2006：273.

我报告的："这里的状况是当被要求时人们能够报告出他们正试图完成的事情……更令人欣赏的韦纳的宣言"通向潜意识的捷径不如通向意识的泥泞道路更有价值"。埃蒙斯为不在意识层面的奋斗的可能性留有余地，甚至是潜意识奋斗的可能性。然而，最基本的假设还是人们能以现实的、无防卫的方式正确地报告他们的目标。

怎样评价奋斗？这种评价包括4个步骤。

第一步，列出所有的个人奋斗，其定义为"在日常行为中你一般或特别试图去做的事情"，并提供积极的或消极的奋斗的例证。个体列出的个人奋斗的数量不同，范围从10到40多个不等，平均大约16个。

第二步，写出成功实现每一种奋斗的具体方法。根据前面论述的框架，它们是实现目标的计划。如对个人奋斗"花更多时间放松自己"，可能涉及诸如锻炼、请朋友聚会、喝酒等活动。被试平均列出4种实现各种个人奋斗的方法。

第三步，选出15种奋斗，按一些维度来评价它们，这些维度有效价（积极或消极的价值）、矛盾情绪（对成功行动有多少不愉快）、重要性、成功的可能性、清晰性和难度。对所给维度进行因素分析后，显示出三个因素：奋斗的程度（价值、重要性、承诺）、成功（过去的成就和成功的可能性）和容易度（机会和低水平难度等）。

第四步，将每一奋斗与其他奋斗进行比较：这一奋斗的实现对别的奋斗是有益、还是有害（或完全没有影响）。这有一个15×15的矩阵以确定奋斗之间是相互促进还是相互冲突的。这一矩阵有趣的方面是奋斗之间的关系是不可逆的，即这一奋斗能促进另一个，但反过来却不行。如"得到好分数"可能有助于"毕业"，但反过来却不行。通常这种差别是因为某一个人奋斗在等级序列上高于另一个人奋斗，但也可能是因为与其他个人奋斗之间不同的联系所致。对每一个体而言，个人结构系统中所用的工具或所面临的冲突的量是可以计算的。

（三）规划大学生活

生涯规划不仅指单一的人生目标的确立，也不仅仅是单一的生活事件，而是面临着许多生涯角色、生活目标的选择与建立，面临着一系列认知活动与行动的历程。

1. 大学生生涯规划模式

尽管每个人的生涯规划都有其独特性，在对生涯的规划中，人们大体上是从"自己的特质"、"教育与职业资料"、"自己与环境的关系"三个方面来进行着自己生涯目标的规划。就发展历程的观点而言，大学生正处于生涯探索期和生涯建立期的关键阶段，面临着许多关乎未来发展的重大抉择，如学业、职业、人生价值、婚姻等。因此，大学生的生涯规划主要是要透过生涯探索的历程，增长生涯认知，并逐渐认清其生涯发展方向，以完成具体的生涯计划和准备。

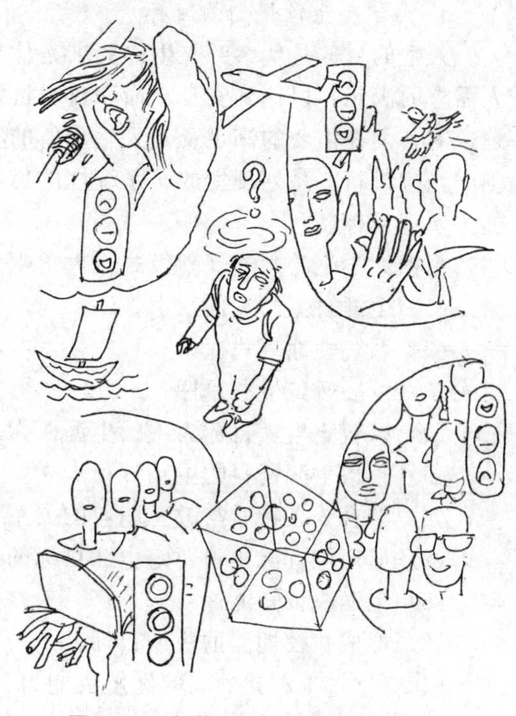

图11-3　大学生活不同的角色扮演

2. 大学生的生涯定向

对大学生而言，生涯设计与定向关乎其今后的发展方向，也决定着大学生的校园生活与学习的重点。生涯不确定的大学生经常会出现焦虑、目标与兴趣模糊不定、缺乏求学动机、学生角色投注不足、学业成绩偏低等现象，进而不能适应今后的发展。但大量的研究发现，大学生中缺乏生涯规划与定向的情形较为普遍和严重，相当一部分大学生并不能自觉地确立自己的生涯发展方向。

心理学家 Marcia（1980）从自我认定的角度，依据面对的选择危机和专注定向，将青年的自我认定归纳为四种不同的形态。

1. 自我定向者（Identity Achievement－IA），即在经历抉择危机之后，逐渐确定其生涯方向或职业目标。

2. 提早定向者（Foreclosure－F），本身未曾面对抉择危机，但在生涯方向或职业目标上，已接受父母或他人的安排而定型。

3. 延迟未定者（Moratorium－M），面对个人的抉择危机，正在寻求定向。

4. 茫然失措者（Identity Diffusion－ID），面临抉择危机，因生涯方向或职业目标模糊不定，而感到焦虑，甚至逃避抉择。

其中，提早定向者（F），在社会的限制和父母的保护之下，面对生涯抉择之际不致产生过高的焦虑，但在从事生涯准备或课程学习方面，能避免听天由命、缺乏学习兴趣和动力的状态；延迟未定者（M）和茫然失措者（ID）在面临生涯抉择之际，由于缺乏目标定向，可能会产生焦虑、不安等不良心理，不利于其课程学习和学校适应。

Marcia 的研究结果说明，生涯确定是青年期主要而关键的发展任务之一；生涯决定的明确与否不但可能影响个人长期的发展，更影响其当前的生活调适。

3. 大学生生涯规划的目标

人生的目的是什么？人生的要求是什么？尽管每个人对此看法不一，但大都在寻求个人需求的满足，以达到安身立命和自我价值的实现。对于大学生而言，进行合理的生涯规划，对其内在需要的满足及其人生价值的实现有着重要意义。当然，大学生在进行生涯规划时，应进行一系列理性的、系统性的思考，明确自己的生活目标，并采取积极的行动措施去实现目标。

根据大学生的生涯规划模式，大学生的生涯发展目标可归纳为以下十项：

（1）生涯自主与责任意识；

（2）系统性地自我探索；

（3）发展暂定生涯目标；

（4）以暂定生涯目标为主的生涯探索；

（5）收集生涯资料的主动性；

（6）整合个人特质与教育职业的关系；

（7）从环境资源检视暂定生涯目标的可行性；

（8）生涯决策知能；

（9）形成在校期间的短期目标；

（10）增进生涯计划与问题解决能力。

大学生的生涯并不是一个单一的静态事件，而是一系列的动态历程。生涯目标并不是一次成型的，而是不断发展的。随着大学生身心的发展，大学生应逐步形成数个暂定的长期生涯目标，以不断探究生涯的意义，并为寻求生涯意义而努力。

二、大学生职业生涯规划存在的误区

在规划职业与生涯的探索过程中，大学生集中表现出了以下五个观念误区。

第一个误区，职业规划就是职业生涯规划。

很多大学生把职业规划和职业生涯规划相混淆了，认为职业规划就是职业生涯规划。其实不然，职业规划就是通过规划的手段来找到适合自己的职业的过程。"适合"就是更多地在分析自己的基础上综合考虑外在环境，由此做出的判断。适合的简单判断就是"人一职匹配"；而职业生涯规划，简单地说就是规划你从开始工作到退休的整个职业历程。职业生涯是你从事职业工作的所有时间，职业生涯规划包括职业规划，自我规划，理想规划，环境规划，组织规划等。规划职业生涯的目的就是争取最大的收益，达到少走弯路、不走错路、避免走回头路的职业探索与奋斗征程，走最佳路径来实现职业理想。简单地说就是职业规划包含于职业生涯规划之中。

第二个误区，职业规划就是功利地为找工作而准备。

有的大学生只是功利地为了毕业后找到个工作才去注重知识、技能的学习和打造。但大学同时是一个完善和塑造自我的精神殿堂，应该同时注重艺术、精神的发展。我们可以看到，职业是人生最大的课题。人生有三不朽：修道立德，建功立业，著书立说。职业生涯规划过程的本身就是人对自身不断完善、发展的过程，好的职业规划是为了自我实现，在大学阶段规划职业生涯是为人生负责的一种表现，而不是功利地为了一时找工作而忽略了自身的发展。

第三个误区，职业规划就是找到赚钱多的好工作。

有这种误区的人一是不明确职业规划的作用（见第二个误区），二是对好工作的标准有误解。赚钱多的工作就是好工作吗？好工作的标准就是赚钱多吗？找到真正适合的职业，是一定可以拿到高薪水的，只是时间和精力的问题，因为在自己适合的领域工作，会把自己的主动性和创造性淋漓尽致地发挥出来，随着业绩的不断提升，薪水自然增长了。而不适合自己的高薪水工作，会让自己在拿着高薪的无聊中把自身的创造性毁灭，从而会因不喜欢而导致工作的不胜任或懈怠，最终也会因业绩下滑而导致薪酬跳水。职业规划要达到的宗旨就是找到适合自身的工作。

第四个误区，职业规划没有变化快，还是走一步算一步好。

职业规划是考虑了自我、环境、学业、理想、通路等影响职业生涯发展的各种因素后，结合自身理想价值追求而确定的路径安排，并且融合了职业判断、职业创新、自我管理等修正步骤在内的整体系统分析方案，需要全面周到的考虑和严格的执行。制订规划后由于考虑不周到、执行不到位、修正不及时，潜在问题会有所暴露，因此需要做一些变通和修正，而不应走一步算一步。

第五个误区，职业生涯规划与大学学业是不相关的。

相当一部分大学生认为大一、大二是不用考虑就业、职业问题的，只有在毕业的大四才开始了解职业、企业、行业等，才开始学习简历、面试等求职常识。这其实是大学生对大学定义的不准确及个人价值观的问题。"罗马不是一天建成的"。那些因为毕业找不到工

作而抱怨专业不好，抱怨学校太滥，抱怨大学扩招，抱怨社会企业太刁，抱怨家里没有社会关系的大学生如果回头看看自己的大学生活，仔细想想自己的大学生活究竟是怎样度过的，是怎样安排的，职业生涯又是怎样规划的，那么你就会发现其实大学学业的安排是直接关系到你的就业、职业生涯规划和职业前程的。

三、大学生如何进行科学的职业生涯规划

1. 大学生做好生涯规划应分析好三个因素

一是“人”。“人”就是大学生自身，由包括性格、理想、价值观、道德等的内在因素和专业、知识、经验、技能等的外在因素所组成，分析“人”就是分析自我的内外两方面。二是“职”，“职”就是行业、职业、企业、职位等外在因素（简称为三业一位）。三是匹配，匹配就是“人”“职”互动在工作方式、生活方式等方面的和谐适应。这是进行科学职业生涯规划的基础。

2. 大学生应该根据需要对职业生涯规划及时调整

根据职业方向选择一个对自己有利的职业和得以实现自我价值的单位，是每个大学生的美好愿望，也是实现自我的基础，但这一步的迈出要相当慎重。遇到现实的问题和环境后，根据需要及时做出调整。

3. 如何落实规划

大学生制定好职业生涯规划后，应该继续制定好实施细则。时代在发展，企业的用人制度在不断发生变化。了解用人单位的需要同样重要，“知己”“知彼”才能做出正确的抉择。

大学生不要再简单地把自己当成孩子，也不要只把自己当成学生，自己就是一个“人”，站在“月球”看自己，时刻考虑“天生我才有何用?”，时刻考虑“用我的人在哪里?”。生涯规划与每位大学生的学习和生活息息相关，本着把自己当“人”看的判断原则，分析人生的其他方面（学习、锻炼、交友、恋爱、考研、创业）与就业的关系，指导大学生更好地做好自己的职业生涯规划。

【自我探索】①

下面列的都是形容词。请逐一看看，如果其中某个形容词所描述的正是你目前对自己的看法，则在“我确实如此”一栏中画上“√”。然后，别管你刚才画的是什么，请再重新看看这些形容词。这回，如果其中某个形容词所描述的正是理想中的自己，则在“我希望自己如此”一栏中画“○”。

满分为32分。当两栏一致时（即同时分别出现“√”“○”），给自己加一分，两边不一致时（即只有一栏有标记）不加分，请把总分加起来。对照下面的分数解释，了解现实自我和理想自我之间的差距究竟有多大。

---

① 张日冉，陈丽．大学生心理健康．大连：大连理工大学出版社，2006：276.

	我确实如此	我希望自己如此
多愁善感的		
固执己见的		
有幽默感的		
有独立性的		
友善的		
胸怀大志的		
风趣的		
诚实的		
有魅力的		
自我节制的		
热情的		
平凡的		
敏感的		
可靠的		
有才智的		
懒惰的		
愉快的		
好妒忌的		
精力充沛的		
体贴的		
沉静的		
聪明的		
跋扈的		
有弹性的		
自我中心的		
脆弱的		
诚恳的		
轻松自在的		
坚强的		
愤世嫉俗的		
冲动的		
冷漠的		

分数解释：每个人心目中都有一幅自我意象图，然而在现实中人们又不能表现得完全如理想自我一般，于是现实自我和理想自我之间难免会有一定的距离。那么，这个距离究竟有多大呢？看看你所得的分数吧。

24分以上：有75%以上的形容词两边一致，这表示你对目前的自己有着适度的满意，你的现实自我与理想自我比较接近。因此你的内心比较平和，没有太多的矛盾冲突。然而，如果在不一致的形容词当中，有些是你认为非常重要的特质，那么你一定要引起注意，或许是你现实中做得不够，或许是你对理想中的自己期望太高。这样，你必须想办法使二者一致起来。

24分以下：这表明你对目前的自己不太满意，因为目前的自己和理想的自己之间存在着较大的差距。不能做一个具有理想特质的人，会令你产生高度的挫折感。在这种情况下，一方面你必须改变目前的自己，朝着理想的自己努力；另一方面要学会接受不做理想中的自己，这样就不会给自己带来冲突感。

第三节　大学生如何做好目标管理

人生的最美，就是一边走，一边捡散落在路边的花朵，那么一生将美丽而芬芳。

——屠格涅夫

11—3

“飞”向你们想去的地方

一百多年前，一位穷苦的牧羊人带着他的孩子来到一个山坡上，一群大雁鸣叫着从他们的头顶上飞过，并很快消失在远方。牧羊人的小儿子问父亲：“大雁要飞往哪里？”牧羊人说：“他们要去一个温暖的地方，在那里安家，度过寒冷的冬天。”大儿子眨着眼睛羡慕地说：“要是我们也能像那样飞起来该多好呀！”牧羊人沉默了一会儿对两个儿子说：“只要你们想，你们也能飞起来。”两个儿子试了试，都没有飞起来，他们用怀疑的目光看着父亲。牧羊人却肯定地说：“只有插上理想的翅膀，树立了坚定的目标，才可以飞向你们想去的地方。”两个儿子牢牢记住了父亲的话，并一直向目标努力着，奋斗着。后来，他们果然飞了起来，因为他们发明了飞机。他们就是美国著名的莱特兄弟。可见，没有目标和梦想不行，光说不做也不行，只有经过不懈的努力和不断的挫折，才能够成就目标和理想。

有的人，给自己定的目标太高，虽竭力拼搏却终无所获。也许他并不知道，他选择本来就是无法企及的痴心妄想。就像“夸父逐日”的故事，当我给学生讲这个故事时，竟有人反问道：“他真蠢，难道他不知道太阳的表面温度有多高吗？”这些话令我深思，夸父虽是追求光明的强者，但他也的确犯了一个常识性的错误，那就是放弃了身边的光明。

现实的美好是永远的，而揣测的美丽往往只是幻想。总有人盲目地走过了一段年轻的岁月后，才恍然大悟，原来追求的那些最美的事物，常常只是浪漫的梦幻。

请记住，人生的每一天，每一个足迹，都是值得留恋的。不要轻易丢失你的所获，在人生的旅途中，只要是一枚值得珍藏的贝壳，即使很小很小，也要把它放进人生的口袋，因为“每一枚贝壳都有它的价值”。

一、大学生如何确立合理的目标规划

大学生确立合理的目标，具体而言可以从三个层面入手。

（一）建立科学的职业目标

大学生应该在对本专业的地位、作用、发展前景和本专业的课程体系、结构及教学、学习方法要求了解的基础上初步确立自己的专业目标及职业目标。职业目标并不仅仅是专业目标，它还包括相应的职业能力和意识，如创新能力、沟通能力、团队意识、社会活动能力以及正确获取金钱报酬的意识等。大学生应该明确自己专业所需要的具体能力，以及现代社会所要求大学生必须具备的技能。

（二）建立健康文明的生活目标

学习是为了更好地生活，大学生应该学会健康地、文明地生活。树立做人、做事的正确态度，在生活中从多种角度对自身状况进行分析评判，“吾日三省吾身”，大学生应该学会自我管理、自我教育，利用各种途径充分调动和开发自身各方面的潜能，使之转化为自己前进的驱动力。

（三）要建立坚定的政治目标

大学生是国家民族的未来，其政治素质和理想信念如何，关系到党和国家的未来，关系到能不能继往开来地推进中国特色社会主义事业。大学生应该树立正确的世界观、人生观和价值观，掌握人类社会历史发展的规律，了解时代的要求，使自己的人生目标符合社会发展规律和时代要求。在确立自己职业目标和生活目标的同时，通过参加初级和高级党校、理论学习小组的学习，优秀党员事迹报告会、讨论会等多种形式的活动提高自己的政治素养，用辩证唯物主义观点来武装自己，用发展的眼光来看待周围的事务，发扬爱国主义、集体主义精神，净化心灵，陶冶情操，强化自己的责任感、使命感，自觉把国家、社会的价值目标内化为自己的人生价值目标。

二、目标管理对大学生的重要性

（一）什么是目标管理

目标管理，就是以目标为导向，以人为中心，以成果为标准，而使组织和个人取得最佳业绩的现代管理方法。它具有以下特点：

①强调活动的目的性，重视目标体系和未来研究的设置；

②强调用目标来统一和指导全体人员的思想和行动，以保证组织的整体性和行动的一致性；

③强调根据目标进行系统整体管理，使管理过程、人员、方法和工作安排都围绕目标运行；

④强调发挥人的积极性、主动性和创造性，按照目标要求实行自主管理和自我控制，以提高适应环境变化的应变能力；

⑤强调根据目标成果来考核管理绩效，以保证管理活动获得满意的效果。

（二）目标管理对大学生的重要作用

曾经有人做过一个实验：组织三组人，让他们分别向着十公里以外的一个村子步行。

第一组的人不知道村庄的名字，也不知道到村庄的路程有多远，他们只被告诉跟着向导走就行。刚走了两、三公里就有人叫苦，走了一半时有人几乎愤怒了，他们抱怨为什么要走这么远，何时才能走到头，许多人甚至坐在路边不愿走了，越往后走他们的情绪越低落。

第二组的人知道村庄的名字和路段，但路边没有里程碑，他们只能凭经验估计行程、时间和距离。走到一半的时候大多数人就想知道他们已经走了多远，比较有经验的人说："大概走了一半的路程。"于是大家又簇拥着向前走，当走到全程的四分之三时，大家情绪低落，觉得疲惫不堪，而路程似乎还很长，当有人说："快到了！"的时候，大家又振作起来加快了步伐。

第三组的人不仅知道村子的名字、路程，而且公路上每一公里就有一块里程碑，人们边走边看里程碑，每缩短一公里大家便有一小阵的快乐。行程中他们用歌声和笑声来消除疲劳，情绪一直很高涨，所以很快就到达了目的地。

从这个实验可以看出，当人们的行动有明确的目标，并且把自己行动的结果与目标不断加以对照，清楚地知道自己行进速度和与目标相距的距离时，行动的动机就会得到维持和加强，人就会自觉地克服一切困难，努力达到目标。

由此可以看出，目标树立后对目标的管理在一定意义上是非常重要的。对于大学生的人生目标，规划及管理都很重要。

①目标管理有助于改进大学生组织结构的职责分工。由于组织目标的成果和责任力图划归一个职位或部门，目标管理有效避免了授权不足与职责不清等问题的出现。

②目标管理对组织内易于度量和分解的目标会带来良好的绩效。对于那些在技术上具有可分性的工作或任务，由于责任、任务明确，目标管理常常会起到立竿见影的效果。

③目标管理调动了大学生的主动性、积极性、创造性，提高了大学生的自觉性。由于强调自我控制，自我调节，将个人利益和组织利益紧密联系起来，因而提高了大学生的士气。

④目标管理促进了大学生间的意见交流和相互了解，改善了人际关系。

三、大学生如何实现大学目标

大学生制定了自己的目标，在践行的过程中，随着自身的不断成长，生理与心理的不断成熟，其目标可能会因为主观或客观的原因发生变化。如何进行自我监督、管理，对目标进行及时调整与矫正，克服实现目标过程中出现的不良情绪反应，摆正自己的心态，有效地摆脱心理困惑和危机，顺利完成大学目标，应做到以下几点。

（1）不断进行阶段性目标自查。

大学生在刚进入大学时对生活和学习有强烈的好奇心，有较高的积极性，制定的目标可能偏高、偏大，在经过一段时间的实践后，由于学习方法不对、学习方式不适应等原因而导致积极性、自觉性下降，缺乏自律。因此，在实践目标阶段，大学生应当对自己的目标不断地进行调整并重新审视，将目标按时序展开，逐段实施、考评和总结。

（2）不断提高自身心理健康水平，及时求助于学校心理健康机构。

大学生在实现目标的过程中不可避免地会遇到挫折，如学习困惑、评选奖助学金失败、躯体疾病、恋爱关系破裂、亲人伤病、重要考试失败、求职择业等，产生不良情绪，这些情绪如果得不到化解和宣泄，就可能会导致心理失衡，产生孤僻、厌学、漠视现实、消极甚至颓废等现象。因此，大学生应该积极参加学校的心理健康教育课程的学习，提高自身的心理健康水平与心理调节能力，在遭受到超出自己应对能力的心理挫折后及时地求助于心理健康教师及服务机构，进行心理疏导。

（3）多参加社会实践。

社会实践是大学生融入社会的关键环节。积极参加有益的职业培训、社会实践，努力拓展自己社会实践的范围，可以对自己的综合优势与劣势进行对比分析，了解个人目标与现实之间的差距，调整目标规划使之更切合实际，让自己的理想信念、行为准则在社会实践中得到检验和发展并得以内化。因此，大学生不但要掌握专业知识和技能，还要培养自己承担社会责任、奉献社会的意识和品质，最终将自己学到的知识、技能服务于社会，成为社会主义事业建设者和接班人。

（4）通过校园文化提高自身素质。

“蓬生麻中，不扶而直”，积极向上的校园文化氛围会对大学生确定并努力实现自己的人生目标产生潜移默化的影响。校园文化是大学生实现自我管理、自我教育、自我服务的重要阵地，具有多重的教育功能。大学生应该通过党、团、学生会组织和各种社团、班级组织的工作，积极开展理论学习、主题教育、文化艺术、科技创新等形式多样的活动，为营造积极向上的校园文化氛围贡献力量。

大学几年是大学生人生观、价值观、世界观形成的关键时期，其重要性和必要性不言而喻。大学生应尽早做好规划，树立合理的人生目标，认真管理、评估、调整和实现自己的人生规划，早日成为国家的栋梁之才。

【自我探索】

准备一张纸和一支笔，根据以下问题诚实作答。

1. 现在的年龄有多大？

2. 你的梦想是什么？

3. 你希望自己在多少岁的时候实现这个梦想？

4. 用你打算实现梦想的年龄减去现在的年龄，看看自己还剩几年的奋斗时间？

5. 去掉睡觉休息和吃饭的时间，大约还剩几年？

6. 粗略计算一下剩余时间，你会发现人生中能用来奋斗的时间很少，抓紧每分每秒，制作详细的目标管理计划。

补充阅读 11－1

时间管理

预料

事先有所准备的活动一般来说比事后补救的活动更为有效。小洞不补，大洞吃苦。避免发生意外的最好办法就是预料那些可能发生的意外事件，并为其制订应急措施。我们假定，如果事情要出错，那就无法避免

计划

绝大多数难题都是由于未经认真思考虑的行动引起的。在制订有效的计划中每花费1小时，在实施计划中就可能节省3～4小时，并会得到更好的结果。如果你没有认真制定计划，那么实际上你正计划着失败。

目标

较有效的结果一般是通过对既定目标的刻意追求来达到的，而不是依靠机会。目标管理的基本概念就来源于这个已被证实的原则。

最后时限

给自己规定最后时限并实行自我约束，持之以恒就能帮助我们克服优柔寡断、犹豫不决和拖延的弊病。

最佳效果

用最小的努力获得最大的收益，这就是最佳效果。

紧急任务专制

紧急任务与重要任务常常处于互相干涉的状态中。紧急任务要求立即执行，就使我们没有时间去考虑重要任务。我们就是这样不知不觉地被紧急任务所左右，并承受着时间无休无止的重压，甚至使我们忽视了搁置重要任务所带来的更为严重的长期后果。

选择忽略（有限反应）

对各种问题和需求的反应要切合实际，并要受制于情况的需要。有些问题如果你置之不理，它们便消失了。有选择地忽略那些可以自行解决的问题，那么大量的时间和精力就可以保存起来，以用于更有用的工作(也称作"有意忽加重原则")

机动性

安排个人时间的程度上应有机动性，以便于应付个人无法控制的力量。总之，时间安排不要过满，也不要过松。

问题分析

不区分问题的原因和现象，结果必然丢失实质性问题，而把精力和时间耗费在表面的问题上。

接受

应该有勇气去改变那些能够被改变的事物……心甘情愿去接受那些无法改变的事物……寻求智慧去认识那些不同的事物。

图 11-4　时间管理时钟

第四节　大学生的求职技巧

大学毕业生在求职择业过程中，掌握一定的方法与技巧是十分重要的。我们以大学毕业生求职择业的过程为主线，分别介绍每一个阶段的方法与技巧，以利同学们掌握择业技巧、做好择业准备。

一、讲究择业与求职的方法

现在，就业形势非常严峻，据媒体消息，我国失业大学生已经有数百万之多。看到这个数字未免让人有一点儿疑虑：我们的国人素质真的提高得那么快，都到了有这么多大学生失业的程度了吗？答案是显而易见的：否。不仅这数百万大学生不应该失业，就是再有数百万大学生，对于我们这个泱泱大国的发展需求来说还远远不够。我们国家的发展需要人才，需要有知识、有水平、有能力的人才。那么，究竟为什么这么多的大学生都走到失业大军中去了呢？导致这种情况的一个重要原因是大学生的职业规划意识和求职观念淡薄。

求职是关乎自己一生事业的重要过程。所以，大学生求职的时候一定要做到突破固有观念，以自己的兴趣出发做好职业定位，讲究求职与择业的方法[①]。

① 张泽玲．当代大学生心理素质教育与训练［M］．北京：机械工业出版社，2004：153－155.

（一）搜集职业信息

第一，获取职业信息的渠道。职业信息的范围很广泛，获得职业信息的渠道也有很多。比如：通过家长亲戚及好友了解社会需求信息，毕业生还可以通过广播、电视、报纸、杂志、计算机网络等公共传媒获取大量的择业信息。另外，为了解决本地区、本行业毕业生就业和用人单位需求的问题，各地方、各行业都会举办招聘会。这类招聘会具有较强的供需针对性，对毕业生来说是一种立足生源地和本行业就业的重要信息渠道。

第二，职业信息的筛选和处理。职业信息的获取在空间上要讲究全面性，内容上注意广泛性。其中：要分析已经获取到的信息的具体情况，如用人单位的要求、职位、待遇、发展、地点等，依此进行筛选排队；基于客观的自我认识，对信息进行剖析。例如毕业生自己所学的专业知识及掌握能力，能否与自己的主观因素结合从而扬长避短。

第三，分析信息的来源及可靠性。信息可能来自不同渠道，需要我们在一定时间内对其进行可靠性分析，一般由学校或亲戚朋友提供的信息较为准确可靠，应予以重视。

第四，结合就业政策和规定考虑。毕业生应该注意自己所获得的信息是否为政策鼓励允许的，最好对所获信息进行排列整理，在整理的过程中如果发现新的问题再去想办法调整解决。

（二）善于自我推荐

第一，选择恰当的自荐方式，这是一种直接的求职方式。毕业生想要用人单位认识自己、了解自己、选择自己，就要通过各种途径来宣传自己。如：口头推荐，毕业生主动去用人单位或者是招聘现场“推销”自己；书面推荐，毕业生通过递送自荐材料的形式“推销”自己；媒介自荐，毕业生借助传播媒介进行自我推销，主要借助的媒介有报纸杂志等；网络自荐，这是近年来借助高科技工具新兴起的一种途径，毕业生可以将自荐材料上传于网络，以便双方在网络上及时进行沟通交流。

第二，自荐材料要准备充分。大体包括以下几个方面：

①填写推荐表。填写时要注意字迹工整，因为很多用人单位注重毕业生的字迹，在推荐表上贴上一张让人满意的照片，因为用人单位是通过这张照片来获取对你的第一印象的。

②准备成绩单。这是学校教务处部门盖章核发的毕业生在校学习成绩，它不仅反映了学生所学课程，更主要的是，它能反映出毕业生对知识的掌握和能力运用的熟练程度。

③提供各种证书。如毕业证书，各种获奖证书，资格证书，荣誉证书等，这些是对你在校期间表现的肯定，能更好地反映你的特长和优点。

④撰写自传或自荐信。目的是为了引起用人单位对你的兴趣，争取可以被录用。

第三，进行网上求职，传统的求职模式在日益发展的信息时代受到巨大冲击，在网上求职已经成了当下流行的求职手段之一。为了使你的个人资料不被淹没在大批的电子邮件中，应注意以下几个问题：

①主要精力应放在拥有人才数据库的网站上，并把你的个人简历放在他们的数据库中，因为用人公司主要来这些网站浏览要人。

②有选择地向公司发送你的简历，在发简历的时候要注明申请适合的职位，并应该了解你是否胜任这个工作。

③不要用附件的形式发送简历，除非你知道哪家用人公司接受哪些形式的附件，因为

很多接收者根本无法打开你的附件。

④用 e－mail 发出的简历应该简洁明了。通常用人单位只看他们感兴趣的部分，你也可以把制作精美的简历放在网上，然后把地址发给用人公司。

⑤为了使公司了解你申请的职位，最好在发出简历的同时再发一封求职信。

⑥一般来讲，每隔 3～4 周询问一次求职结果是比较合适的，询问的时候要表现出你对这个职位的兴趣，并且最好谈一下你的工作经验，简单明了。

二、求职择业技巧

求职择业是一门学问，也是一门艺术，有许多技术和技巧，它是择业成功的主要因素之一。目前，有一些学生对自主择业没有信心，对到人才市场去求职有一种畏惧心理；也有一些学生勉强去了却无从下手。究其原因，除缺乏必要的心理准备外，更重要的是缺乏求职择业技巧，不善于与人沟通，不能恰如其分地展现自己的内心意向、素质和才能，不懂得如何推销自己。所以面临择业的大学毕业生，要想找到一份理想的工作．学习一些求职择业方法，掌握一定的求职择业技巧是很有必要的。

技巧，简单地说就是一种方法或手段。所谓求职择业技巧，也就是人们谋求职业所需的方法和手段。求职择业技巧从广义上讲包括最佳择业点分析和具体的方法、技术指导两个方面。从狭义上讲仅指具体的方法、技术指导。最佳择业点分析即是结合毕业生自身的特点，确定最能发挥其聪明才智和最符合心愿的择业目标。

求职择业技巧在人们的求职活动中具有十分重要的作用，切不可小视或忽视；不懂得求职技巧的人，其就业机会就会大打折扣，在许多人的择业过程中，正是由于技巧上的失误甚至在举手投足间错过了理想的择业机会，铸成终身的遗憾。掌握求职技巧的人，就会使求职活动更有效、更有益，更有把握在众多求职者中脱颖而出，稳操胜券。

在竞争激烈的现实社会，人人都想成功地立足于社会，个个都想找到能充分发挥自己特长、获得较高报酬的工作单位。可是，有许多大学毕业生，虽然拥有较高的学历和丰富的知识，但由于初次择业经验不足，缺乏必要的求职择业技巧，最终很难如愿以偿。面对竞争的社会，面对纷繁的人际关系，大学毕业生必须掌握一定的求职择业技巧。

第一，“有所为，有所不为”。

职位万千，但并不是所有的职位都适合你。空有满腔热情，认为自己有能力胜任一切职位的想法是不切实际的。自认为“无所不能”也意味着你“一无所长”。“尺有所短，寸有所长”，用人单位看重的正是你的“专长”。如果求职没有重点，或是试图证明自己是一个适合于所有职位的“万金油”，你就会输在求职竞争的起跑线上。

第二，“意在笔先”。

求职的每一个步骤都应该包含明确的意图，在深刻领会用人单位职位要求的基础上结合自身特点，运用专业规范的求职行为有的放矢地求职。求职者较难把握的是用人单位真实的职位要求，只有尽量减少这种信息不对称的情况，才有可能求职成功。同时还要多做换位思考，多方实践，从用人单位的角度出发，深入揣摩招聘人员的心理，有针对性地展开求职行为。

第三，“用事实说话”。

要时刻牢记你需要做的是努力用事实证明自己的能力，而不是一厢情愿地把自己的主观评价强加给别人。只有结合自己的优势，组织典型事例，运用流畅、精炼的语言加以证明，才能收到良好的效果。

第四，要有“屡败屡战”的精神。

目前，就业压力不断增大，求职周期不断延长，没有“屡败屡战”的精神，很容易自怨自艾，无所事事，最终浪费了大好时机，与成功就业失之交臂。“天下没有免费的午餐”，大学生也早已不再是社会上仅有的精英阶层，有些毕业生经历过一两次求职失败，就一蹶不振，无所作为。反观哈佛商学院的精英们，他们从入学的第一天就开始为今后的求职择业作充分的准备，为了获得一份满意的职位，他们甚至需参加 30～40 次面试。一味抱怨就业形势紧张是毫无益处的，不如做一些实质性的准备，提高自身的素质。求职过程本身就是不断学习、融入社会的过程，“屡败屡战”的精神激励自己学会从失败中吸取经验教训，不断调整自己的求职行为，只有这样才能达到成功就业的目的。

第五，“细节决定成败”。

在日益激烈的求职竞争中，任何一个细微的错误都有可能导致求职失败，所以，在求职过程中一定要有严肃认真的态度。如果把握好求职的过程中的每一个细节，处处体现出自己较高的综合素质和良好的职业能力，必会为你的求职加分不少。

图 11-5　大学生着装考究，正在一个公司办公室接受考官面试，面部表情自然，说话流畅，自信满满，胸有成竹。

【自我探索】

情景模拟：假如你现在在面试的现场，作为一个刚刚迈出校园的大学生，面对考官的

这些问题，你该如何作答

(1) 请简单谈谈你自己

(2) 你对本公司了解吗

(3) 你为什么到本公司求职

(4) 从事某项工作你有什么不足或缺点

(5) 请介绍一下你的学校，你觉得你的专业对工作有帮助吗

(6) 你对工资有什么要求

(7) 我们想要男生（这是很多用人单位的心声，很多女毕业生会遇到类似情况）

(8) 你的条件与本公司的要求似乎存在一些差距，你认为呢

(9) 我们问了不少，不知道你有什么问题问我们

（注：答案不是固定，看每个人回答问题的技巧。）

【思考时间】

1. 通过本章的学习，你对职业生涯规划有了一个新的认识吗？你都了解了哪些生涯规划的经典理论？

2. 如何测定自己的职业倾向？

3. 如何进行自己的职业生涯规划？

4. 如何进行目标管理？

5. 大学生求职有哪些技巧？

第十二章

流泪的心灵

——大学生常见心理障碍及应对

我们知道，人们的禀赋各异，承受、应付文件要求的能力各有其不同的限度。苛求于己超过其本性所能承担，则将为心理症所苦。如果人们多容忍些自己的不完美，日子就会好过得多。

——弗洛伊德

导　言

你或你周围的同学有没有一些过度的焦虑、恐惧、忧郁，你有没有一些不想做但却对它无可奈何的观念或行为？

前面的章节我们主要关注的是如何维护自己的心理健康及如何促进自我成长，有的章节也涉及一些与其内容相关的心理困扰、心理问题，本章我们来学会勇敢地面对心理障碍。在我们的成长过程中，可能会遇到各种各样的问题。在大学校园里，经常看到某些同学谈心理障碍色变，甚至把心理问题与精神问题相混淆。其实，在大学中，有心理障碍的学生并不是极少数。有调查显示，我国大学生心理障碍的发生率不低于20%，有相当数量的大学生或多或少地存在着心理问题或心理障碍。心理障碍给大学生的学习和生活造成了很大的负面影响，有的给大学生本人及其家庭造成了无可挽回的伤痛（如自虐、自杀），有的也给社会造成了极大的伤害（如伤害他人、伤害动物）。正视心理障碍的存在，解析它的特点、产生的原因及其克服方法，是我们能够预防、解决它的根本办法。本章我们将学习如何辨别常见的心理障碍，了解如何应对心理障碍。

第一节　走近心理障碍

经常听到有人说："某某人有心理问题"、"某某人有精神问题"、"某某人有心理障碍"，或者指责某人的时候会说一句"神经病"。在这些说法里，"心理问题"、"精神问题"、"心理障碍"、"神经病"等词之间有许多的混淆。其实，这些词之间有紧密的联系，但又属于不同的概念。在大学校园里，除了心理问题、心理困扰之外，还有一些同学可能具有不同程度的心理障碍。那么，什么是心理障碍呢？

一、什么是心理障碍

心理障碍是许多不同种类的心理、情绪、行为失常的统称，广义的心理障碍与精神障碍所涉及的内容相似，但人们平时所说的心理障碍主要是指它的狭义概念，即指除了重性精神病、器质性精神障碍以外的那些更多地由心理原因所致的障碍，如神经症或焦虑障碍。

在这里，我们需要明确的是，心理障碍与精神病是不同的概念，精神病是指心理功能严重受损，自知力缺失，不能应付日常生活要求并保持与现实的接触的情况。其发病原因可能与遗传、本身的素质、社会心理刺激、甚至脑功能异常等多种因素有关。而心理障碍主要由于后天的社会适应不良、心理刺激等引起，当事人一般能觉察到自己的问题，能主动寻求帮助，一般通过心理咨询和心理治疗能取得较好的效果。所以说，我们学习有关心理障碍的知识，不是为了给自己对号入座，而是为了更好地预防以及及时采取措施，以避免心理障碍的产生或最大限度地减少其对我们身心的伤害。

在大学生中，比较常见的是心理困扰、心理问题和心理障碍，而精神病是很少见的。

二、心理障碍的判断标准

了解了什么是心理障碍，你的头脑中可能立即会出现另一个相关的问题：如何判断一个人是否有心理障碍？比如，有的人说："我经常失眠，休息不好，算不算心理障碍？"又有同学说："我有时情绪非常低落，有时情绪又非常高昂，算不算心理障碍？"

判断一个人的心理、行为是否正常，会涉及许多方面。比如，人类心理状态从正常到异常是一个连续体，正常和异常之间很难找到一个清楚的界限或者根本就没有确切的界限。再者，一个人的行为在某些背景下属于正常，而在另一些背景下可能就属于不正常。比如，第一次见面的人拥抱并亲吻额头，在某些西方国家是一种正常的社交礼仪，但在某中国可能就让人不太容易接受，人们会想："这个人怎么啦？他是不是有什么问题？"再比如，有两个人都不常与人交往，深居简出，其中一个人乐在其中，喜欢独处的宁静，而另一个人却深陷痛苦之中，倍感孤独寂寞却又无可奈何。这两个人的外在行为可能类似，但心理状态就属于不同的情况。

判断一个人是否有心理障碍并不是一件很容易的事。所以，在判断心理障碍时并不能轻易地下结论。不过，研究者们的判断标准虽然有部分差异，但基本观点是一致的，我们在此介绍一下国外几位研究者（Nevid，Rathus & Greene）的判断标准①。

（1）不同寻常的行为。当然，并不是所有不同于一般人的行为都源于心理障碍，一些对社会或个体有益的行为，如过目不忘、舍己救人等就不属此类。

（2）社会不能接受或打破社会常规的行为。当然有的超出社会常规的仍然能被人们接受，如神童的超常智能与行为。

（3）对现实的感知或解释是错误的，例如出现幻觉或妄想。

（4）处于明显的痛苦中，例如出现了过分的或长期的焦虑、恐惧、抑郁等情绪。

（5）行为是非适应性的或自我挫败式的。也就是说，某种行为方式无法使当事人适应环境，也无助于其能力的发挥。如无缘由地反复洗手等。

（6）行为具有危险性，这种危险可能是针对他人的，也可能是指向自己的，如自杀、自虐等行为。

当然，具体到某一种心理障碍，各国都有相对具体的分类及判断依据。这一点，在下面的内容中会有具体介绍。

在此，需要强调的是，既然对心理障碍的判断并非易事，因此，在生活中，我们就要避免仅仅凭某一单纯的事件、现象就轻易给人贴上"心理障碍"或"心理变态"的标签，以免给当事人增加不必要的心理负担，从而掉进负性心理暗示的漩涡，使得本来只是一点小问题最后演变为大问题。

【自我探索】

1. 你如何看待心理障碍？
2. 如果你的周围同学或亲友有心理障碍，你会怎么看他（她）？你会怎么对他（她）？

---

① 钱铭怡．变态心理学［M］．北京：北京大学出版社，2006：5.

第二节　大学生常见心理障碍

在大学生中，比较常见的心理障碍有心境障碍、人格障碍、习惯与冲动控制障碍、性心理障碍，我们来对它们一一解读。

一、心境障碍

在第八章情绪管理部分我们已经了解到人类情绪可能会出现问题，而且绝大部分大学生都曾经体验过在某一时期的低落情绪，甚至可能会经历过抑郁、巨大的悲伤、悲观甚至绝望。一般情况下大多数人由于情境的变化或自我的调整都能恢复到一个较好的或至少是正常的状态。因此，一般状态下的负性情绪是人类生存的必然经历，一个人在遇到能引起忧伤或悲痛的事件时，如果没有抑郁或其他负性情绪的体验，反而可能是不正常的。但是，一般情况下的抑郁等负性情绪还不能称之为心理障碍，而长期的、严重的负性情绪，不能胜任正常的学习和生活等则可能形成心理障碍。

心境障碍是以情感或心境改变为主要特征的一组心理障碍。心境障碍的人在某几天或几周内可能会突然陷入困境绝望和躁狂状态。一旦病情发作，当事人在某一段时间内或者也可能恢复到正常或接近正常的状态，但更多的时候是症状持续不能缓解，并出现更严重的情感紊乱。

大学生中，常见的心境障碍主要有抑郁症、躁狂症、躁郁症、恶劣心境障碍。

（一）抑郁症

有调查显示，抑郁症在国内大学中的发生率为2%～5%，且呈上升趋势，多起校园事件都可能与抑郁有关，甚至被称为“校园杀手”。其中，在女大学生中的发生率要高于男大学生。那么，抑郁症何许物也？世界卫生组织的报告表明，抑郁症最常见的症状是忧愁、寡欢、焦虑、紧张、缺乏精力、丧失兴趣、集中注意力的能力丧失、缺陷观念和无用观念。

1. 抑郁症的主要特症

（1）抑郁心境。这种抑郁心境包括从轻度抑郁到极度的无助感。轻度抑郁者可能常常哭泣，而重度抑郁的人想哭却哭不出来，感觉绝望、孤独。这种心境会扩散到很多方面，比如，处在抑郁心境的人看不见晴朗的天空和洁白的云朵，感觉不到舒适的清风习习。在他们看来，天空永远都是灰蒙蒙的，空气总是那么令人沉闷、窒息。

（2）兴趣和乐趣的丧失。患抑郁症者还有另一个明显的特点是兴趣和快感的缺乏。对以前很喜欢做的事情现在都提不起兴趣、感觉乏味。比如，学习不再有乐趣，各种文娱活动也不再对自己有吸引力，甚至对正常的人际交往也懒得应付。许多抑郁症者成为宅男或宅女，整日待在宿舍中，甚至对上课都没有兴趣。

（3）食欲紊乱。患抑郁症的人食欲很差、体重减轻，也有的食欲异常增加、体重猛增。

（4）睡眠紊乱。失眠是抑郁症的一个显著特征。有的入睡困难，有的难以进入深度睡眠状态，短暂的睡眠后就醒来，之后就难以入眠。但也有一些抑郁症者的睡眠时间异常增加。

(5) 精神运动性迟缓或激越。有的抑郁症者看起来非常疲乏，运动缓慢审慎，声音低沉、犹豫不决，回答问题前会长时间停顿。有的则不停地活动，不知休息。

(6) 精力减退。抑郁症者总感到疲惫不堪，做什么都提不起劲头，感到无力去做。

(7) 无价值感和内疚感。无价值感也是抑郁症的一个典型特点。他们常感到自己一无是处，哪方面都乏善可陈。学习不如别人、人缘不好、没有魅力、缺乏吸引力，找不到生活的意义和价值。伴随着这种无价值感，他们常感内疚，总是将事情的错误揽到自己身上。比如，有一个家庭困难的抑郁症者将家庭陷入经济困境的原因归结于自己高昂的学费，认为如果自己不上大学，家人也不会遭遇这些困难。

(8) 自杀的想法。重度抑郁症者甚至经常想到自杀，认为自杀是一种解脱，对人对己都有好处。有的人会设想周密的自杀计划，甚至有些严重的抑郁症者会实施自杀行为，造成宝贵生命的陨落。2008年上海市23起大学生自杀事件中，有半数以上是由于不同程度的抑郁引起的。事实上，抑郁症是导致自杀的最常见因素之一，三分之二的抑郁症者会有自杀的念头。

(9) 思维困难。抑郁状态下的人思维会减慢，注意力难以集中，记忆力衰退。以前能胜任的任务现在也会非常吃力，学习能力下降。

补充阅读 12—1

自杀的警戒信号[①]

A. 表达自杀想法或过度关注死亡。
B. 以前有过尝试自杀的经历。
C. 亲密朋友或家庭成员的死亡。
D. 放弃珍贵的所有物，或将自己平时珍惜的物品送予他人。
E. 抑郁或绝望。
F. 对慢性疾病的绝望。
G. 社会隔离。
H. 睡眠和饮食习惯改变。
I. 显著的个性变化。
J. 无力感。
K. 自我伤害或其他轻率行为。
L. 失恋或家庭变故等突发性生活事件。

如果某人的情况和上面现象相符，可能是抑郁症的表现。但是，是不是抑郁症，还要根据严格的诊断标准来判断，切不可妄自对号入座。除了严格的诊断标准之外，还有用于

① 卡伦·达菲，伊斯对伍德·阿特沃特著，张莹等译．心理学改变生活［M］．北京：世界图书出版公司，2006：438.

自查的抑郁评定量表。当然，这样的评定量表不像诊断性量表那样严格，只能用于筛查或抑郁程度的评价。

补充阅读 12-2

常见的对自杀的误解①

A. 自杀是一种不合理的行为。从自杀者的角度看，几乎所有采取行动自杀行为的人都有充分的理由。如果我们不能理解和接纳他们，我们就很难取得他们的信任，对他们的帮助也就难以进行。

B. 那些声称要自杀的人并不会真的自杀，只有一声不吭的人才会自杀。这一看法非常错误。一项研究发现，其中一半人在自杀前 3 个月明确说过他们要自杀。也就是说，人们说自己要自杀时，他们可能是认真的。

C. 试图自杀但失败了的人并不是真的要自杀，他们只是在寻求别人的同情。相反，在所有的自杀成功者中，有 40% 曾有过自杀的经历。先前的自杀尝试越多，自杀成功的可能性就越大。

D. 不应与大学生提及自杀的话题。持此观点的人认为，这样做可能会提醒本来不想自杀的人产生自杀的念头，或者，如果一个人已经有自杀的想法了，这样做会强化这一想法。这种说法也是片面的。几乎所有的心理治疗家都认为应鼓励病人谈论自杀的想法，这样才有可能帮助我们与自杀者建立起信任关系，使其获得控制感，进而才能帮助他们克服这种想法。

E. 自杀者的确想死，所以阻拦他们是没用的。企图自杀者中只有很少一部分人坚决要死，大多数人是在与死亡赌博。他们往往期望有人来救他们。因此，及时给予真诚的关注和援助非但是必要的，也是有效的。

F. 一个人自杀未遂后，自杀的危险就结束了。事实上，自杀最危险的时候可能是情绪高涨期。当想自杀的人严重抑郁后，或刚刚自杀未遂，变得情绪活跃起来的时候，自杀的危险最大。

G. 自杀者有精神疾病。事实上，仅有少部分自杀者患有精神疾病。自杀者中的大部分是具有严重抑郁、孤独、无助、被虐待、受打击、深深失望、失恋或者别的情感状态的正常人。

H. 自杀是一种冲动性的行为。事实上，有些自杀是冲动行为，另一些则是在仔细考虑后实施的。

2. 什么导致了大学生的抑郁

遗传素质和人格特点可能是大学生患抑郁症的基础，突发生活事件和慢性应激可能是诱因。

容易诱发大学生抑郁的社会心理因素有：学习压力、社会适应、贫困大学生的生活压力、失恋、就业压力等。大学阶段的学习方式与中学阶段有很大的区别，有些大学生已经

① 钱铭怡．变态心理学［M］．北京：北京大学出版社，2006：178.

习惯了中学细嚼慢咽、啃书本式的学习方法，难以适应大学的学习。如果不能及时调整，容易发展为抑郁。有的大学生难以适应大学的环境，如丰富的校园文化活动、宿舍环境、人际关系等。久之变得越来越孤僻，这也是导致抑郁的重要原因。此外，贫困大学生的经济压力及由此而衍生出的心理压力也可能会导致抑郁。失恋等重要的丧失会引起大学生的应激反应，如果这种应激反应不能很好地得以调解，也可能会引起抑郁。准毕业生所面临的越来越严峻的就业压力也是导致抑郁的一个重要方面。

一般情况下，我们可能更多地看到导致大学生产生抑郁的外部因素。然而我们经常看到，有些大学生虽然也曾经经历了一些令人沮丧的生活事件，但他们却没有受到过多的负面影响，有的虽然在短时间内处于负性情绪状态，但经过一段时间的调整后能恢复到正常状态。因此，除了外部诱发因素之外，某些人本身所具有的心理特点也是导致抑郁产生的原因。易患抑郁症的人有如下人格特点：①内向、自卑；②人际交往能力差；③喜欢思考，且喜欢穷思竭虑。④过于追求完美，对自己要求严格甚至苛刻。⑤敏感，自尊心强，非常在意别人对自己的看法。⑥悲观，多愁善感。即抑郁气质类型的人更容易患有抑郁症（如林黛玉）。因此，如果你有这样的人格特点，就需要特别注意，及时完善自己的人格，培养乐观开朗的性格特点（详见第六章）。

图 12-1　你有“抑郁”特质吗？

（二）躁狂症

躁狂症的主要特征如下。

1. 情感高涨、易激惹

这是躁狂症的主要特征。其典型表现是，当事人自我感觉极好，对世界充满了美好的想象，对他们正在做或要做的事情充满了热情。但这种热情与普通人的区别是，他们特别容易受到激惹，他人的一点刺激可能会引起他们极大的情绪反应。他们认为自己才华非凡，往往会瞧不起别人，认为别人笨拙、愚蠢，出于妒忌会故意为难、敌视他们。

2. 自尊的膨胀

他们总是把自己看做是重要的、强有力的、有魅力的人物，才华横溢，对未来充满了极其美好的幻想，认为自己一定会成就一番辉煌的成就。比如，有一位大学生非常瞧不起本校的教师和学生，认为他们全是一群平庸之辈，经常逃课，不完成作业，认为自己所拥有的才华不一般。他说他设计了一套第29届夏季奥运会的广告宣传方案，要拿给北京奥组委依此方案进行宣传。其实他并没有做出成熟的方案，只是零零碎碎地写了几条在一张纸上。

3. 睡眠时间减少且精力充沛

他们的睡眠时间明显减少，只需睡2至3小时，但并不因睡眠时间短而萎靡不振，相反却精力充沛。

4. 言语增多

他们特别喜欢讲话，一打开话匣子就滔滔不绝，话语声音较大且速度很快，别人很难插进话去。

5. 思维奔逸

他们的思维非常活跃，思考速度特别快，而且思维的跳跃性较大，总是从一个还没谈完的话题飞快地转入另一个话题。

6. 注意力分散

他们的注意力很容易分散，难以集中注意于某一个事物。

7. 行为鲁莽、冲动

他们常常不听从别人的劝告，特别容易做出一些冲动性的行为，比如无节制地花钱，甚至入不敷出。他们在交友时也不慎重，显得较为轻浮。

（三）双相心境障碍

也称躁郁症。是一种既有躁狂发作又有抑郁发作的心理障碍。一般会先出现躁狂发作，然后可能有一个正常的间歇期，然后是一次抑郁发作，之后又进入一个间歇期，循环往复。也可能在一次躁狂发作后紧接着进入一次抑郁发作，之后才有一段间歇期。躁郁症在大学校园中时有发现，应引起大家的注意。当然，大部分情况下，心境的起伏变化属于正常现象，一时的、可控的悲喜等心境变化是人类体验丰富人生的表现，是人类富于魅力、感染力的表现。

（四）恶劣心境障碍

也称心境恶劣，是一种轻度的抑郁。他们内向、忧郁、沉闷、拘谨、缺乏精力、自尊水平低，缺乏获得快乐或体验快乐的能力。可能还有饮食、睡眠、思维等的紊乱，与抑郁症很相似，只是程度比较轻。

目前，有一部分大学生处于心境恶劣状态。流行于大学校园里的一句“郁闷”，反映了他们现实的心境状况，可见，恶劣心境障碍在大学校园里并不陌生。其发生率约为抑郁症的一半。

二、神经症

12—1

我要去竞选

小梅是一名大学一年级学生，她的入学成绩优秀，高中期间曾做过班干部。进入大学后，面对丰富多彩的大学校园生活，她很兴奋，很想参加一些学校的社团活动。最近，她了解到院学生会在招收新干事，就去报了名。不过，要成为一名学生会干事，需要经过竞选程序，择优录取。对此，她做了积极的准备，了解竞选流程、竞选内容，准备演讲稿等。可是，在竞选前夕，她突然感到一种莫名其妙的焦虑、紧张。在竞选那天，轮到她出场时，她的身体僵硬、表情木讷、手心不停地流汗，大脑一片空白，竟一句话也没说出来，只好匆忙下场了。从此以后，她不敢再参加竞选，甚至在上课发言时也会感到紧张不安，回答问题时语无伦次。为此，她感到痛苦不堪，想改变却又无能为力。

神经症是一组有一定人格基础，起病常受心理社会环境等因素影响的心理障碍。主要表现为焦虑、恐惧、强迫、疑病、神经衰弱等。神经症的当事人所处现实处境与其心理表现不相称，且当事人对这些不合理的表现有清楚的认识，对此感到痛苦或无能为力。大学生中常见的神经症包括焦虑症、恐怖症、强迫症、神经衰弱等。

（一）焦虑症

大学生是焦虑症的高发人群。尤其对于女大学生，焦虑更是最常见的心理障碍。让我们一起来了解什么是焦虑、什么是焦虑症以及它们对大学生的影响。

1. 什么是焦虑

焦虑是一种内心紧张不安、预感到似乎要发生某种不利情况而又难以应付的不愉快情绪，主要发生在危险或不利情境来临之前。也就是说，它是当事人对未来的一种情绪反应。焦虑是一种很普遍的现象，几乎人人都有过焦虑的体验。

人们往往对焦虑给他们带来的苦恼较为关注，但事实上，焦虑本身是中性的。美国心理学家马斯洛指出，焦虑分为两种，一种是成长性焦虑，一种是抑制性焦虑。如果某种焦虑促使你去改进自己、完善自己，这就是成长性焦虑，如果某种焦虑阻碍了你正常水平的发挥，这就是抑制性焦虑。在许多情况下，适度的焦虑是必要的，也是有利的，它会激发当事人调动自身的资源，发挥出自己的潜能，超越当前的限制。研究者发现，在一项任务面前，中等程度的焦虑最有利于任务的解决。过低或过高的焦虑都不利于任务的完成。比如，在考试前夕，适度的焦虑会提醒我们要抓紧时间学习，努力寻找相关的资源，合理安排自己的时间等，这有利于我们考出一个好成绩。因此，我们要充分认识到焦虑并不都是有害的，它有多重作用；我们也不必见焦虑色变，焦虑是每个人都不可避免的一种情绪体验。从心理健康的角度来说，焦虑具有保护性意义，是人的一种自我保护机制。但是当焦虑水平过度，或无明显的诱因时，会不利于人的长远发展，成为一种心理障碍——焦虑症。

2. 焦虑症的特征

（1）紧张不安和忧虑的心情。处于焦虑中的人会感到一种难以控制的紧张和担忧，这种紧张担忧可能是突然而来，也可能是由某件事而生的一种无缘由地紧张，担忧将要发生的事或将要面临的情境中会发生自己身上。

（2）注意困难、记忆不良、敏感。如有一位女大学生要考研究生，虽然很想学习，但人坐在教室里，注意力却难以集中到参考书上，根本看不进去。即便是勉强坚持，但也记不住，或者今天记明天忘。在学习时要求环境绝对安静，有一点点噪音就让她难以忍受。

（3）伴发的身体症状。如表情紧张、双眉紧锁、脸色苍白、姿势僵硬而不自然、小动作增加等，以及血压升高、心跳过速、胸闷、呼吸困难、肌肉紧张、头痛、颤抖、口干、两手湿冷、出汗、尿频、腹泻或大小便失禁、毛发竖起等。

（4）由于过度紧张而使任务完成质量及效率大大下降，甚至难以完成。如语言能力受到影响，严重者出现口吃等症状。

（5）有的可伴有睡眠障碍，比如入睡困难、睡眠浅、多梦等。

焦虑症会限制大学生正常的学习、生活和社会实践，有的人因为考试焦虑在考研前不久放弃考研，有的人因为在众人面前演说、发言等焦虑而逃避类似的活动，有的人因为过度焦虑在面试时不能很好地发挥自己的水平等等。这些都给大学生带来了很大的痛苦，不利于他们的全面发展。

3. 焦虑的心理社会基础

焦虑与遗传有关。父母有焦虑特质的，其后代比其他人更容易焦虑。他们可能在无明显诱因的情况下就会产生持续的、广泛的焦虑。

除了遗传因素，心理社会因素对焦虑的形成有着更重要的影响。心理分析学派认为，自我与本能冲动之间的无意识冲突是导致焦虑产生的根源。早期亲密关系中，不良的家庭教养方式，如父母过于严厉，经常受到惩罚和威胁的孩子很少感受到来自家庭的温暖和关怀，久而久之，孩子会逐渐发展出脆弱的、不自信的、冲突的自我，过于看重他人对自我的评价，对他人的敌意敏感，或认为他人是敌意的。因此，成年后，他们会竭力克服或掩盖自己的弱点，但是，如果压力大于动力，压力会摧毁他们建设性地应对环境的能力。尤其是如果偶然遇到能够激发他们“回忆”起幼年经历的类似事件时，他们在童年期曾经体验过的难以应付、无所适从的感觉瞬间被诱发出来。因此，当再次遇到相同或类似的事件或情境时，他们就会再次感到紧张焦虑，继而可能使他们持续地感受到害怕和焦虑。引起焦虑的诱因往往是导致冲突的、不可预知的情境或事件。例如，人们在即将考试、登台演讲或演出、会见重要人物时，常有焦虑体验。

人本主义学派也认为焦虑产生的原因在于个体在儿童期没有得到父母无条件的积极关注，使他们没有学会接受与表达自己的真实情感与愿望，而只是接受符合父母期望的那一部分自我。成年后，他们把那些被生活中重要他人赞赏、接纳的内容纳入其自我概念，其他的都被排斥在外。当外在情境与其自我概念不一致时，他们就会感到焦虑。自我概念与现实环境的差距越大，焦虑就越严重。

（二）恐怖症

1. 什么是恐怖症

恐怖症是指对于特定事物或处境具有强烈的恐惧情绪，当事人采取回避行为，并有焦虑和植物性神经功能障碍的一类心理障碍。其实，尽管所惧怕的事物或场所并没有真正的危险，当事人依然会极力回避它们。当事人也知道自己的害怕是不合理的，但还是不能控制恐惧的发生。

2. 恐怖症的类型

(1) 社交恐怖症。表现为对需要讲话或被人观看的情境有焦虑反应，多有回避行为。恐惧对象主要为社交场合和人际接触等，如见人时脸红害怕，怕直视别人的眼睛等。社交恐怖在大学生中很常见，不过大多数人的恐怖程度不是很深，只有极少数会发展到恐怖症的程度。但是，因为社交情境往往是难以回避的，因此，社交恐怖对当事人的影响是非常大的，给当事人带来了极大的痛苦。

社交恐怖症的特征：害怕自己当众出丑，因而害怕当众说话或表演，见人脸红害怕，或当他人在场时手发抖而不能写字或打字，并伴有心跳加快、出汗等现象。

(2) 广场恐怖症。恐怖对象主要为某些特定环境，如高处、广场和拥挤场所等。

12—2

怕老鼠的女孩

小丽就读于一所大学的三年级，有一天，她的同学说宿舍可能进老鼠了，小丽的表情突然变得特别严肃、害怕，吓得再也不敢一个人在宿舍休息。后来证实宿舍里并没有老鼠，但小丽还是对老鼠之事耿耿于怀。甚至不敢看老鼠的图画，同学提到“老鼠”这样的字眼时她也心头一惊。同时，心跳加快，表情紧张、眉头紧皱。

(3) 特殊恐怖症。特殊恐怖症又称单纯恐怖症，是指对存在或预期的某种特殊物体或情境的不合理焦虑。案例 12—2 中的小丽就是特殊恐怖症的一种。特殊恐怖症最常见的恐怖对象有：动物、昆虫、登高（恐高症）、雷电、黑暗、外伤或流血（如晕血症）、某种特定的疾病（如性病、艾滋病等）。

(三) 强迫症

12—3

我会不会解剖我的父母?

医学院二年级女生小芳在上解剖课时突然产生了一个想法：“将来有一天我会不会解剖我的父母?”这种想法一旦出现就难以控制，以后总是不由自主地出现，以至于上其他课时也经常会出现这样的想法，从而影响了学习。不仅如此，后来发展到其他时间也不时会出现这种担心，如就餐时、走路时，尤其是周末回家时，这种想法就更难以控制。偶尔在梦中也会出现她解剖父母的图像，为此她非常苦恼，想控制它却又无可奈何。

1. 什么是强迫症

以反复出现的强迫观念和强迫行为为主要特征。强迫观念是一种或几种反复进入当事人意识领域的思想、表象或冲动意向，尽管当事人努力去排除这种想法，但却徒劳无功。强迫行为是一种或几种反复出现的刻板行为或动作。

强迫症在大学生中也是比较常见的。也许有些人还没有严重到成为强迫症，但许多人曾经有轻微的强迫倾向。比如，许多人曾经多次检查门是不是锁好，不停地考虑第二天的竞选会不会成功等。但如果没有影响到生活或影响不显著，就还没有发展为强迫症。

2. 强迫症的类型与特征

强迫症分为强迫观念和强迫行为。

（1）强迫观念。①强迫思维。一些字句、观念或信念，反复进入当事人的意识领域，干扰了正常思维过程，但又无法摆脱。具体表现形式有：A 强迫性穷思竭虑。对日常生活中的一些事情或自然现象，寻根究底、反复思考，明知缺乏现实意义、没有必要，但又不能自我控制。B 强迫怀疑。对自己言行的正确性反复产生怀疑，明知毫无必要，但又不能摆脱，常因此伴有强迫行为。如出门时怀疑门窗是否关好、锁好，一遍一遍地检查，但还是不放心。C 强迫联想。大脑里出现一个观念或看到一句话，便不由自主地联想起另一个观念或语句。D 强迫性回忆。对过去的经历、往事等反复回忆，无法摆脱。②强迫表象。大脑中反复出现逼真、形象的内容。这种表象通常是令当事人难堪或厌恶的。③强迫性恐惧。害怕自己失去控制，做出什么伤害他人、违反社会规范甚至是触犯法律的事。主要是对自己这种情绪的恐惧。案例 12－3 中的小芳即属于这一种。④强迫意向。又称强迫性冲动，反复体验到要做某种违背自己意愿的动作或行为的强烈冲动，感觉自己马上就要控制不住地去行动了（但从来没有真正的行动）。

（2）强迫行为。①强迫洗涤。如洗手、洗衣服、擦洗桌椅等。②强迫检查。多数因强迫性怀疑而起。如检查门是否锁好、电视是否关好，出门要带的东西是否准备完备等。③强迫询问。不相信自己，为了消除疑虑带来的焦虑，不厌其烦地反复要求他人给予解释或保证。④强迫计数。反复计算如台阶数、高楼的层数、路边的树木数等。⑤强迫整理。强烈地坚持按固定的样式或顺序摆放某些物体，过分要求整齐。⑥强迫仪式。某种行为必须严格遵循一种固定的程序，稍有差错就要从头做起，否则就会产生更加强烈的焦虑和不安。⑦强迫性迟缓。过分强调事物的对称性或精确性，从而导致动作迟缓，并且明显影响其社会功能。如，看书时目光保留在第一行而不能往下读。

3. 强迫症的心理社会基础

大多数人曾经有过担心伤害他人、担心门窗没关好等类似的想法甚至一些重复性的行为，但是只有少数人才会发展为强迫症。研究发现，强迫症的形成除了与遗传有关，还与相关的心理社会因素有关。强迫观念也好，强迫行为也好，都是当事人无意识地用这些方式来减轻其内心的焦虑与不安全感。易发展为强迫症的人格特点有：性格拘谨、刻板、犹豫不决、过分注意细节、完美主义。与常人相比，他们有着过高的品行和道德标准，且僵化、教条，不允许自己头脑中有不良的想法，如果大脑中一旦出现这样的“肮脏”的想法，他们就无法容忍，认为应该控制一切想法和行为。这种人格特点的形成往往与当事人的幼年经历及生活环境尤其是心理环境有关，比如，许多强迫症者往往有要求非常严格的父母，他们往往对父母的权威有一种过分的恐惧。

（四）神经衰弱

1. 什么是神经衰弱

神经衰弱是一种以脑和躯体功能衰弱为主的神经症，它以精神易兴奋、脑力易疲劳为特征，表现为紧张、烦恼、易激惹等，以及肌肉紧张性疼痛和睡眠等生理功能紊乱①。

2. 神经衰弱的产生原因

神经系统功能过度紧张是神经衰弱的主要原因。能引起持续的紧张心情和长期的内心冲突的一些因素，如学习压力过大、人际关系紧张、恋爱、社会实践等方面挫折是神经衰弱形成的主要原因。大脑的过分紧张及情绪的持续紧张，学习和实践安排不当，忙乱无序，缺乏劳逸结合，生活、睡眠规律紊乱等，也可能导致神经衰弱。另外，某些性格特点是神经衰弱的可能诱发因素，如孤僻、胆怯、敏感多疑、好强、遇事易紧张、缺乏自信等。

3. 神经衰弱的特征

(1) 脑力方面：易疲劳，无精打采，自感大脑迟钝，注意力不集中或不能持久，记忆力差，体力也易疲劳，学习、工作效率显著下降。

(2) 情绪方面：烦恼，紧张而不能松弛，易激惹，对现实生活中的矛盾感到困难重重，难以应付。可有焦虑或抑郁，但不占主导地位。

(3) 神经兴奋性：精神易兴奋，回忆和联想增多，且控制不住，回忆时往往带来的是不愉快的感觉。分散性思维活动很活跃，但却难以将这些思维集中于某一种当前需要做的事情上，由此给当事人带来难以控制的痛苦。有时，当事人对声音、光线等很敏感。

(4) 睡眠障碍。如入睡困难、多梦，睡眠质量不高，无睡眠感（实际已睡着，但当事人却感到自己没有睡着），睡眠节律紊乱（晚上失眠，白天无精打采）。

(5) 其他心理生理障碍，如头晕眼花、耳鸣、心慌、胸闷、腹胀、消化不良、尿频、多汗等。

(6) 肌肉紧张性疼痛。

三、应激相关障碍

与应激相关的心理障碍主要是由于应激事件给当事人造成心理上的巨大冲击，在应激事件发生后可能会立即产生急性应激反应。如果这种急性应激反应没有得到较好的处理，应激事件就会演变为创伤事件，创伤事件发生几星期后可能会出现创伤后应激障碍。除此之外，与应激相关心理障碍还包括适应性障碍。

（一）急性应激反应

1. 什么是急性应激反应

急性应激反应又称急性心因性反应，是指由于遭受到严重的急剧的心理社会应激因素后在数分钟或数小时之内所产生的短暂的心理异常②。这种反应一般在数天或一周内就会有所缓解。

2. 容易引发应激反应的应激事件

易引发应激反应的应激事件主要有以下几种：一，急剧发生的自然灾害，如地震、山洪暴发、亲人的突然受伤或死亡等；二，人为灾难，如重大交通事故、火灾、爆炸、家园被毁、重要的丧失等；三，暴力、犯罪和恐怖主义事件，如绑架、性侵犯、被殴打虐待或

① 钱铭怡．变态心理学［M］．北京：北京大学出版社，2006：187.

② 张伯源．变态心理学［M］．北京：北京大学出版社，2005：161.

目睹这些事件的发生等。在这些应激事件发生时，人会在短时间内处于高度压力之下，如果压力超出了个体的应付能力，则可能会引发应激反应。

3. 应激反应的表现

在遭受急剧的应激事件后，当事人表现为突然呆若木鸡，不言不语，对周围的人或事物视而不见、漠不关心。或极度恐慌、紧张、惊叫，或做出一些冲动性的盲目性的行为。还有的会表现出心烦、毫无缘由地多疑、注意力不集中、思维混乱、情绪不稳定、自责、焦虑、慌张、易怒、行为退缩。

（二）创伤后应激障碍

1. 创伤后应激障碍的含义及引发事件

创伤后应激障碍是指经历异乎寻常的威胁性或灾难性应激事件或情境，使人产生巨大的痛苦，由这种痛苦而引起心理障碍的延迟出现或长期持续存在。其特点是时过境迁后，痛苦体验仍然驱之不去，持续回避与事件有关的刺激，并长期处于警觉焦虑状态①。这些威胁性或灾难性应激事件包括严重事故、战争、地震、火灾，遭遇绑架、虐待、性侵犯或其他恐怖犯罪活动，亲人的突然伤亡，或目睹他人惨死等。

2. 创伤后应激障碍的表现②

（1）反复回忆创伤性体验。无法控制地回忆创伤经历或体验，或在梦中反复出现创伤性事件，或者是做噩梦。对与创伤情境相似或相关的刺激异常敏感，这些刺激会迅速诱发当事人因触景生情而产生极大的痛苦及相关的生理反应，如面色苍白、心悸、出冷汗等。

（2）回避与创伤性事件有关的刺激，或情感麻木。如 2008 年 5·12 汶川地震发生后有些幸存者看起来似乎对其他遇难者或亲人、幸存的人漠不关心，表情呆滞，给他人的感觉好像冷酷无情。他们对许多活动的兴趣显著减退，活动范围变窄。有的还发展为抑郁症，甚至导致自杀。

（3）警觉性增高。容易受惊吓、易激惹。有的伴有睡眠障碍，注意困难。还有的会出现抑郁、内疚等情绪反应，以及发作性暴力行为等。人为灾难会引发当事人对他人的不信任，对他人或社会的敌视、报复心理。还有的会发展为对自己的自暴自弃，甚至发展为以酒买醉等物质、行为成瘾。

（三）适应性障碍

适应性障碍指的是由于长期明显的生活环境改变或应激事件后的适应期间，主观上产生痛苦和情绪变化，并常伴有社会功能受损的一种状态。随着时间的流逝，环境的改变或形成了新的适应，这种适应性障碍也会随之缓解或消除。相对于急性应激障碍与创伤后应激障碍来说，适应性障碍发展得较为缓慢。大学生中常见入学适应困难，多数经过自身或他人的帮助会顺利渡过，极少数会发展为适应性障碍。

适应性障碍所引起的不适主要表现为情绪方面，如焦虑不安、烦恼、抑郁、胆小害怕、易激惹等，人际关系受损、沉默寡言、不爱与他人交往，或者生活没有规律，有的还可能表现为攻击性增强或其他品行问题。有的还伴有生理功能紊乱，如失眠、食欲不振等。这些表现常常出现于环境改变或应激事件后 3 个月内，持续时间一般不超过 6 个月。

---

① 钱铭怡．变态心理学［M］．北京：北京大学出版社，2006：228.

② 钱铭怡．变态心理学［M］．北京：北京大学出版社，2006：230.

12－4

过分“活跃”的男孩

小亮16岁，是一位高职学生，他长得很帅气，看起来也比较单纯。不过，和他的外表不太相符的是，他在上课时显得过分活跃，要么做出一些怪动作，要么发出一些怪声音，要么是迟到。每当老师在上课时批评他，他就显得异常兴奋，保持安静的时间超不过五分钟就又开始哗众取宠，以至于只要有他在，课就没法上。所有的老师都对他感到很头疼。但是在课下找他谈话，他又显得很温和、很懂礼貌，而且很诚恳地一再表示改正自己的错误。但上课时又故态重演。后来了解到，他儿时父母就开始忙于生意，早出晚归，无暇顾及他和妹妹，他很少能见到父母。他的学习成绩也不好，只有做出一些哗众取宠之事才能吸引到父母、老师和同学的关注。为了帮助他，老师在上课时对他多一些关注，常根据他的能力给他提供回答问题的机会，还引导他将自己的爱好与戏剧表演结合起来。但他却误以为是因为他长得帅，老师“喜欢”他才关注他。

四、人格障碍

（一）什么是人格障碍

人格障碍也是大学生常见心理障碍的一种重要类型。

人格障碍指的是人格特征显著偏离正常，使当事人形成了一贯的反映个人生活风格和人际关系的异常行为模式。这种模式显著偏离特定的文化背景和一般认知方式（尤其在待人接物方面），且明显影响其社会功能与职业功能，造成对社会环境的适应不良，给他人和社会带来损害，也给当事人自己带来了痛苦[①]。

人格障碍主要表现在情绪体验和行为反应上的不适应，不是过头，就是不足，因此他们一般人际关系欠佳，对于社会应激事件的耐受力低。因此，人格障碍似乎是心理疾病的温床，对大学生的心理健康及身体健康都有巨大的潜在性威胁。有研究表明，人格障碍与神经症、精神病症（如精神分裂症）、心境障碍等有着密切的联系，许多都有着相应的人格障碍基础。所以，人格障碍值得引起我们的注意。

（二）人格障碍的基本特征[②]

张伯源对人格障碍的特征做出了总结和归纳：

（1）人格障碍一般是在没有神经系统形态学的病理变化情况下，出现人格的严重缺陷，表现出人格严重偏离正常或人格发展的内在严重不协调。

（2）对环境适应不良的行为模式重复出现，由于当事人往往不能从一次次失败的行为后果中吸取应有的教训做出相应的改变，而总是固执地坚持适应不良的行为模式，因此，很难做出适应性行为，并重复出现适应不良的后果。

（3）对自己的人格缺陷缺乏自知力，不能用正确的认识有效地指导自己的行动，也不

① 张伯源．变态心理学［M］．北京：北京大学出版社，2005：85.

② 张伯源．变态心理学［M］．北京：北京大学出版社，2005：87－88.

能从过去的错误挫折和生活经验中吸取教训，总是把自己所遇到的任何困难与遭受的挫折都归咎于外界因素或别人的过错，或怨天尤人，叹息自己的命运不济、生不逢时，而不能感觉到自身存在的缺点和过失，并经常把社会情境或外界事物看做是荒谬的。

（4）行为的目的和动机不明确，缺乏稳定性，容易受情绪冲动、偶然动机或本能欲望的支配，而且自控能力差，容易与他人发生冲突或做出违反社会伦理道德的行为。

（5）情感情绪发育不成熟，突出的表现是极不稳定，常变化，易冲动，易激惹，有的对人情感幼稚、肤浅，有的则冷酷无情。

（6）人际关系失调，难以和他人相处。

（7）人格障碍一旦形成则不易改变。

（8）人格障碍的发生一般是从早期开始，在儿童青少年期即有所表现。

（三）大学生人格障碍的主要类型

人格障碍虽然有共同特征，但针对不同的人格障碍来说，它们又表现出各自的鲜明特点。大学生中的人格障碍主要类型及各自的表现如下：

1. 偏执型人格障碍

偏执型人格障碍以猜疑和偏执为主要特点，开始于成年早期，男性多于女性。具有以下特征：（1）对挫折和拒绝过分敏感；（2）对侮辱（无礼）和伤害不依不饶或持久怨恨，耿耿于怀，得理不饶人；（3）多疑，容易将别人的中性和友好行为误解为敌意或轻视；（4）明显超过实际情况所需的好斗和对个人权利执意追求；（5）易有病态性的妒忌，如过分怀疑恋人有新欢或伴侣不忠，但不是妄想；（6）过分自负和自我中心的倾向，总感觉受压制、被迫害，甚至上告、上访，不达目的不肯罢休；（7）具有将其周围或外界事件解释为阴谋等的先入为主的观念，对他人过分警惕和抱有敌意。

2. 冲动型人格障碍

冲动型人格障碍是一种以情绪和行为具有明显冲动性为主要特征的心理障碍，又称为爆发型或攻击型人格障碍。男性明显多于女性。其特征有：（1）易与他人发生争吵和冲突，尤其是在冲动行为受阻或受到批评时；（2）容易走极端，有突发的愤怒和暴力倾向，对由此导致的冲动行为不能自控；（3）做事无计划，也不能预见到自己的行为所可能造成的后果，对事物的计划和预见能力明显受损；（4）不能坚持任何没有即刻奖励的行为；（5）心情和情绪不可预测，反复无常、变化不定；（6）容易产生人际关系的紧张或不稳定，时常导致情感危机。

3. 强迫型人格障碍

强迫型人格障碍的特点是谨小慎微、追求完美主义，内心充满了不安全感。男性多于女性，约70%强迫症者有强迫型人格障碍。

强迫型人格障碍的主要特征：（1）优柔寡断，过分谨慎，表现出深层的不安全感；（2）完美主义，对事物要求十全十美，反复核对检查，唯恐出错，过分注意细节以至于忽视全局；（3）过分认真，顾虑多端，只考虑工作或学习的成效而不惜牺牲休息、娱乐和人际交往，没有什么业余爱好，缺乏友谊；（4）拘泥迂腐，因循守旧，不善于对人表达温情；（5）刻板、固执，总要求别人严格按他（她）的方式做事，否则就感到极不愉快；（6）经常被讨厌的思想或冲动闯入意识，但还不到强迫症的程度；（7）需要在很早以前就对所有的活动做出计划并不厌其烦。

4. 表演型人格障碍

表演型人格障碍又称癔症型人格障碍或寻求注意型人格障碍。其特点是心理发育不成熟，特别是情感过程的不成熟性，他们行事做作、情绪表露过分，特别爱表现自己，容易哗众取宠，总希望用夸张的言行引起他人的注意。案例12—4中的小亮就属于这种类型。这种类型的人格障碍女性多于男性，尤其年轻女性多见。有些表演型人格障碍者可能同时会有抑郁症、强迫症或焦虑症。

表演型人格障碍的特征是：(1) 情绪表达过于表演化、戏剧化、舞台化、夸张；(2) 情感肤浅、易变；(3) 自我中心，自我放纵，不考虑别人；(4) 追求刺激和以自己为中心的活动，如果自己不是人们注意的中心，便感到不舒服；(5) 不断渴望得到赞赏，否则就会感到委屈；(6) 受暗示性高，易受他人影响；(7) 为了个人需要经常玩弄手腕，操纵别人。

5. 焦虑型人格障碍

焦虑型人格障碍又称回避型人格障碍。其主要特点是敏感、易焦虑并由此而退缩、脱离社会关系。这主要缘于其内心深层的不安全感和恐惧感。焦虑型人格障碍的女性多于男性。表现特征有：(1) 持续性的紧张不安，而且这种紧张不安具有弥散性，泛化到许多事物；(2) 习惯性地注意自我体验，或不安全感，或自卑感；(3) 不断地渴望被别人接受，渴望被喜欢；(4) 对批评和反对意见过分敏感；(5) 由于害羞或怕被取笑，常避免甚至拒绝与他人的密切交往，除非别人表示十分欢迎并无条件地不批评他，因此人际关系受限；(6) 对可能的危险估计过于严重，倾向于恐惧和回避，但还不到恐怖症的程度；(7) 生活方式拘谨，过于追求确定性与安全性。

6. 依赖型人格障碍

依赖型人格障碍指的是缺乏自信，不能独立活动，感到自己很笨拙，情愿把自己置于从属的地位，一切悉听他人决定的一种人格障碍。女性多于男性。依赖型人格障碍的形成在很大程度上是由于当事人在幼年时期父母的过度保护或遗弃、或过于严厉造成的。其特征是：(1) 让他人在自己生活的重要方面承担责任；(2) 将自己的需要附属于所依赖的人，过分地服从他人的意志；(3) 不愿意对所依赖的人提出任何需要，即使这种需要是合理的；(4) 自认无能，并缺乏精力；(5) 总是害怕被抛弃、被遗忘，不断要求别人对此提出保证，独处时感到很不自在或不舒服；(6) 在亲密关系结束时感到被毁灭、无助，并迫切地寻求另一个可以依赖的对象；(7) 遇到逆境时常把责任推给他人。

7. 自恋型人格障碍

自恋型人格障碍的主要特征是：(1) 对自我重要性有一种夸大的感受（如，过分夸大其成就和才能，虽没有相应的成就和才能，却盼望被认为是高人一等的），认为自己应享有他人没有的特权；(2) 沉湎于无限成功、权利、光辉、美丽或理想爱情的幻想；(3) 认为自己是特殊的和独一无二的，只能被其他特殊的或高地位的人们（或机构）所了解或与之共事；(4) 要求赞扬；(5) 有一种过分的荣誉感，即不合理地期望特殊的优厚待遇或别人自动顺从他的期望；(6) 在人际关系上是剥削性的，即为了达到自己的目的而占有他人的利益；(7) 缺乏同情心，不愿设身处地地了解或认同他人的情感和需要；(8) 往往妒忌他人，或认为他人都在妒忌自己；(9) 态度或行为骄傲、傲慢，认为自己高人一等；。

8. 反社会型人格障碍

反社会型人格障碍以缺乏道德意识、无内疚感和羞耻心、行为不符合社会规范、经常违法乱纪、对人冷酷无情为特点。一项研究发现，美国的反社会型人格者占总人口的4%至5%之间，男性远多于女性，男性通常始于童年早期，女性则从青春期开始。我国目前尚没有这方面的权威性研究，尤其是在大学生中的发生率还是未知数。但一些高校学生的违法犯罪事件给我们敲响了警钟，我国大学生群体中可能也存在着一定数量的反社会型人格障碍者，需要我们加以注意。反社会型人格障碍的主要表现特征为：（1）对人冷酷无情，缺乏同情心；（2）没有责任心，不顾道德准则、社会义务和社会规章，如不能长久地学习，经常旷课，有违反社会规范及法律的行为；（3）不能与人维持长久的关系；（4）对挫折耐受性低，受挫后易产生攻击甚至暴力行为；（5）危害别人时无内疚感，不能汲取教训，特别是不能在受到惩罚的经验中吸取教训；（6）与社会或他人相冲突时总是为自己辩解，责怪他人；（7）持续存在的易激惹，并有暴力行为，如反复斗殴或攻击别人；（8）行事无计划或冲动；（9）不尊重事实，如经常撒谎、欺骗他人，以获得个人利益。

9. 分裂型人格障碍

国外研究发现，分裂型人格障碍以观念、行为和外貌装饰的奇特、情感的冷淡，以及人际关系缺陷为特点，发生率可能高于其他人格障碍，多见于男性。其表现特征有：（1）性格明显内向（孤独、被动、退缩），与家庭和社会疏远，除生活或工作（学习）中必须接触的人外，基本不与他人主动交往，缺少知心朋友，过分沉湎于幻想和内省；（2）表情呆板，情感冷淡，甚至不通人情，对他人不关心、不体贴，也不发怒；（3）对赞扬和批评的反应差或无动于衷；（4）缺乏愉快感；（5）缺乏亲密、信任的人际关系；（6）在遵循社会规范方面存在困难，行为怪异；（7）对异性不感兴趣。

五、性心理障碍

（一）什么是性心理障碍

性心理障碍又称性变态，指性行为明显偏离正常，以异常的性行为作为满足性需要的主要方式的一组心理障碍。

不过，对性心理障碍的判断会受到社会文化因素的显著影响。随着时代的发展、文化的变迁，在一种文化下被认为是不正常的行为在另一种文化下可能被看做是正常的。比如，对于同性恋的态度，不同的时期、不同的国家、不同的地域和文化之间有很大的差别。在历史上的某些国家，同性恋曾被看做是违反人性的、罪恶的，甚至会被判处死刑。但是，当今社会，在有些国家同性恋被认为是一种心理障碍，在有些国家同性恋被宣布是合法的。因此，判断一个人是否是性心理障碍时，必须要考虑到社会文化因素。一般说来，凡是符合社会所规定的道德规范或法律规定，没有对他人或社会造成不良影响或影响不大，没有使性行为对象遭受损害并感到痛苦即属正常的性行为，否则为异常。

（二）大学生中常见的性心理障碍

1. 易性症

易性症是一种性别认同障碍。易性症者认定自己应有的性别与现有的性别特征和性别身份相违背。他们持续地厌恶自身的性别特征和身份，为此而极为痛苦，强烈要求转换为异性。男女发生率比例为3∶1，但是因为当今社会女性的解放，女性的中性化及男性化趋势越来越明显，也有人认为一些女性的易性症被忽略了，因此才造成男性人数多于女性。

2. 恋物症

恋物症指在强烈的性欲望与性兴奋下，反复收集、玩弄异性所用物品，或异性身体的某一部分（如毛发），而获得性满足的现象。恋物症者几乎仅见于男性。所恋物品均为直接与异性身体接触的东西。恋物症者从不对异性身体造成伤害，只是以异性的衣着等物品为对象。

3. 易装症

易装症是一种特殊形式的恋物症，表现为对异性衣着的特别喜爱，反复出现穿戴异性服饰的强烈欲望并付诸行动，他们常喜欢从头到脚扮得像异性一样，并希望获得别人的赞许。大多数易装症者是男性，他们确信自己的性别，并不要求改变自身性别的解剖生理特征，大多数是异性恋者。

4. 窥阴症

窥阴症是指通过暗中偷看别人的性活动或异性裸体、阴部等来获得性兴奋的性满足。在窥视的同时伴有手淫或在事后回忆窥视的情景时进行手淫。与恋物症类似，这种性心理障碍也几乎仅见于男性。一般说来，窥阴症者性格比较内向、易害羞、不善交际，他们常因其窥阴行为被人发觉后受到惩罚而痛苦，但还是无法控制其行为。窥阴症对受害人很少有身体上的危险，一般没有同受窥视者发生性关系的愿望。

5. 露阴症

露阴症又称暴露症，是指反复多次在陌生的异性面前突然暴露自己的生殖器以求得性欲望的满足，几乎都是男性，20～40岁之间。他们一般没有进一步的性行为企图，但少数人伴有反社会人格障碍，这类人会对受害者有性攻击。大部分露阴症者会选择偏僻、易逃跑的地点，也有一些会选择人流量大的马路边、车站等，春、夏季节较多见。

6. 同性恋

有研究表明，中国同性恋与双性恋人口占社会成熟人口的3%～4%。由于判断标准的差异，对大学生中有过同性恋行为的人或同性恋者占有多大的比例，研究者的观点还不一致，但可以推测，大学生中同性恋者所占的比例可能高于社会人口所占的比例。

如前所述，同性恋在历史上曾被认为是一种罪恶，后来被认为是一种心理疾病，而现代社会由于对文化行为多样性及弱势群体的研究和关注，人们对同性恋的态度也发生了很大的改变。研究结果发现，同性恋只是在性指向上偏离常态，而在精神活动的其他方面却是正常的，甚至是超常的。比如，历史上，确实存在一些为人类社会做出过卓越贡献的同性恋者。因此，2001年我国的心理与精神疾病诊断系统虽然仍保留同性恋的诊断，但只把那些因同性恋行为而伴有焦虑、抑郁、内心痛苦者纳入心理障碍，而无上述症状者不再属于病态范围。但是，社会对于同性恋者的排斥虽然在逐渐减弱，但从未中止，同性恋者由于社会压力而引起的心理障碍——如抑郁、焦虑等现象也屡见不鲜。因此，本书仍将同性恋相关内容叙述于此。

【自我探索】

1. 你如何看待心理障碍？
2. 你自己或周围的人有心理障碍的倾向吗？你如何看待他们？
3. 请对照本节及附录中相关心理障碍的诊断标准及自测题，看看你有没有心理障碍。

第三节　大学生心理障碍的预防与应对

一、我们应怎样看待心理障碍

面对浩瀚深邃的宇宙，面对变幻莫测的大自然，虽然古代有人发出过“人定胜天”这样的豪言壮语，但是，相对来说人类却是如此弱小，生命有限、经验有限，“吾生也有涯，而知也无涯”。虽然人类为万物之灵，但是，就像我们的身体会得病一样，我们的心灵在许多时候也并不是那么强大坚韧。对于大自然的内在规律，许多时候我们是难以把握的，因此不免生出一些胆怯或敬畏，我们的心灵就像在一个迷宫中左右冲突，常常迷茫不知所措，难以找到出口。所以，一个在任何时候都心理健康、从无心理困扰的人可能很难找到。因此，如果你或你周围的人有心理障碍，这并不是一件可怕的事情，也不是一件丢人的事情，你只是暂时陷于迷宫之中，经过自己的努力以及他人的帮助是可以找到心灵的出口的。

二、心理障碍的预防

固然有少数大学生在入学时已有心理障碍的倾向或症状，但大学生心理障碍应以预防为主，将其防患于未然才是上策。预防的办法是保持自己的身心健康，乐观地看待生活，而一旦出现心理上的困扰、烦恼要及时化解掉，具体方法请参照前面相关章节（如情绪的调节、人际关系的维护、健康人格的培养等）。主要应注意以下几点。

（1）坚持健康的生活方式。如饮食、起居、生活有规律，睡眠充足、适量运动、不吸烟、不嗜酒、不吸毒、不进行不良性行为等。

（2）讲究心理卫生。要合理用脑、有张有弛，及时给大脑补充充足的营养，找到自己的生物钟并尽量适应它。

（3）保持乐观、开朗、宽容的心态。

（4）处理好自己的压力，学会情绪管理。

（5）积极参与社会实践活动，扩大自己的探索范围，多做对自己、家庭、社会有价值的事情。

（6）加强人际交往，增进亲密关系，营造自己的社会支持系统。人是社会的人、群体的人，良好的人际关系对人的心理健康有重要的作用，许多心理障碍的人际交往受损。良好的社会支持系统和亲密关系是保持心理健康、远离心理障碍的砝码。

（7）培养和完善自己的人格。良好的人格基础是预防心理障碍的重要因素。如果一个人本来在人格上就存在缺陷，一旦遇到生活应激事件可能就难以应对，导致心理障碍的产生。

（8）关注自己的心理健康，遇到烦恼、痛苦、忧郁时要学会排解，学会向他人求助。

三、心理咨询对大学生的意义

除了前面章节所提到的自我调节方法之外，心理咨询与心理治疗也是必要的。大学生需要的主要是心理咨询，下面我们来谈谈心理咨询。

1. 什么是心理咨询

心理咨询指的是心理咨询师运用心理学以及相关知识，遵循心理学原则，通过各种技术和方法，帮助求助者解决心理问题的过程。

需要注意的是，心理咨询与心理治疗并不是一回事。高校心理教师一般进行的是心理咨询。因此我们有必要了解一下心理咨询与心理治疗的区别。

(1) 心理咨询的对象主要是正常人、正在恢复或已康复的病人。而心理治疗的对象则主要是有心理障碍的人。

(2) 心理咨询着重处理的是正常人所遇到的各种问题。如日常生活中的人际关系问题、职业选择问题、教育问题、恋爱婚姻家庭问题等等；心理治疗的适应范围则主要为某些神经症、心理障碍、身心疾病、康复中的精神病人等。

(3) 心理咨询用时较短，一般咨询1次到几次即可。而心理治疗较费时间，由几次到几十次不等，甚至更多，需经年累月方可完成。

(4) 心理咨询在意识层次上进行，更重视教育性、支持性、指导性。着重找出已存在于求助者自身的某些内在因素，并使之得到发展，或在现存条件的分析基础上提供改进意见；心理治疗具有对峙性，重点在于重建病人的人格。

(5) 心理咨询工作是更为直接地针对某些有限的具体目标而进行的。心理治疗的目的则比较模糊，其目标是使人发生改变和进步。

当然，心理咨询与心理治疗之间除了区别之外，在许多方面有交叉性、相容性，有时很难将心理咨询与心理治疗完全区别开来。

2. 心理咨询能帮你什么

(1) 心理咨询能帮你较为客观地、深刻地认识自我，你对自我的评价、你的优势、你的劣势、你的冲突和矛盾的根源、你的潜能等，从而促使你深入思考适合你的发展方向或解决心理冲突，获得心灵上的成长。

(2) 心理咨询能帮助你提高自己的心理素质，发挥你的优势，改进你的不足，提升你的心理空间。

(3) 心理咨询能帮你勇敢面对挫折与心理危机，学会换个角度看待挫折和危机，提高你的抗逆力。

(4) 心理咨询能帮助你重新审视心理问题，深入了解心理问题的本质，从而解决它。

(5) 心理咨询能帮助你学会如何建立良好的人际关系，提高社会适应性。

总之，心理咨询可能会使你感受到“登天的感觉”（岳晓东），让你体验到自我的力量，享受生活的丰富多彩，朝着自己的幸福之路迈进。当然，这些结果产生的前提是你有改变的愿望并愿意采取行动去改变。

3. 心理咨询的原则

(1) 保密。咨询者有义务为来访者的个人信息及咨询内容保守秘密，在未经来访者同意的情况下不能将来访者的个人信息及主要咨询内容透露给其他人（包括其父母、其他教师及学校管理者)。如果在教学或学术研讨时需要引用某一案例，也应充分考虑到来访者的利益和隐私，严格为来访者的个人信息保密，以免令人对号入座。但是，在一些特殊情况下保密原则是可以打破的，比如来访者有自伤或伤害他人的可能、公安机关因工作需要调取来访者相关资料时。

(2) 来者不拒，去者不追。来访者有权力决定是否要来咨询以及咨询的次数，咨询者只能对来访者提供咨询建议，不能对来访者有任何强迫言行。

(3) 时间限定。一般来说，一次咨询时间约1小时左右，最多不超过2个小时。这对来访者的心理成长具有积极意义。

(4) 价值中立。在咨询过程中，咨询者需保持价值中立，不能把自己的价值观强加给来访者，也不能把自己的态度、情感掺杂进来。这要求咨询者一方面要对来访者的感受产生共情，另一方面还要保持清醒的头脑。

4. 什么时候需要心理咨询?

在判断什么时候需要心理咨询之前，让我们先来了解一下高校心理咨询可以做的主要内容。高校心理咨询的内容大致可分为两类：发展性咨询与矫正性咨询。

发展性咨询主要是帮助来访者客观地认识自己和社会，增强社会适应力、开发自己的潜能、提高生存质量。咨询对象为心理基本健康、基本适应环境、无明显心理问题的学生。

矫正性咨询主要是帮助来访者克服和解决心理困扰、心理问题或心理障碍，使来访者能够回到正常的心理状态。咨询对象为有心理困扰、心理问题或心理障碍的学生。

具体来说，如果你遇到下面所列情况，建议你去做心理咨询：

当你不能适应大学校园的环境(包括大学的学习方式、人际关系)时；

当你的学习效率较低，想学但又难以专心学习、读不进书或对所读内容不能有效吸收，并由此而导致焦虑、烦躁情绪时；

当你不知道如何和别人交往、不能很好地发展和谐的人际关系或人际关系紧张时；

当你突然变得脾气暴躁，难以控制情绪时；

当你经常感到悲观烦恼忧郁，对什么都没有兴趣时；

当你晚上失眠或睡眠质量不高、常做噩梦时；

当你有行为控制的烦恼，常冲动地做出一些事情，过后又后悔不迭时；

当你有强迫性观念或行为，并因此而影响到正常学习生活时；

当你有幻听幻觉时；

当你对某一事物或场景有异乎寻常的恐惧，或明知道其对你不会有威胁但依然控制不住地对其有恐惧感并极力回避时；

当你失恋并对此感到痛苦时；

当你面临人生重大抉择，不知如何选择时；

当你面临极大的心理冲突，不知如何解决时；

当你想深入了解自我(如自我的优势、劣势、发展的潜能及空间)，以及如何客观评价自我、提升自我、开发自我潜能时；

当你想提高自身的心理素质时。

图 12-2　一位女大学生：进去还是不进去？

5. 心理咨询的注意事项

（1）心理咨询的宗旨是助人自助，所以，不要对咨询师抱有过高的期望，不要过分依赖咨询师，多数情况下咨询师不会直接给你出主意，他只是引导你找到自我成长、自我改变的力量。

（2）心理咨询的效果如何，主要取决于当事人改变的动机及改变的行为，而不是心理咨询师的技术是否高超。所以，如果你想要改变，重要的是你有多大的决心要改变，以及你是否对咨询中的领悟身体力行。

（3）对咨询师的选择很关键，一定要找值得信赖的心理咨询师。一般大学都有自己的心理咨询机构，这种机构都是公益性机构，机构中的心理咨询师的可靠性相对较高。如果要去社会上的咨询机构，最好提前了解一下其资质、信誉、专业水平、擅长领域。

（4）在你所信赖的咨询师面前，要准备开放自己，不要刻意隐瞒和咨询内容相关的信息，这有助于咨询的顺利开展及问题的有效解决。

（5）心理咨询不是万能的，有其局限性，不要把心理咨询当作救命稻草。

【自我探索】

1. 学习更全面地理解他人①

① 杨眉．送你一座玫瑰园［M］．北京：中国城市出版社，2005：136.

说明：我们理解他人的角度可以很多。其中一个便是防御机制的角度。以下是一些理解他人的新视角，从这个角度去看别人，也许很多困扰我们的问题都可以迎刃而解。

(1) 如果一个人总说别人妒忌他，那说明他现在正在为找不到恰当的上进方法而焦虑；

(2) 如果一个人总怀疑别人看不起他，那么他现在很可能正被自卑感和上进心所折磨；

(3) 如果一个人总为自己的过去找理由，那是因为他实在承受不了自己有了过失的现实；

(4) 如果一个正常的成年人做出了一些像孩子一样幼稚可笑的事，那是因为他的焦虑让他不堪重负；

(5) 如果一个不喜欢你的人现在突然对你热情起来，除了他有可能求你办事之外，更有可能是因为他现在正体验着深刻的自责和内疚；

(6) 如果一个人对一件事情说谎，你不要生气，也许那是一件使他十分困扰的事；

(7) 如果一个人对周围的人总是充满不满和敌意，那是因为他实在无法忍受对自己的不满甚至敌意；

2. 你如何看待来做心理咨询的人？

3. 你需要心理咨询吗？

【思考时间】

1. 通过本章的学习，你对心理障碍有更多的了解和理解吗？

2. 面对别人无法理喻的言行，你能理解其深层含义吗？

3. 你或周围人有心理障碍吗？你会如何面对心理障碍？

4. 你认为有心理障碍、做心理咨询是不光彩的事吗？

参考文献

1. 艾迪·宴清才．培养发明创造的24种方法［M］．成都：四川大学出版社，1998.

2. 北京师大辅仁应用心理发展中心．身边的心理学［M］．北京：机械工业出版社，2007.

3. 〔美〕Brain Luke Seaward著，许燕译，压力管理策略——健康幸福之道［M］．北京：中国轻工业出版社，2008.

4. 陈家麟．学校心理健康教育［M］．北京：教育科学出版社，2002.

5. 陈家麟．性心理咨询指南［M］．1996.

6. 陈龙安，创造性思维与教学［M］．北京：中国轻工业出版社，1999.

7. 段鑫星，赵玲．大学生心理健康教育［M］．北京：科学出版社．2003.

8. 段鑫星，程婧．大学生心理危机干预［M］．北京：科学出版社，2006.

9. 〔美〕Eric Berne，M.D著，田国秀，曾静译．人间游戏——人际关系心理学［M］．北京：中国轻工业出版社，2006.

10. 黄红，张佩珍．大学生心理行为指导［M］．上海：上海大学出版社．2005.

11. 黄希庭，徐凤姝．大学生心理学［M］．上海：上海人民出版社．2003.

12. 黄希庭．心理学导论［M］．北京：人民教育出版社．

13. 黄希庭．大学生心理健康与咨询［M］．北京：高等教育出版社，2009.

14. 黄政昌．你快乐吗？大学生的心理辅导[M]．上海:华东师范大学出版社,2009.

15. 胡平生，陈美兰译注，礼记？孝经［M］．北京：中华书局，2007.

16. 胡珍珠．自我概念研究综述［J］．怀化学院学报，2007，26（11）．

17. 樊励方．家庭功能与中学生网络成瘾的关系研究［D］．保定：河北大学，2006.

18. 房紊兰．让快乐伴你成长［M］．沈阳：辽宁大学出版社，2006.

19. 付君萍．大学生心理状况现状扫描．中国青年网．（2009－09－25）．http://txs.youth.cn/xl/200909/t20090925_1035942_3.htm.

20. 〔美〕弗雷德·简特，利害冲突［M］．北京：中国人民大学出版社，2006.

21. 〔美〕弗洛姆著，李健鸣译．爱的艺术［M］．上海：上海译文出版社，2008.4.

22. 高湘萍，崔丽莹．当代大学生人际关系行为模式研究［M］．上海：上海社会科学院出版社，2008.

23. 葛操，潘玲．内瘾自尊研究的新进展［J］，社会科学论坛，2007，6.

24. 郭丽．心花幽香：大学生恋爱心理个案解析［M］．广州：华南理工大学出版社，1999.

25. 江光荣，心理咨询与治疗［M］．合肥：安徽人民出版社［M］，1997.

26.〔美〕卡伦·达菲，伊斯对伍德·阿特沃特著，张莹等译．心理学改变生活［M］．北京：世界图书出版公司，2006.

27.〔印〕克里希那穆提著，罗若蘋译．爱与寂寞［M］．北京：九州出版社，2005.1.

28. 李中莹．重塑心灵——心灵成长科学［M］．北京：知识出版社，2002.6.

29. 李洋．大学生认知风格、人格因素与游戏成瘾的关系研究［D］．保定：河北大学，2006.

30. 李宏利．青少年病理性互联网使用影响因素的研究［D］．北京：首都师范大学，2003.

31. 李瑛．大学生网络使用行为、成瘾状况与人格特质及社会支持的研究［D］．西安：陕西师范大学，2003.

32. 黎文森，邓志军，大学生心理健康教育导论［M］．沈阳：辽宁大学出版社，2007.

33. “两课”教学研究协会．大学生就业心理辅导［M］．广州：暨南大学出版社，2004.

34. 梁天坚，刘玉秀．大学生心理健康［M］．北京：科学出版社，2009.

35. 刘惠军，樊励方等．家庭功能对青少年网络成瘾的影响［J］．中国学校卫生，2009，30（7）．

36. 雷雳，张雷．青少年心理发展［M］．北京：北京大学出版社，2003.9.

37. 林崇德．发展心理学［M］．北京：人民教育出版社，1995.

38. 林崇德，申继亮．大学生心理健康读本［M］．北京：教育科学出版社，2005.

39. 林伟文．心理健康结构维度的研究概述及结论．bhttp://www.jmyz.Com/yjxxx/2005.

40.〔美〕Gerald Corey，Marianne Schneider Corey 著，胡佩诚译．心理学与个人成长［M］．北京：中国轻工业出版社．2007.

41. 皮连生，学与教的心理学［M］．上海：华东师范大学出版社，2003.

42.〔美〕S. E. Talor，L. A. Peplau，D. O. Sears 著，谢晓非等译．社会心理学［M］．北京：北京大学出版社，2004.

43. 沈德灿，侯玉波．社会心理学［M］．北京：中国科学技术出版社，1996.

44. 石林．健康心理学［M］．北京：北京师范大学出版社．2008.

45. 宋专茂．职场心理案例集［M］．广州：暨南大学出版社，2005.

46. 孙灯勇，郭永玉．自我概念研究综述［J］．赣南师范学院学报，2003（2）．

47. 孙科研．情绪调节书：情商养成的心理学旅途［M］．北京：机械工业出版社，2009.

48. http://txs.youth.cn/xl/200909/t20090925_1035942_3.htm.

49. 肖永春，齐亚丽．成功心理素质训练［M］．上海：复旦大学出版社，2005.

50. 陶国富，王祥兴．大学生挫折心理［M］．上海：立信会计出版社，2006.

51. 陶然，应力等．网络成瘾探析与干预［M］．上海：上海人民出版社，2007.

52.〔美〕Thomas L. Creer 著，张清芳等译．心理调适实用途径——欧美心理学译丛

［M］．北京：北京大学出版社，2004.

53.〔美〕Thomas Armstrong，课堂中的多元智能［M］．北京：中国轻工业出版社，2003.

54. 王健．王者的智慧［M］．太原：山西人民出版社，2008.

55. 韦有华．人格心理辅导［M］．上海：上海教育出版社，2000.

56. 王言根．学会学习——大学生学习引论［M］．北京：教育科学出版社，2003.

57. 吴庆麟．教育心理学［M］．上海：华东师范大学出版社，2003.

58. 邢春如．王晓茵．减压心理［M］．开封：河南大学出版社，2005.

59. 徐浩渊．我们都有心理伤痕［M］．北京：中国青年出版社，2003.

60. 易法健．心理医生［M］．重庆：重庆大学出版社，1996.

61. 阳德华．大学生抑郁和焦虑研究［M］．北京：科学出版社，2009.

62. 杨眉．送你一座玫瑰园［M］．北京：中国城市出版社，2005.

63. 杨眉．与未来中国的形象大使探讨生活［M］．北京：首都经济贸易大学，2008.

64. 杨敏毅，鞠瑞利．学校团体心理游戏教程与案例［M］．上海：上海科学普及出版社．2006 年版．

65. 杨延斌．创新思维法［M］．上海：华东理工大学出版社，1999.

66. 阳志平等．积极心理学团体活动课操作指南［M］．北京：机械工业出版社，2009.

67. 烨子．爱情心理学［M］．北京：大众文艺出版社，2001.

68. 应力，岳晓东．E 海逃生——网络成瘾及其克服［M］．北京：高等教育出版社，2008.

69. 应力，岳晓东．戒除网瘾八十问［M］．上海：上海人民出版社，2007.

70. 赵宝坤．重塑心灵——一门使人成功快乐的学问［M］．北京：民主与建设出版社，2009.

71. 张厚粲．大学心理学［M］．北京：北京师范大学出版社，2001.

72. 张海燕．上海高校学生心理健康与发展研究报告［M］．上海：上海人民出版社，2008.

73. 张明．学会人际交往的技巧［M］．北京：科学出版社，2008.

74. 张大均，邓卓明．大学生心理健康教育（三年级）［M］．重庆：西南师范大学出版社，2004.

75. 张旭东，车文博．挫折应对与大学生心理健康［M］．北京：科学出版社，2005.

76. 张泽玲．当代大学生心理素质教育与训练［M］．北京：机械工业出版社，2004.

77. 张日冉，陈丽．大学生心理健康［M］．大连：大连理工大学出版社，2006.

78. 张日昇．咨询心理学［M］．北京：人民教育出版社，1999.

79. 中国青少年网络协会．中国青少年网瘾数据报告［OL］．（2005）人民网：http://theory.people.com.cn/GB/49157/49166/3882411.html.

80. 周红五．心理援助：应对校园心理危机［M］．重庆：重庆出版社，2006.

81. 周家华，王金凤．大学生心理健康教育［M］．北京：清华大学出版社，2004.